巴尔喀什湖-阿拉湖流域
水文地理特征分析及
人类活动影响研究

夏自强　郭利丹　黄峰　李琼芳　等　著

中国水利水电出版社
www.waterpub.com.cn
·北京·

内 容 提 要

本书主要介绍了巴尔喀什湖-阿拉湖流域的自然地理特征、气候变化特征、生态环境特征、水资源特征、水资源开发利用现状、人类活动影响等内容，涵盖了流域水系分布，行政区划及人口、经济发展现状，水文地理与生态特征，气温与降水变化特征，水利工程建设与规划，径流演变特征及人类活动影响，水资源与生态问题等方面，涉及面广、信息量大、内容丰富、特色鲜明，为巴尔喀什湖-阿拉湖流域水资源的合理利用和保护及跨界河流管理与合作提供了扎实的理论基础和信息基础。

本书可作为从事巴尔喀什湖-阿拉湖流域水资源管理或国际河流相关事务工作及"一带一路"倡议推进的技术人员、管理者、决策者的参考用书，也可作为从事水文水资源、水利工程、环境科学、管理学等相关领域科研人员的参考用书。

图书在版编目（C I P）数据

巴尔喀什湖-阿拉湖流域水文地理特征分析及人类活
动影响研究 / 夏自强等著. -- 北京 ： 中国水利水电出
版社，2018.9
ISBN 978-7-5170-7235-5

Ⅰ．①巴… Ⅱ．①夏… Ⅲ．①巴尔喀什湖－流域－水
文地理－研究 Ⅳ．①TV212.4

中国版本图书馆CIP数据核字(2018)第273820号

审图号：GS（2017）3787 号

书　　　名	巴尔喀什湖-阿拉湖流域水文地理特征分析及人类活动影响研究 BA'ERKASHI HU - ALA HU LIUYU SHUIWEN DILI TEZHENG FENXI JI RENLEI HUODONG YINGXIANG YANJIU
作　　　者	夏自强　郭利丹　黄峰　李琼芳　等 著
出 版 发 行	中国水利水电出版社 （北京市海淀区玉渊潭南路 1 号 D 座　100038） 网址：www.waterpub.com.cn E-mail：sales@waterpub.com.cn 电话：(010) 68367658（营销中心）
经　　　售	北京科水图书销售中心（零售） 电话：(010) 88383994、63202643、68545874 全国各地新华书店和相关出版物销售网点
排　　　版	中国水利水电出版社微机排版中心
印　　　刷	北京瑞斯通印务发展有限公司
规　　　格	184mm×260mm　16 开本　15.25 印张　282 千字
版　　　次	2018 年 9 月第 1 版　2018 年 9 月第 1 次印刷
印　　　数	0001—1000 册
定　　　价	68.00 元

凡购买我社图书，如有缺页、倒页、脱页的，本社营销中心负责调换

前　言

　　巴尔喀什湖-阿拉湖流域是我国与哈萨克斯坦共和国（简称哈萨克斯坦）之间共享的重要跨界河流流域，其中涉及的重要跨界河流包括伊犁河和额敏河等。伊犁河是我国西北地区一条重要的国际河流，由特克斯河、巩乃斯河和喀什河三大源流组成。特克斯河为伊犁河主源，发源于哈萨克斯坦境内汗腾格里峰的西北坡，由西向东从哈萨克斯坦流入中国，然后与巩乃斯河、喀什河汇合，接纳了界河霍尔果斯河后，再次流入哈萨克斯坦境内，最终注入巴尔喀什湖。额敏河发源于中国塔尔巴哈台山和吾尔喀夏依山交汇处，后向西流入哈萨克斯坦境内，最后注入阿拉湖。

　　随着社会经济的快速发展，水资源问题逐渐成为世界各国可持续发展的瓶颈，国际河流水资源的开发利用与保护对流域社会经济的可持续发展、生态系统保护、地区稳定具有重要的现实意义，逐渐成为各国政府和学者所关注的热点问题。我国西北地区及邻近的中亚地区等内陆干旱区的水资源问题已逐渐成为"一带一路"倡议推进中的重要约束条件之一。

　　本书定位于巴尔喀什湖-阿拉湖流域的水文地理特征分析及人类活动影响研究，全书共分为五章，内容主要涵盖流域概况、气候变化特征、水资源变化特征、社会经济发展及水资源开发利用特征、人类活动对流域水文及生态状况的影响等方面。

　　本书主要由夏自强、郭利丹、黄峰、李琼芳负责组织编写，颜乐、丁琳、周艳先、贺金、鄢波、张潇、吴瑶、李捷、马广慧等参与了部分编写工作，贺金参与了书稿插图的部分绘制工作。中国水利水电出版社的王若明编辑负责本书稿的编辑工作，对书稿提出了很好的修改意见，在此一并致以诚挚谢意！

巴尔喀什湖-阿拉湖流域相关的水文地理及人类活动详细资料的收集和整理工作量较大，尤其是境外流域的资料收集较为困难，且信息来源难以统一。尽管作者在撰写和编排过程中尽了很大努力，但限于作者水平和其他客观条件，难免存在不足和错误之处，敬请读者见谅并给予批评指正。

编者

2018 年 3 月于南京

目 录

第一章

流域概况

第一节 流域的地貌特征

一、巴尔喀什湖流域的地貌特征

1. 地理概况

巴尔喀什湖位于北纬 $45°00'\sim46°44'$、东经 $73°20'\sim79°11'$，水面面积
1.82 万 km^2（湖水位 342.00m 时），湖泊东西方向长达 600km，南北方向宽
$8\sim70km$，是中亚次于里海的第二大湖泊。萨雷伊希科特劳半岛从南岸伸向北
岸，将湖泊分为东、西巴尔喀什湖两部分，两湖之间有一长为 $5\sim6km$ 的狭窄
水道相连。整个巴尔喀什湖流域位于亚洲中部，分布在哈萨克斯坦东南部和中
国新疆伊犁地区，流域面积为 41.3 万 km^2，其中 85% 的流域面积（35.3 万
km^2）在哈萨克斯坦境内，剩余 15% 在中国境内。

2. 地形地貌概况

巴尔喀什湖流域的总体地势为东南部高，西北部低，由最高的汗腾格里峰
（海拔 6995m），下降到最低的巴尔喀什湖（海拔 339m）。流域地形十分复杂，
有高山山系区、低山丘陵区、平原区，也有部分沿湖岸的沙滩、沼泽等。根据
地理学特征，流域可分为三个部分：①东部和南部高山区，是哈萨克斯坦-准
噶尔阿拉套山脉和天山山系的北部山脉；②中部巴尔喀什盆区，是砂质的沙漠
平原，从哈萨克丘陵的南部边缘一直延伸到南部和东南部的山前；③北部和西
部湖滨地区，位于哈萨克丘陵地范围内，分布有典型的平原和锥形丘陵。伊犁
平原使准噶尔阿拉套山和巴拉霍拉山与北部的天山分开，它从中国新疆的伊犁
绿洲一直延伸到卡普恰盖。

流域内土壤植被多样，有明显的垂直地带性。在平原地区，巴尔喀什湖南
部是半荒漠和荒漠区，有大片的沙地、盐土和草被（蒿草、荒漠灌丛和盐土
丛）及龟裂土，春季生长多年生、短生植被；巴尔喀什湖沿岸为沼泽地，其上
覆盖着香蒲和芦苇丛；伊犁河三角洲及伊犁河河谷有浓密的泛滥地森林，由柳
树、杨树和灌木丛构成。海拔 600m 地带为半荒漠草原带，生长有长针茅和陵

狐茅草；海拔 800～1700m 为山地黑土草甸，生长着野苹果和野杏等阔叶林；海拔 1500～1700m 为亚高山草原带和针叶林，包括云杉、冷杉等植物；海拔 2800m 以上为高山草甸；海拔 3200m 以上草甸带被冰雪带代替，分布有冰川、雪层、大量的山地岩石和冰沉积物质。

　　3. 水系构成

　　由于巴尔喀什湖流域地域广阔，流域各部分的地理位置、地质构造各具特点，加上地形和气候的不均匀性，决定了流域自然条件的多样性。从湖滨辽阔的沙漠地带到南部的天山山脉，流域气候及水文条件都有很大变化。图 1-1 所示为巴尔喀什湖流域概况。

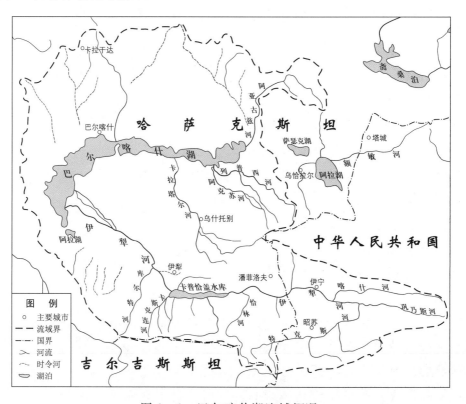

图 1-1　巴尔喀什湖流域概况

　　伊犁河作为巴尔喀什湖流域主要的支流，其流域面积占据绝大部分。伊犁河流域位于东经 74°～85°、北纬 42°～47°。伊犁河是中国和哈萨克斯坦之间的一条跨界河流，主源特克斯河发源于哈萨克斯坦境内的汗腾格里主峰北坡，由西向东流入中国，在东经 82°处折向北流，穿过克特缅山脉，汇合了巩乃斯河、喀什河后始称为伊犁河，向西流 150km 接纳了霍尔果斯河后再次进入哈萨克斯坦。河流由东南流向西北进入卡普恰盖峡谷区，接纳了最后一条大支流库尔特河后，流淌于萨雷伊希科特劳沙漠区，最后注入巴尔喀什湖。在距下游

100km 处，为多河汊和长满芦苇的现代三角洲，面积大约有 8000 万 m^2。

以支流特克斯河为源头，伊犁河全长 1456km，流域面积为 15.12 万 km^2。其中：中国境内流域面积为 5.67 万 km^2。伊犁河在中国境内的雅马渡站以上为上游，雅马渡至哈萨克斯坦的卡普恰盖水库（伊犁村）为中游，卡普恰盖水库至巴尔喀什湖为下游。

中国境内的伊犁河流域，形似向西开口的三角形，有三条自西向东逐渐收缩的山脉：北为天山北支婆罗科努山及伊连哈比尔尕山，南为天山南支哈尔克山及那拉提山，中为山势较低的克特缅山、伊什格里克山。北部和中部山岭之间为伊犁河谷与喀什河谷，南部和中部山岭之间为特克斯河谷与巩乃斯河谷。流域东西长约 400km，东端为高大山体所封闭，西端河流出口，海拔约为 520m，东西地形自然纵坡高达 11.2‰，为地形雨的形成创造了有利条件。这个封闭、半封闭的特殊地形，北可抵御来自西伯利亚的干冷气流，东可抗拒来自哈密、吐鲁番等盆地的干热，南可阻止塔里木沙漠风沙的入侵。

伊犁河流域除常年接受大西洋等水域的水汽补给外，同时还因南北两侧天山支脉山体高大，流域内大小冰川和永久积雪分布宽广，有各类大小冰川 1600 多条，总面积为 2100 多 km^2，初估净储水量为 2300 亿 m^3，相当于同等体积的永久固体水库。每年可补给河川径流水量为 20 亿～25 亿 m^3，占地表产水量的 13.2%～16.5%。伊犁河通常在 12 月封冻，次年 3 月解冻。

由于伊犁河的大多数支流均由外伊犁河套流出，有利于径流的形成。在右岸支流中，能流至伊犁河的只有霍尔果斯河，其余河流都在中途消失了。伊犁河各主要支流因得益于均匀的降水和冰川的有效调节，虽然每年均有汛期，但洪峰频率曲线显示平坦，而且连续数日时段洪量不大。洪峰和洪量均处于相对平稳状态，历史上未曾出现过大范围的严重洪水灾害。

伊犁河流域的几大山系均为元古代与古生代地层，岩石类型主要由坚硬的石英片岩、片麻岩、大理岩及花岗岩等组成。天然剥蚀轻微，侵蚀模数不大，因而各河的含沙量及年输沙量均较小。干支流多年平均含沙量一般在 $0.6kg/m^3$ 左右，少数支流约 $0.2kg/m^3$，雅马渡站多年平均年输沙量 713 万 t。

伊犁河流域的主要径流形成部分（伊犁河总面积的 45%）位于中国境内，那里河网发育良好。伊犁河是中国新疆境内径流量最丰富的河流。流域中下游（哈萨克斯坦境内）河网稀疏，大部分地方完全没有地面径流。流域的左岸有很多山间河流流入伊犁河。但即使在汇入了恰林河、奇利克河以及图尔根河、伊塞克河、塔尔加尔河和卡斯克连河等一些大的支流后，伊犁河水量仍没有显著增加（不超过 5%）。现在大部分支流由于山前渗漏和灌溉引水，已没有水流流入伊犁河。伊犁河在流出卡普恰盖水库之后，经过莫伊恩库姆、萨雷伊希科阿特劳等沙漠后形成三角洲，最后汇入西巴尔喀什湖。

二、阿拉湖流域的地貌特征

（一）阿拉湖湖群的形成

阿拉湖湖群的形成与大约 10 万年以前的准噶尔断裂有关。在准噶尔断裂之后，统一的超级水体——古巴尔喀什湖（或称为"瀚海"）断裂成三个独立的断裂块：在西部尾端底部形成巴尔喀什湖，在中部形成阿拉湖湖群，在东部尾端底部形成艾比湖。阿拉湖湖群中各湖的平面位置如图 1-2 所示。

图 1-2　阿拉湖湖群中各湖的平面位置图

阿拉湖湖群中的淡水湖——萨瑟科尔湖是个吞吐湖，最大的入湖河流——滕特克河及其左支申瑞立河注入萨瑟科尔湖。萨瑟科尔湖富余的水流入较小的吞吐湖——科什卡尔湖（乌亚雷湖），科什卡尔湖的水由乌尔贾尔河（"深切"河）三角洲注入尾闾——阿拉湖。在阿拉湖湖群四个湖泊中，扎兰阿什湖水位最高（372.50m），阿拉湖水位最低（347.30m）。四个湖泊属于同一水文系统。阿拉湖湖群的主要湖泊特征见表 1-1。

表 1-1　　　　　　　　阿拉湖湖群及巴尔喀什湖主要湖泊特征情况

	湖泊	水位/m	面积/km²	蓄水量/亿 m³	最大水深/m	平均水深/m	长度/km	宽度/km	类型
阿拉湖湖群	阿拉湖	347.30	2650.0	585.60	54.00	21.00	104.0	25.5	咸
	萨瑟科尔湖	351.10	736.0	24.34	4.70	3.30	49.6	19.8	淡
	科什卡尔湖	349.80	120.0	4.88	5.80	4.00	18.3	9.6	淡
	扎兰阿什湖	372.50	37.5	1.04	3.25	2.90	9.0	5.8	咸
巴尔喀什湖		342.00	18210.0	1050.00	25.00	6.10	600.0	30.0	咸、淡

在阿拉湖湖群中，扎兰阿什湖（"非闭合"湖）孤立于湖群之外，位于古巴尔喀什湖中部断块的东缘（图 1-3），且又以扎兰阿什湖的水位最高。根据 1962 年的测量数据，扎兰阿什湖的水位在 372.50m 以上，比阿拉湖高出

25.20m，后者水位为 347.30m，科什卡尔湖水位为 349.80m，萨瑟科尔湖水位为 351.10m。综上所述，阿拉湖位置最低，是阿拉湖湖群水利系统最末的一环，是哈萨克斯坦两个州（阿拉木图州及东哈萨克斯坦州）相邻部位和中哈两国国界所在广大地区的闭合内陆湖。

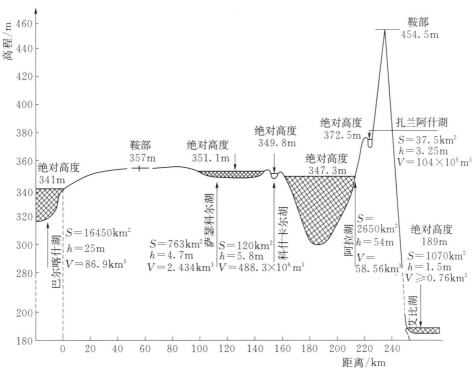

图 1-3　巴尔喀什-阿拉湖盆地纵剖面图

h—水深；S—水面面积；V—蓄水量

（二）阿拉湖流域的自然地理概况

阿拉湖流域属于典型干旱、半干旱地区。气候的总体特征是晴天多、日照强、干燥、少雨、冬寒夏热、昼夜温差大、风沙多。全年日照时间近 3000h，无霜期大多不到 150d。阿拉湖的平均年降水量为 145mm，年平均气温低于 10℃。湖水透明度在枯水期为 0.60～0.80m，中央部分达 6.00m。

阿拉湖湖盆的形状像锥头向下的圆锥，盆底地形复杂，有岩石重叠的阿拉尔托别群岛；湖中央部分有 3 个石岛，乌里肯-阿拉尔托别岛面积为 24km²，中央岛面积为 0.7km²，基什科涅-阿拉尔托别岛面积为 2km²，西部有楚巴尔-九别克沙土质群岛。北部有名的岛屿佩斯基岛，根据 1962 年量测数据，岛的长度为 10.5km，宽度为 2.5km，距阿拉湖渔业站 8.0km，距乌里肯-阿拉尔托别岛 20.5km，该岛有陡峭的湖岸，芦苇环绕的湖湾，水中长满了莎草、浮叶植物和沉水植物，栖息着大量的各种水鸟。彼什基岛和哈滕苏河口之间相距

10.0km，分布大量的洲滩和小岛，水草茂密，是野鸭、天鹅、鹤和鹭鸟的家园，在乌尔贾尔河口和哈滕苏河口之间 15.0～17.0km 的距离内有宽 19.0km 的伊枯木沙洲，在阿拉湖东北岸湖中有一系列的沙岛。

1. 阿拉湖的自然地理概况

阿拉湖的经纬度为北纬 46°05′、东经 81°45′，处在中亚和哈萨克斯坦至中国新疆、蒙古乃至于中国其他商旅大道的交叉点。阿拉湖的位置在著名的"准噶尔山口"的通道附近，经常起大风。有从东南向西北的"叶夫盖"风，也有从西北向东南的"赛坎"风，风速超过 5m/s，湖面最大风力达 60m/s。

阿拉湖的海拔为 348m，为无径流盐湖，湖泊由西北向东南延伸。水面面积在最小水位时为 2076km²，在最高水位时为 2691km²；当水位为 347.30m 时，湖水面积为 2650km²，如果加上各岛屿的面积则为 2696km²。湖长 104km，最大宽度为 52km，平均宽度为 25.5km，平均水深为 21.00m，最深处在水域的东南部，为 54.00m，湖水量为 585.6 亿 m³，集水区总面积为 4.786 万 km²。阿拉湖的年内水位变幅小，平均变幅为 0.82m。按面积大小排序，它是哈萨克斯坦第八大湖。

阿拉湖平面图及其湖岸地区如图 1-4 所示。

图 1-4 阿拉湖平面图及其湖岸地区

1～7—湖岸地区的不同分区代号

2. 萨瑟科尔湖的自然地理概况

萨瑟科尔湖在阿拉湖盆地西北部，处于哈萨克斯坦两个州（阿拉木图州和东哈萨克斯坦州）的交界处。1962 年水位为 352.50m 时的水域面积为 736km²，如果加上岛屿的面积，则为 747km²。湖长 49.6km，宽 19.8km。湖岸线为 182km，平均水深为 3.32m，最深处为 4.70m。

萨瑟科尔湖是个浅水湖。水位稳定，水位多年变幅只有 0.60m。一方面，在高水位时湖水补给科什卡尔湖和阿拉湖，湖泊最高水位发生在 5 月，主要依赖于水量丰富的滕特克河补给。最低水位出现在 11 月和 12 月。另一方面，萨瑟科尔湖的水位在很大程度上依赖于阿拉湖的水位变幅。萨瑟科尔湖为有径流淡水湖泊，其矿化度为 200～300mg/L，是非常好的饮用水源。水的硬度为 100～125mg/L，pH 值为 7.6～8.2，透明度为 2.00～2.50m。湖泊的初冰期为 11 月 24—26 日，湖面冰封不完全，冰厚 40～80cm，湖冰开冻期为 3 月 18—19 日，持续融冰时间 21～29d。冬季冰冻持续时间为 121d。湖的南部有水量丰富的滕特克河形成的三角洲，长 25km，宽 20km。三角洲湿地水生动植物资源丰富，是哈萨克斯坦阿拉湖国家自然保护区的核心区域。

萨瑟科尔湖湖岸曲折，浅水湾和湖角众多。水域东南部楔入高 117.00m 的阿拉尔托别半岛，水域西北部突起阿拉托别岛（面积 11.2km²，长 5.0km，宽 2.8km，高出水边线 47m）。东南部的半岛勾勒出两个深水湾——博尔甘湾和扎尔塔斯湾，半岛这面的湾岸陡峭而弯曲，对岸低矮，长满芦苇，故而风生波进不来，湖湾受风压流和补偿流的冲刷成为渔船的避风港和生物群落的隐蔽场所。

萨瑟科尔湖湖岸低矮，沿岸分布着较宽的芦苇带，因此削弱风生波的势头，保护湖岸免受冲刷。但沿岸输沙流输来的泥沙在这里沉积，湖岸逐渐向湖面扩展。陆地向水体推进，意味着湖泊发育着天然加深过程。

萨瑟科尔湖的湖岸地区分为七个类型，如图 1-5 所示。

（1）北岸——堆积型和植物丛生型。这里是平缓的冲积湖平原，分布有现已干涸的卡拉科尔河和乌列肯捷克布拉克河的故道，上第四纪沉积层厚约 25m，上覆灰砂壤土，再往上是各种粒径的灰色砂子和砾石，最上面是灰色致密的壤土——古老的湖沉积。

（2）西北岸——堆积型和植物丛生型。这里曾经是连接萨瑟科尔湖和克雷湖的水道，现在只能从库特马尔河推测这一水道的旧貌，古代准平原蚀余山——阿拉尔托别尔岛就位于这一地区。

（3）西岸——堆积型，较低矮。由上第四纪细土——粉质砂壤土和亚黏土组成。在湖岸中部，阿拉尔托别岛断面以东，显露出高 1～2m 的岸边阶地，

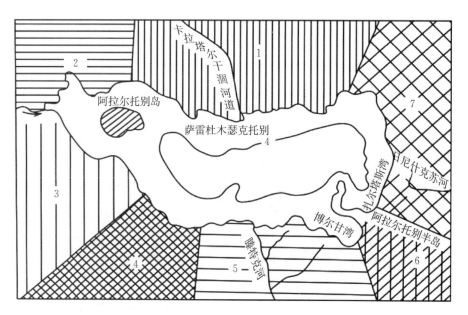

图 1-5　萨瑟科尔湖平面图及其湖岸地区

1～7—湖岸地区不同分区代号

绵延 1.0km。这是萨瑟科尔湖水位高时波浪冲击形成的。

（4）西南岸——冲蚀堆积型。在扎尔苏阿持镇（"高岸"）附近还留有高2～15m、长 4.5m 的陡峭湖岸。在阶地露头处可见深黄色细壤土上覆盖着砂壳，这是由簸扬来的砂子形成的。与湖岸平行展开的高地朝着湖区呈梯田状分四层，一层层递降，高地由砂岩组成，是在阿拉湖湖群高水位时期发育成的。

（5）南岸——堆积型和植物丛生型。是滕特克河的古三角洲，直到现在这里仍有滕特克河（左支）、卡拉滕特克河（中支）和博尔甘河（右支）三条支流注入萨瑟科尔湖。其中，博尔甘河（右支）曾一度注入同名湖湾。三条支流以卡拉滕特支河活跃，大约 80% 的滕特克河径流通过它注入萨瑟科尔湖。卡拉滕特克河深切，故而在萨瑟科尔湖周期性高水位到来之前可使三角洲发育的河床阶段维持很久。

（6）东南岸——冲蚀堆积型。其主要地理体是石质半岛——阿拉尔托别半岛及其两个湖湾（博尔甘湾和扎尔塔斯湾），如图 1-5 所示。半岛尾端附近有砂砾石沙嘴，长 3km，宽不足 0.5km，其位置依盛行风向的改变而改变，在湖水位下降时有被湖湾分切的趋势。扎尔塔斯湾是日尼什克苏河（"细"河）的起点，萨瑟科尔湖富余的水就沿这条支流流入科什卡尔湖再转注入阿拉湖。扎尔塔斯湾东岸有低矮的砾石质湖堤防护，水也从这里渗流至科什卡尔湖。

（7）东岸——堆积型和植物丛生型。是在萨瑟科尔湖干涸湖湾上发育的低洼沼泽平原。再往东，在分水界，该平原过渡为半荒漠。日尼什克苏河沿着该平原的低洼地进入科什卡尔湖。

　　3. 科什卡尔湖的自然地理概况

　　科什卡尔湖坐落在以前贯通萨瑟科尔湖和阿拉湖的水道的中间。湖与湖之间有低矮的岸堤相隔，随着湖泊水位的降低，这些岸堤一道道叠加，将湖与湖的距离拉大，分别形成宽 4.5km 和 5.5km 的湖峡。

　　1962 年，当水位为 349.70m 时，水域面积为 120km²，长 18.3km，宽 9.6km。湖泊呈规则的椭圆形，其长轴线为南北向。平均水深为 4.00m，最大深度为 5.80m，水量约为 4.90 亿 m³。从北面注入的是日尼什克苏河，从东岸流出的是最终注入乌尔贾尔河河口的乌亚雷河。萨瑟科尔湖水经日尼什克苏河进入科什卡尔湖（乌亚雷湖），途中经过岸堤的层层渗滤。在特大丰水年，苏哈亚河（滕特克河三角洲博尔甘河诸汊河之一）又充满生机。

　　科什卡尔湖湖岸整齐，很少起伏，东部为低洼沼泽带。沿岸显见砾石沙堤，密布芦苇丛，它们滞留住输送来的泥沙，一面借助风力逐渐加高，一面向水域扩展，于是湖岸入侵湖域，这可从湖体的天然加深过程得到证明。这方面表现得最典型的是东岸，离水边线最近的一道冲积沙堤处清晰显露出两道由砂子砾石混合材料构成的沙堤。科什卡尔湖平面图及其湖岸地区如图 1-6 所示。

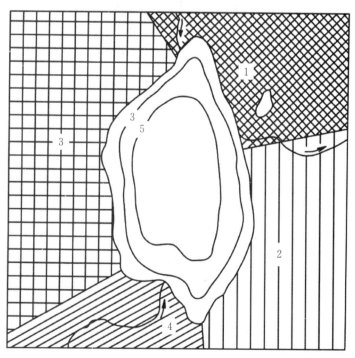

图 1-6　科什卡尔湖平面图及其湖岸地区

1～5—湖岸地区不同分区代号

科什卡尔湖在地理位置上邻近萨瑟科尔湖，所以在温度状况、风状况、冰情方面与后者相差无几；这里风力略大，平均风速为 $2\sim4m/s$，最大风速为 $40\sim45m/s$，风成波波高相应高些，平均为 1.30m，最高为 2.10m，因此风生湖流和天然加深过程也强烈些。然而，科什卡尔湖的水化学性状与萨瑟科尔湖不同，尽管它也是一个吞吐湖，但它的水源补给并非是干净的河水，而是经萨瑟科尔湖略微加大矿化度的湖水。水质矿化度平均为 1.10g/L，根据季节的不同在 $0.85\sim1.16g/L$ 的范围内变动。水的化学成分类型为 $MgCO_3$ 型。

4. 扎兰阿什湖的自然地理概况

扎兰阿什湖在准噶尔山口的狭窄地带，处在定常的大风影响下。1943 年，当水位为 372.50m 时，水域面积为 $37.5km^2$，长 9.0km，宽 5.8km，湖岸线为 23.8km。湖岸线一如科什卡尔湖，舒展整齐，弯曲系数为 1.09。平均水深为 2.90m，湖西区最深为 3.25m。湖泊从平面图上看似梯形（图 1-7），宽的部分朝西。湖底呈微起伏地貌。这说明存在强烈的恒常风生湖流。湖底由圆砾石、砾石材料构成，部分地段为砂子、砂子砾石混合物和淤泥。淤泥呈灰色，有的地方呈黑色，有光泽，含植物残体。

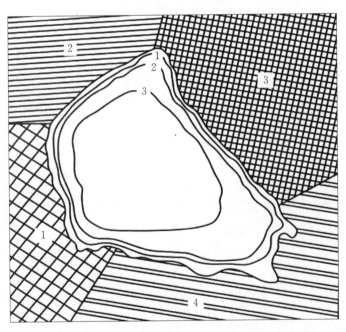

图 1-7 扎兰阿什湖平面图及其湖岸地区

1~4—湖岸地区不同分区代号

扎兰阿什湖岸舒展整齐，可分为四个湖岸地区，如图 1-7 所示。

（1）西岸——冲积堆积型。由疏松的砾石组成。由于风成波的冲蚀，形成高 1.3m 的阶地。这证明表面看似疏松的沉积层，实际是由细颗粒物质（砂和淤泥）密实地连成一片。其中的淤泥是悬浮在混浊水中在起风暴时被抛上湖岸的。

（2）西北岸——堆积型。发育有塔斯库兰岸堤，湖内富余的水经这里溢出和渗出后进入扎兰阿什湖。

（3）东岸——冲积堆积型。为平缓下降的石质山前平原。碎石砾石沉积层上覆盖着浅黄色的壤土岩层，岩层内发育有不足 5.00m 高的阶地，阶地台面上长着矮生树（榆树、琐琐）和灌木丛；水下岸坡平缓，为波浪输来的砾石材料所覆盖；整个东岸为潜水溢出带。

（4）南岸——堆积型。低矮，有清晰可见的岸堤，公路沿岸堤向前伸展。

第二节　流域的水系特征

一、巴尔喀什湖流域的水系特征

巴尔喀什湖作为流域的尾闾湖，主要入湖河流有南面的伊犁河、卡拉塔尔河、阿克苏河、列普西河；东面的阿亚古兹河；北面的巴卡纳斯河、托克拉乌河、达甘迭雷河。从东面入湖的阿亚古兹河属于季节性的河流，从北面入湖的巴卡纳斯河、托克拉乌河、达甘迭雷河已没有地表径流入湖。

流入巴尔喀什湖的河流主要发源于流域的山区，径流形成区占该流域总面积的 1/3。巴尔喀什湖广阔的流域上分布着 45000 多条河流，其中河流长度超过 10km 的仅有 5%。河网密度有明显的水文地理特征，即山区河网稠密（多数为 $0.60\sim1.20km/km^2$，个别为 $3.00km/km^2$），北部湖滨地区河网稀疏（$0.20\sim0.50km/km^2$），中部平原部分地区河网更加稀少（$0.01km/km^2$）。山前区域的水文河网是山区河流径流的中转支流，分布着大量灌溉渠道。

（一）河流

1. 伊犁河

伊犁河是中国与哈萨克斯坦间的一条国际河流，由特克斯河、巩乃斯河和喀什河三大源流组成。特克斯河为伊犁河主源，发源于哈萨克斯坦境内汗腾格里峰的西北坡，由西向东从哈萨克斯坦流入中国，穿过特克斯-昭苏盆地，折向北接纳了巩乃斯河后，又向西与喀什河汇合后始称伊犁河，向西流 150km，接纳了界河霍尔果斯河后，再次流入哈萨克斯坦境内。伊犁河流经哈萨克斯坦东南部的伊犁谷地，途中依次接纳了南岸的恰林河、奇利克河、图尔根河、伊塞克河、塔尔加尔河、卡斯克连河和库尔特河以及北岸的乌谢克河、科克捷列克河等支流，穿过萨雷伊希科特劳沙漠、陶库姆沙漠及伊犁河三角洲，最终注入巴尔喀什湖。

以支流特克斯河为源头，伊犁河全长 1456km，总流域面积为 15.12 万 km²，其中，中国境内特克斯河长 260km，伊犁河干流长 205km，流域面积为 5.67 万 km²；哈萨克斯坦境内伊犁河干流河长 815km，流域面积为 9.45 万 km²；哈萨克斯坦境内的特克斯河长 116km，流域面积为 0.47 万 km²；中哈边界（特克斯河）河长 60km，哈萨克斯坦境内伊犁河下游河长 678km，流域面积 8.98 万 km²。

（1）中国境内。

1）特克斯河。特克斯河源起源于天山南脉汗腾格里峰北侧哈萨克斯坦和吉尔吉斯斯坦边界的特里斯克阿拉套山脉，由西至东流向中哈边境，在与右岸支流巴音克尔河汇合后成为中哈边界，在汇入左岸支流苏木拜河后流入中国新疆伊犁哈萨克自治州昭苏县境内，其随后与巩乃斯河汇合，再折向西流，在雅马渡处与喀什河汇合后成为伊犁河。特克斯河河长 436km，流域面积为 2.94 万 km²，在哈境内的特克斯河长 116km，流域面积为 0.47 万 km²，60km 为中哈界河，中国境内河长为 260km，特克斯河平均坡降 4‰，流域内海拔为 900～6000m，境内较大的支流都源出于右岸的哈尔克套山。特克斯河是伊犁河的主流，发源于天山汗腾格里峰北坡哈萨克斯坦境内，穿行于昭苏特克斯盆地，在出山口恰甫其海水文站处河长 383km，集水面积为 2.74 万 km²，年径流量为 80.3 亿 m³。特克斯河河源冰川发育，河径流以冰雪径流补给为主，是一条由冰川积雪、降雨及地下水补给的混合型补给河流，汛期为 5—8 月，在夏季时有洪水发生。多年平均含沙量为 0.47kg/m³。主要支流有苏木拜河、哈桑河、阿克牙孜河等。

2）巩乃斯河。巩乃斯河在伊犁哈萨克自治州新源县境内，源出于新疆维吾尔自治区天山山脉依哈比尔朵山西麓，西流折向北流，在巩留县托铁达坂与喀拉布拉之间先汇入特克斯河，又汇合喀什河后称伊犁河。巩乃斯河全长约 220km，流域面积为 4123km²。年最大径流量为 22.9 亿 m³，年最小径流量为 9.31 亿 m³，多年平均径年流量为 16.4 亿 m³。年均径流深 397.80mm。多年平均含沙量为 0.34kg/m³。流域内地势西南高，北部低，海拔为 2502～4212m，河道顺直，支流发育。主要支流有恰合普河、阿尔普河等。

3）喀什河。喀什河亦名伊犁喀什河，是伊犁河的第二大支流，源出于新疆维吾尔自治区天山山脉与依连哈比尔尕两山之间西北麓。向西流至伊宁县墩麻扎附近与巩乃斯河汇合，北流称伊犁河。喀什河全长 304km。伊宁县托海以上流域面积为 8656km²，天然落差为 2506m，水能理论蕴藏量为 145.1 万 kW。

可能开发装机容量为 61.50 万 kW，年最大径流量为 43.5 亿 m³，年最小径流量为 25.1 亿 m³，多年平均径流量为 32.1 亿 m³，多年平均含沙量为 0.41kg/m³。流域地势西南高，北部低，平均海拔为 2335～2508m。河道顺直，河型呈羽毛形。支流短小而广布，较大支流有寨口河、阿拉斯坦河等。

4）霍尔果斯河。霍尔果斯河为伊犁河右岸一级支流，是中哈界河。霍尔果斯河有二源：南源出中国新疆维吾尔自治区温泉县西南别珍套山西南麓，西流折向西北流，至中哈边境汇合北源；北源出自哈萨克斯坦境内托克桑巴依山南麓，南流汇合南源后，主要河道沿中哈边界西南流，在中国霍城与察布查尔两县之间汇入伊犁河干流。霍尔果斯河全长约 140km，其中中国境内长 69km，流域面积为 2736km²。自然落差为 2500m，水能理论蕴藏量为 22.65 万 kW。流域地势东北高，西南较低。支流向左右岸伸展较均衡，水量充沛。

（2）哈萨克斯坦境内。伊犁河从伊犁哈萨克自治州察布查尔县和霍城县间三道河子水文站附近流入哈萨克斯坦，哈萨克斯坦境内的伊犁河左岸河网密布，伊犁阿拉套山和外伊犁阿拉套山北坡汇入众多河流，如恰林河、奇利克河、图尔根河、伊塞克河、塔尔加尔河和卡斯克连河及大阿拉木图河、小阿拉木图河等，从右岸汇入的有季节性河流乌谢克河、科克捷烈克河等。哈萨克斯坦境内的伊犁河流域各支流的主要特征见表 1－2。

伊犁河下游区只有库尔特河汇入，大部分地方完全没有地面径流，在伊犁河三角洲伊犁河分为多条岔道流入巴尔喀什湖。

表 1－2　　哈萨克斯坦境内伊犁河流域各支流的主要特征

河流名称	俄文名	汇入河岸	距河口距离/km	河长/km	集水面积/km²
特克斯河	Текес	上游源头	1001	116	4700
巴彦科尔	Баянкол	右	284	88	1180
纳林科尔			20	29	161
卡尔卡拉			192	69	1790
乌谢克	Усек	右	705	164	1970
小乌谢克	М. Осек	右	117	41	407
巴洛胡济尔	Борохудзир	右		78	548
恰林河	Чарын	左	679	427	7720
奇利克河	Чилик	左		245	4980
图尔根河	Турген	左		116	626
伊塞克河	ЕСИК	左	480	121	256

河流名称	俄文名	汇入河岸	距河口距离 /km	河长 /km	集水面积 /km²
塔尔加尔河	Талгар	左		117	444
小阿拉木图河	М. Алмадинская	左		125	710
大阿拉木图河	Б. Алмадинская	左	51	96	425
阿克塞河		左	80	70	566
卡斯克连河	Каскелен	左		177	3800
谢木尔干河			88	88	526
库尔特河	Курты	左	396	123	12500

1）乌谢克河。乌谢克河位于哈萨克斯坦阿拉木图州潘非洛夫县境内，发源于准噶尔阿拉套山南坡，然后向南流入伊犁河，河径流以雨雪和地下水补给为主。河水耗于灌溉和城市生活用水，乌谢克河最终流入伊犁河右岸的乌谢克湖，河床没有抵达伊犁河。乌谢克河河长 164km，流域面积为 1970km²。

2）库尔特河。库尔特河位于哈萨克斯坦阿拉木图州，为伊犁河最后一条支流，河长 123km，流域面积为 12500km²。库尔特河发源于楚-伊犁山北坡，流入伊犁河盆地，在伊犁河左岸注入伊犁河，库尔特河的径流由降雨、融雪和地下水补给形成，库尔特河水量很小，多年平均流量为 2.2m³/s，由于库尔特河在其干流上修建了库尔特水库，水库蓄水和农业灌溉用水增加导致库尔特河下游断流。

3）卡斯克连河。卡斯克连河发源于伊犁阿拉套山北坡，源头区域位于阿拉木图州卡拉赛县境内，源头海拔为 3580m，从左岸流入卡普恰盖水库，河长 177km，流域面积为 3620km²，河口处宽度为 30m，水深为 1.5m，河流水量丰富。在山区汇入的支流有 Емеген、Қасымбек、Копсай，进入平原区汇入的支流有 Шамалган、Аксай、Қокозек、Большая Алматинка、Малая Алматинка。卡斯克连河的径流由降雨、融雪、冰川和地下水补给形成，多年平均流量为 15.2m³/s，河流水量主要用于阿拉木图市供水和流域的农业灌溉。

4）塔尔加尔河。塔尔加尔河位于阿拉木图州塔尔加尔县境内，发源于外伊犁阿拉套山北坡的塔尔加尔冰川，中上游汇入的支流有左塔尔加尔河（Левый Талгар）、中塔尔加尔河（Средний Талгар）和右塔尔加尔河（Правый Талгар）。上游为陡峭的高山区，下游流过平原区，从左岸流入卡普恰盖水库。塔尔加尔河河长 117km，流域面积为 444km²，河流径流主要由冰川和地下水补给，水量丰富，多年平均流量为 10.6m³/s，易发生泥石流和洪水，河流水资源主要用水供水、灌溉和发电。河流上建有水电站，电站功率为 3.2MW，装有三台机组，计划扩大电站装机容量到 6.0MW。

5）图尔根河。图尔根河位于阿拉木图州英别克什哈萨克县境内，发源于外伊犁阿拉套山北坡的冰川，为高山区河流。图尔根河峡谷是北天山风景最美的河谷。图尔根河河长 116km，流域面积为 626km²，从左岸流入卡普恰盖水库。

6）奇利克河。奇利克河是北天山外伊犁阿拉套山脉北坡最大的河流，发源于外伊犁阿拉套山南坡莱茵别克县冰川地区，流入阿拉木图州英别克什哈萨克县境内，上游为高山区域，下游为伊犁河盆地，从左岸流入卡普恰盖水库。河流长为 245km，流域面积为 4980km²，主要补给为冰川和融雪补给，水量丰富，距河口 63km 处的多年平均流量为 32.2m³/s，河流水资源主要用于灌溉，奇利克河干流上建有巴尔托盖水库，是大阿拉木图运河的起点。

7）恰林河。恰林河位于阿拉木图州，在卡普恰盖水库上游左岸流入伊犁河，为伊犁河最大的支流之一，河流两岸风景秀丽，有著名的恰林大峡谷，是哈萨克斯坦最美的河流流域。恰林河发源于西天山克特缅南坡，上游称克根河。恰林河河长 427km，流域面积为 7720km²，河流水量资源和水能资源丰富，多年平均流量为 35.4m³/s，在干流上建有哈萨克斯坦最高水头的姆因纳克斯水电站，也是哈境内伊犁河支流最大的水电站。

8）伊犁河三角洲。伊犁河三角洲的顶点位于第六捕鱼点巴卡纳斯（Баканас）以下 70km，在这里河流主要分为三个河汊：拓跋尔汊道（Топар）、伊犁汊道（Или）、吉德利汊道（Джидели）。

伊犁河三角洲是砂质沙丘、支流、湖泊和生长着芦苇丛的沼泽地的复杂系统（图 1-8），面积约为 9000km²。伊犁河三角洲的突出特点是水文地理网和

图 1-8　从飞机上看伊犁河三角洲

地貌的动态变化非常强烈。河道的剧烈冲刷过程、伊犁河水量的变化以及巴尔喀什湖的水位变化，都时常会改变农用地的面积和每年汛期三个河汊的径流分配。三角洲上耗于蒸发、植物蒸腾和渗漏的径流损失实际上对伊犁河流入巴尔喀什湖的水量起着重要作用。伊犁河的径流过程线呈多峰形式，表现了各种高度带的不同融化类型。水量在早春断断续续地增加之后到 3 月开始减少。春夏之交汛期的主汛从 5 月上旬开始，而在高山冰雪急剧融化的 7—8 月达到最大。

2. 卡拉塔尔河

卡拉塔尔河发源于准噶尔阿拉套山脉西北坡海拔 3200～3900m 的冰雪分布带，河流全长 390km，集水面积为 1.91 万 km²。上游由卡拉塔尔河与齐热河汇合而成。在汇合点以下，卡拉塔尔河流淌于广阔的山间平原，随后该河的最大支流——果克苏河汇入。自乌什托别镇以下直至巴尔喀什湖的下游河段，无支流汇入卡拉塔尔河，整个下游河段在巴尔喀什湖南岸的湖滨沙漠地带流淌。卡拉塔尔河汇入巴尔喀什湖前，在距河口 40km 的地方形成了一个面积为 860km² 的三角洲。在 20 世纪 70 年代之前，卡拉塔尔河河口段有两个汊道，其中主泓位于左侧汊道，左汊入湖，正好与湖北岸的卡拉库姆村隔湖相望。后来左侧汊道逐渐淤塞，主泓改入右汊道，并在湖湾萨雷耶西克处入湖。目前，左汊已完全淤塞，卡拉塔尔河全部经右汊道流入湖泊，在右汊入湖处，又重新形成了一个小型的河口三角洲。卡拉塔尔河多年平均径流量为 20.14 亿 m³，该流域连续最大 4 个月降水多发生在 4—7 月。卡拉塔尔河按集水面积和径流量在巴尔喀什湖入湖河流中位居第二。

3. 阿克苏河

阿克苏河发源于准噶尔阿拉套山北坡海拔 3700～3800m 的高原上，河流全长 316km，集水面积为 5040km²，多年平均径流量为 2.35 亿 m³。该河的主要支流是萨尔坎德河。按照河流特征，阿克苏河属春汛夏汛型河流，春夏两季水量占全年径流量的很大部分。阿克苏上游河段流过宽阔的卡帕尔河谷地带，然后流出山前平原并以开阔的河漫滩地蜿蜒流过巴尔喀什湖南岸的湖滨沙漠平原。在流经砂质湖滨平原时，河流形成许多小河汊、湖泊和沼泽。在距河口 71km 处形成面积为 720km² 的三角洲。在三角洲顶点处，阿克苏河分成了三个汊道，仅一条汊道有水直接流入巴尔喀什湖，现在入湖径流已经微乎其微。当汛期出现洪峰时，阿克苏河下游才会有部分水量流入临近的列普西河。

4. 列普西河

列普西河发源于准噶尔阿拉套山脉北坡海拔 3000m 以上的冰雪分布带，

河流长 417km，集水面积为 8100km²，多年平均径流量为 7.08 亿 m³，在各入湖河流中水量排第三位。列普西河的主要支流有阿格纳克特河及捷烈克特河，另外在河谷河段有一条支流——巴斯坎河汇入。列普西河也属于春汛、夏汛型河流。在距离河口 30km 处，有一个面积只有 145km² 的三角洲。在三角洲顶点以下 10km 处，分出了一条大的支流注入阿克苏河。在汛期阿克苏河和列普西河经常汇合，共同形成一个大的三角洲。

5. 阿亚古兹河

阿亚古兹河发源于塔尔巴哈台山脉北坡海拔约 1000m 的高处，河长 942km，集水面积为 1.57 万 km²。该河由大阿亚古兹河与小阿亚古兹河汇流而成，在巴尔喀什湖东北侧注入湖泊，入湖水道只有一条汊道。阿亚古兹河为季节性河流，只有在丰水的月份才有水汇入巴尔喀什湖，枯水时期没有水汇入巴尔喀什湖。近几十年，由于河流沿程人类的取水用水，使得阿亚古兹河已没有地表径流流入巴尔喀什湖。

（二）湖泊

巴尔喀什湖是哈萨克斯坦的第三大内陆湖，与其他湖泊相比，巴尔喀什湖湖盆的边缘线很长，湖岸线长度达 2385km，湖泊长度约为 614km，平均宽度为 30km（最宽处达 70km），湖泊的长宽比高达 20 倍，并且巴尔喀什湖被萨雷伊希科特劳半岛的乌祖那拉尔湖峡（狭窄地带，为 5～6km）分为东西两部分，这样的地形导致了湖泊水文气象和水环境化学特征分布的不均匀性。巴尔喀什湖在湖水位为 342.00m 时的主要形态特征见表 1-3。

表 1-3　　　　巴尔喀什湖水位为 342.00m 时的主要形态特征

湖名	长度/km	宽度/km		面积/km²	深度/m		水量/亿 m³
		平均	最大		平均	最大	
西巴尔喀什湖	396	36.0	70.0	10600	4.60	11.00	48.5
东巴尔喀什湖	318	24.0	47.5	7600	7.60	26.50	57.5
巴尔喀什湖	614	30.0	70.0	18200	5.80	26.50	106.0

巴尔喀什湖湖岸的西部、北部和东南部地势较高，由岩石组成，并且截断较少。而从伊犁河三角洲到卡拉沙甘的湖泊南岸，是高出水面仅 1.00～2.00m 的低矮沙质湖岸，分布有许多湖湾，大量的沙洲和滩地向湖中心延伸，这决定了此处的湖岸带有许多截断，湖岸线形状经常发生改变。巴尔喀什湖的湖岸线增长系数（湖岸线长度除以同水域面积等大的圆形水域的岸长）非常大，达到 5.06，而相比之下咸海只有 3.54。近岸部分湖湾和湖泊

总面积的改变取决于水位，湖湾面积平均为湖面面积的 5％～7％。湖泊的最大水深为 25.60m，平均水深为 5.80m，平均水位为 342.00m，水位正常变幅为 1.60m/a，水量更新周期为 6.8 年。巴尔喀什湖的水面面积和蓄水量随着水位的长期大幅波动而变动很大。从 11 月下旬至次年 4 月上旬为巴尔喀什湖的结冰期，共约 141d。

巴尔喀什湖东西两湖之间差异很大。西巴尔喀什湖的水面面积占湖泊总面积的 58％，蓄水量占湖泊总蓄水量的 46％；东巴尔喀什湖狭窄，但水较深（平均水深比西湖高 1.7 倍），有四个深水区（其中三个深达 12.00～16.00m），最深处（也是全湖最深处）位于最东端和西南的卡斯康托波。在平均水位为 342.00m 时，东西两湖水体的界限——乌祖那拉尔湖峡的宽度超过 4km，平均深度将近 4.00m。乌祖那拉尔湖峡的水量交换对整个湖泊及其东西两部分水体的盐度起着重要作用。西湖有伊犁河注入，伊犁河入湖水量占总入湖径流量的 79.5％，湖水随着水位的长期变动呈微咸水（平均含盐量为 1.5‰），而东湖则因入湖河流水量较少，并且两湖之间水量交换受阻，常含有高浓度的固体溶解物（平均含盐量为 10.5‰），从而造成了东西湖之间的咸淡差异。

除了巴尔喀什湖，流域内还分布着很多小湖泊，主要集中在伊犁河滩地及伊犁河三角洲上，也有的位于冰川和冰碛旁的高山地带。根据 1970 年统计资料，巴尔喀什湖流域上共有 24000 个湖泊和人工水库，大部分水面面积小于 1km²。水库和池塘大多数分布在山前平原区和低山区。最大的水库是 1970 年建成的卡普恰盖水库，1985 年蓄水量达到 140 亿 m³，水面面积为 1200km²，在流域内形成了一个新的人工湖泊。

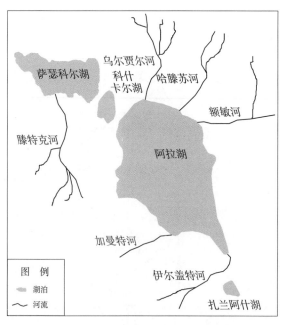

图 1-9　阿拉湖流域的水系分布

二、阿拉湖流域的水系特征

阿拉湖流域的水系分布如图 1-9 所示。

阿拉湖湖群的径流几乎全部形成于山区和部分山前山麓区，平坦的平原地区（占 23％）属于内陆无径流区域。流域的多年平均径流深 120mm，南部山区（准噶尔阿拉套山）多年平均径流深 349mm，北部山区（塔尔巴哈台山、巴尔鲁克山、马伊利山）多年平均径流深 215mm，北部地区河流主要靠季节性融雪补给，在高山区和湿润的准噶尔阿拉套主要靠高山多年积雪、冰川和液体降水补给，在滕特克河和伊尔盖特河冰川径流部分占年径流的 5%～10%，占阿拉湖总径流量的比例不超过 2%。准噶尔阿拉套河流滕特克、伊尔盖特河具有持续很长时间的春夏汛期（4—7 月），最大的洪水发生在 5—6 月，北部山区的阿伊河、卡拉科尔河、乌尔贾尔河、哈滕苏河、额敏河春汛径流时间较短（3—5 月），最大洪水发生在 4 月。

准噶尔阿拉套山脉的来水占萨瑟科尔湖和科什卡尔湖总来水的 90%，主要是滕特克河来水；准噶尔阿拉套山脉的来水占阿拉湖来水的 35%，主要由伊尔盖特河、加曼特河、萨瑟科尔湖和科什卡尔湖补给的径流。阿拉湖径流的 65% 由北部山区的乌尔贾尔河、哈滕苏河、额敏河等河流的地表水补给。

在阿拉湖湖群的入湖河流中，按照入湖径流量排序由大到小依次是滕特克河、哈滕苏河、伊尔盖特河、额敏河、加曼特河及乌尔贾尔河。阿拉湖湖群水系水文特征见表 1-4。

表 1-4　阿拉湖湖群水系水文特征

指　标	滕特克河	乌尔贾尔河	哈滕苏河	伊尔盖特河	额敏河	加曼特河
集水面积/km²	5390	4550	2410	1660	2180（哈）	667
冰川面积/km²	94	—	—	15.7	—	—
冰川储水量/亿 m³	200	—	—	5	—	—
河流长度/km	250	206	71	28	256	51
年径流量/(亿 m³/a)	13.95	0.49	2.18	1.80	1.42	0.79
径流所占比例/%	68	2	10	9	7	4
按径流量排序	Ⅰ	Ⅵ	Ⅱ	Ⅲ	Ⅳ	Ⅴ

（一）阿拉湖入湖河流

阿拉湖有 15 条入湖河流，其中主要河流有乌尔贾尔河（Уржар）、哈滕苏河（Катынсу）、额敏河（Емелькуйса）、伊尔盖特河（Ыргайты）、加曼特河（Жаманты）、加曼特科里河（Жаманоткаль）、塔斯特河（Тасты）。主要的河流水文监测很少，很长时间内乌尔贾尔河、哈滕苏河、额敏河没有进行系统的水文监测。

1. 乌尔贾尔河

乌尔贾尔河是阿拉湖主要入湖河流之一，河长 206km，发源于塔尔巴哈台山脉南部，在马拉尔奇库（Маралчеку）和塔斯套（Тастау）山峰之间，由两股源头河流汇合而成。冰雪和降雨混合补给河流，主要支流为库萨克河（Кусак）和塔列克特河（Таректы），河流上游陡峭、流速大，下游平坦、流速缓慢，河流污染严重，主要污染源是乌尔贾尔县行政中心乌尔贾尔镇。

乌尔贾尔河流域面积为 4550km²，多年平均入湖流量为 1.55m³/s，年径流总量为 0.5 亿 m³ 左右。由 2011 年阿拉湖流域灌区补给径流预测表（表 1 - 5）可以看出，预测 2011 年乌尔贾尔河阿勒克谢夫卡水文站的流量为 2.50～3.50m³/s。

表 1 - 5　　　　　　　**2011 年阿拉湖流域灌区补给期径流预测**　　　　　　单位：m³/s

河流	水文站	预测	2010 年	标准值
乌尔贾尔	阿勒克谢夫卡	2.50～3.50		3.50
哈滕苏	克致尔玉尔都兹	4.50～7.50		7.54
滕特克	通格利兹	80.00～100.00	104.00	79.40

注 表中数据虽然为 2011 年的预测值，由于阿拉湖水文观测资料很少，没有实测资料，此表数据对于了解阿拉湖情况仍具有重要价值。

2. 哈滕苏河

哈滕苏河是阿拉湖主要入湖河流中入湖径流量最大的一条河，在阿拉湖湖群中径流量仅次于滕特克河。哈滕苏河河长 71km，流域面积为 2410km²，径流总量约为 2.18 亿 m³。发源于塔尔巴哈台山南麓。在乌尔贾尔河和额敏河之间流入阿拉湖。由 2011 年阿拉湖流域灌区补给径流预测（表 1 - 5）可以看出 2011 年哈滕苏河克致尔玉尔都兹水文站的流量为 4.50～7.50m³/s。

3. 额敏河

额敏河发源于中国塔尔巴哈台山和吾尔喀夏依山交汇处，横贯额敏县全境，向西南流经裕民县、塔城市，后向西流出中国，最后注入哈萨克斯坦境内的阿拉湖，河流长为 256km。

该流域三面环山，北部有塔尔巴哈台山，东南部有乌日可下亦山、巴尔鲁克山和玛依勒山呈平行带状分布，向西开口从而形成著名的塔额盆地。主干流沙拉依灭勒河发源于盆地东北部的塔尔巴哈台山脉的科米尔山。流域内的行政区划有中国新疆塔城地区的额敏县、裕民县和塔城市。哈萨克斯坦境内为东哈萨克斯坦州的乌尔贾尔县。中国境内流域内人口 50 万人，涉及盆地四县市及两个县级牧场，新疆生产建设兵团第九师 11 个农牧团场和十多个工业企业。哈萨克斯坦境内流域面积为 2180km²，中国境内年径流量 16 亿 m³，是塔城盆地最大的水系。额敏河哈萨克斯坦境内主要支流有卡拉额敏河、科克苏河、秋古恰克河等。

额敏河多年平均入湖水量为 1.4 亿 m³ 左右。出山口以下大量的径流在下游平原沙漠地区下渗、蒸发。

4. 伊尔盖特河

伊尔盖特河发源于准噶尔阿拉套山北坡，从东南部流入阿拉湖，流域面积为 1660km²，为水量丰富的季节性河流，主要由冰雪融化径流补给，多年平均流量为 5.7m³/s，年径流量为 1.8 亿 m³，为阿拉湖湖群第三大补给水源。

5. 加曼特河

加曼特河发源于准噶尔阿拉套山北坡，为间歇性河流。流域面积为 667km²，多年平均年径流量为 0.8 亿 m³。

（二）萨瑟科尔湖入湖河流

1. 滕特克河

萨瑟科尔湖的主要入湖河流是滕特克河。滕特克河源出中哈边界准噶尔阿拉套山东北现代冰川区。它是阿拉湖盆地中水量最大的河流，上游由滕特克河（Тентек）、奥尔达-滕特克河（Орта－Тентек）和切特-滕特克河（Чет－Тентек）三条支流汇合后成为滕特克河。河流进入平原区后，流速减慢，形成河滩、三角洲，最后注入萨瑟科尔湖。该河长约 250km，流域面积为 5390km²。

滕特克河的冰川补给面积为 96.4km²，河流 4 月平均流量为 68.8m³/s，5 月平均流量为 118m³/s，6 月平均流量为 105m³/s，多年平均流量为 45m³/s，汛期为 4—9 月，汛期径流量占年径流量的 83%，最大流量发生在 5—7 月。最大流量主要受大气降水影响。枯季径流主要受地下水补给影响。记录的最大流量在通库鲁兹（Тункуруз）水文站为 294m³/s，在格拉西姆卡夫（Герасимовка）水文站为 115m³/s，在奥达尔-滕特克河（Орта－Тентек）乌斯别诺夫卡（Успеновка）水文站为 107m³/s。

滕特克河水量丰富，是阿拉湖湖群中最大的入湖河流，其水量不只是补给萨瑟科尔湖，同时通过湖泊之间的水道对科什卡尔湖和阿拉湖有水量补给，滕特克河多年平均流量为 45m³/s，年径流总量为 14 亿 m³，夏季径流量最大，占全年总量的 41.4%，冬季最少，仅为全年径流量的 6.8%。湖泊属于淡水有径流湖泊，湖水矿化度为 $320\sim630mg/L$，水的硬度适中，pH 值为 $7.6\sim8.2$，透明度为 $2.0\sim2.5m$，是很好的饮用水质。滕特克河三角洲是阿拉湖自然保护区的主要组成部分。滕特克河冬季不封冻，主要由渗入地下的径流补给。

2. 萨瑟科尔湖北部入湖河流

从北部流入萨瑟科尔湖的河流有阿依河（Ай）、卡拉科尔河（Каракол）、叶根苏河（Егенсу）、杰尔萨康河（Терсаккан）等，这些河流发源于塔尔巴哈台山脉，出山口以下均为季节性河流和干涸河流。只有在春夏洪水时有部分河流有径流流入萨瑟科尔湖，大部分径流均消失在出山口以下的盐沼低地之中。

第三节 流域的水文地理特征及水利分区

一、中国境内的流域水文地理特征及水利分区

中国境内的巴尔喀什湖流域仅指伊犁河流域区，可以分为四部分，即特克斯河流域区、巩乃斯河流域区、喀什河流域区、雅马渡以下流域区，如图 1-10 所示。

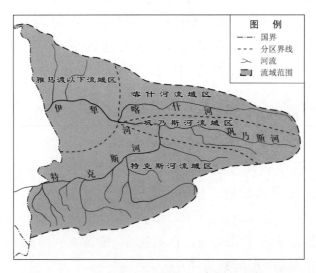

图 1-10 巴尔喀什湖流域中国境内水利分区

1. 特克斯河流域区

特克斯河为伊犁河西源，亦为最大支流，发源于哈萨克斯坦境内汗腾格里峰北坡，进入新疆后流经昭苏县和特克斯县，在巩留县东北与巩乃斯河汇合后

称伊犁河。年径流量为 80 亿 m³，径流主要产生于哈尔克山北坡。在特克斯河流域区内有昭苏、特克斯、巩留 3 县，总面积为 23217km²，总人口 51.08万人。

2. 巩乃斯河流域区

巩乃斯河为伊犁河东源南支，发源于和静县西北角安迪尔山南坡，向西穿过新源县境，至巩留县与特克斯河汇合。年径流量为 20 亿 m³。巩乃斯河流域区主要在新源县境内，流域区面积为 6813km²，人口 30.94 万人。

3. 喀什河流域区

喀什河为伊犁河东源北支，源于天山北支南坡，向西穿过尼勒克县，至伊宁县雅马渡汇入伊犁河。年径流量为 39 亿 m³。喀什河流域区主要在尼勒克县境内，面积为 10130km²，域内人口 17.6 万人。

4. 雅马渡以下流域区

伊犁河在雅马渡以下至中哈边境共有小支流 39 条，年径流量共计 21 亿m³。其中，北岸支流 16 条，共产生径流 18 亿 m³；南岸支流 13 条，共产生径流 3 亿 m³。雅马渡以下流域区面积为 15105km²，总人口有 140.3 万人，境内由伊宁市、伊宁县、霍城县、察布查尔锡伯族自治县。伊犁河在察布查尔锡伯族自治县和霍城县之间与霍尔果斯河汇合后流入哈萨克斯坦境内。

特克斯河是伊犁河的主源，境内流长 237km，流域面积为 2.3 万 km²，境内平均流量为 252m³/s，年径流量为 80 亿 m³，占伊犁河流量的 50% 以上，由于其水系发育支流众多，流量稳定、变差小、渠道引水条件好，成为流域各县主要水源。特克斯河及其支流的河水灌溉着两岸近百万亩良田，使之成为著名的粮仓。昭苏盆地的阿腾套山和库都尔山地丘陵把特克斯河流分为东西两段，西段山势悠缓，河道弯曲，多沼泽，落差 100m 左右。东段河道狭窄，水势湍急。尤其是恰甫其海和中游支流阔克苏河，河水犹如脱缰野马，咆哮奔腾，汹涌澎湃，落差 300～400m，水能利用条件相当优越。阔克苏河谷、喀拉布拉峡谷、恰甫其海峡谷更是特克斯河流域和伊犁河流域大型综合水利水电工程的理想地方，有效发电能力至少在 20 万 kW左右。

二、哈萨克斯坦境内的流域水文地理特征及水利分区

(一) 哈萨克斯坦境内水文地理特征

哈萨克斯坦境内的伊犁河流域均在阿拉木图州境内，其特克斯河部分在中国上游，河网密度大，同中国境内的伊犁河一样，是伊犁河的主要产流区，河

网密度为 $0.3\sim0.6km/km^2$。伊犁河流经中国再次进入哈萨克斯坦后，河网密度降低，河流主要集中分布在卡普恰盖水库上游区域。卡普恰盖水库以下进入下游沙漠平原区，该区域降水量很小，没有地面径流形成，其主要部分为伊犁河三角洲，卡普恰盖水库以下只有库尔特河汇入。

哈萨克斯坦境内的伊犁河左岸河网密布，分布着伊犁河中游最密集的河流，这些河流发源于克特缅山（хр.Кетемен）、外伊犁阿拉套山脉（хр.Заилийский алатау）和坤给伊阿拉套山脉（хр.Кунгей алатау），主要河流有恰林河、奇利克河、图尔根河、伊塞克河、塔尔加尔河、大阿拉木图河、小阿拉木图河、阿克塞河、卡斯克连河、谢木尔干河、库尔特河等，这些河流形成的径流占伊犁河径流的 30%。

哈萨克斯坦境内伊犁河右岸河流稀少。右岸河流主要发源于热特苏阿拉套南部诸山脉南坡区的河流，这些河流大多数为季节性河流和下游消失在沙漠中的河流，很少有径流直接流入伊犁河中，如位于潘菲洛夫县境内的乌谢克河、小乌谢克河、巴洛胡济尔河等。

其下游平原区河网密度为 $0.1km/km^2$，下游广阔的平原区完全没有径流形成。

（二）哈萨克斯坦境内水利分区

根据地理地貌和水文地理特征，可将哈萨克斯坦境内伊犁河流域划分为两个区，即上伊犁区和下伊犁区。伊犁河卡普恰盖水库大坝以上流域为上伊犁区，统一编号为 06-03-02；卡普恰盖水库大坝以下伊犁河和伊犁河三角洲为下伊犁区，编号为 06-03-03。水利区以下根据河流和地貌特征又划分为七个次区，如图1-11、表1-6和表1-7所示。

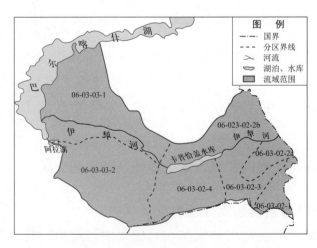

图1-11　哈萨克斯坦巴尔喀什湖流域水利分区

表 1-6　　　　　　　　哈萨克斯坦伊犁河流域水利分区情况

序号	水利区		水利次区		
	编号	名称	次区编号	河流、水体	面积/km²
1	06-03-02	上伊犁区	06-03-02-1	特克斯河（哈境内）	5315
			06-03-02-2a	克特缅山脉北坡河流	6002
			06-03-02-2b	准噶尔阿拉套山脉南坡河流	16567
			06-03-02-3	恰林河	10602
			06-03-02-4	大阿拉木图运河带河流	13795
2	06-03-03	下伊犁区	06-03-03-1	卡普恰盖水库以下伊犁河及三角洲	35986
			06-03-03-2	库尔特河（阿拉木图州）	28456
				肯基克山北坡江布尔州境内河流	6811
		伊犁河及支流合计			123536

表 1-7　　　　　　　哈萨克斯坦伊犁河及支流水利行政区

序号	区划编号	流　域	区域名
1	06-03-02-1	特克斯河	莱茵别克县
2	06-03-02-2a	克特缅山北坡河流	维吾尔县
3	06-023-02-2b	热吉苏阿拉套山脉南坡诸小河流	潘菲洛夫县、克别尔布拉克县、卡普恰盖市
4	06-03-02-3	克特缅山南坡及恰林河流域	莱茵别克县、维吾尔县
5	06-03-02-4	卡普恰盖水库左岸河流流域	塔尔加尔县、英别克什哈萨克县、阿拉木图市
6	06-03-03-2	库尔特河流域、伊犁河下游左岸流域	江布尔县、伊犁县、江布尔州部分
7	06-03-03-1	伊犁河下游及三角洲	巴尔喀什县

1. 特克斯河流域区（编号 06-03-02-1）

位于特克斯河上游河源的高山区域，最高山汗腾格里峰海拔 7010m。哈萨克斯坦境内伊犁河特克斯流域区位于阿拉木图州莱茵别克县境内，域内有卡拉萨兹（Карасаз）、勃列科萨兹（Болексаз）、扎拉纳什（Жаланаш）、卡拉托汗（Каратоган）、江布尔（Жамбыл）、卡克巴克（Какпак）、科克别尔（Кокбел）、卡依纳尔（Кайнар）、杰基什基克（Тегистик）、特克斯（Текес）、苏木拜（Сумбе）、科斯托别（Костобе）、纳林科尔（Нарынкол）、克孜尔卡拉（Кызылшекара）、萨雷巴斯套（Сарыбастау）、扎纳特克斯（Жанатекес）等 16 个居民点，域内人口近 5 万人。特克斯河上游哈萨克斯坦境内居民点分布见表 1-8。

表1－8 特克斯河上游哈萨克斯坦境内居民点分布

乡镇	人口/人	海拔/m	乡镇	人口/人	海拔/m
特克斯	4406	1766	科斯托别	277	1727
勃列克萨兹	1377		纳林科尔	7731	1801
扎拉纳什	3691	1735	萨雷巴斯套	3129	2017
江布尔	1862		杰基什基克	1493	1799
卡依纳尔	3241	1831	克孜尔卡拉	1854	
卡克巴克	2300	1834	扎纳特克斯	505	
卡拉萨兹	2250		苏木拜	2978	
卡拉托汗	1252	1962	科克别尔	1021	

特克斯河流域区域内河系发育，地表和地下水资源丰富，地表水资源量达8.0亿 m³。在该流域区内主要经济为农牧业，特克斯河流域区内有大型农业灌区。

2. 克特缅山北坡河流流域区（编号06－03－02－2a）

位于伊犁河左岸，在克特缅山脉北坡，在阿拉木图州维吾尔县境内，域内河流众多，均为山区河流和季节性干沟，流入平原后消失在沙漠之中，没有河流直接流入伊犁河。

在该流域区内主要经济为农牧业，在山区小河的出山口地区有众多的小型农业灌区。

3. 热吉苏阿拉套山脉南坡诸小河流流域区（编号06－023－02－2b）

位于伊犁河和卡普恰盖水库右岸伊犁河流域区，主要在潘菲洛夫县境内，包括有克别尔布拉克县、卡普恰盖市的部分区域，河流主要有位于热吉苏阿拉套（准噶尔阿拉套）山脉南部托克桑白山脉（xp. Токсанбай）南坡的巴拉呼吉尔河、乌谢克河等，这些河流没有直接流入伊犁河，只有在汛期有部分洪水径流流入伊犁河。在伊犁河和卡普恰盖水库右岸流域没有永久性河流流入。

在该流域区内主要经济为农牧业，在域内有大型农业灌区，有潘菲洛夫灌区和卡普恰盖水库右岸灌区。

4. 克特缅山南坡及恰林河流域区（编号06－03－02－3）

克特缅山南坡及恰林河流域区位于莱茵别克县和维吾尔县境内，主要在恰林河流域。恰林河是伊犁河中游最大的左岸支流之一，其上游支流克根河发源于克特缅山南坡，在汇入发源于坤盖阿拉套山的诸多支流后称为恰林河，恰林河在卡普恰盖水库上游流入伊犁河。在莱茵别克县境内的高山及山间平原区河系发育，地表和地下水资源丰富。

克特缅山南坡及恰林河流域区可分为五个自然气候带，即：①高山区山区草地带和草地草原带，海拔为 2500～3600m；②中山区草地森林带和森林草原带，海拔为 1600～2500m；③低山和山前区草原带，海拔为 1200～1600m；④荒漠草原带，海拔为 600～1200m；⑤荒漠带，海拔低于 650m。各地带的气候条件依赖于其垂直海拔，不同海拔的气候条件有较大的差别，恰林河的中上游流域，降水量大，气温低，年均气温为 1.8～2.0℃，而流域下游区降水量很小，气温高，年均气温达 8.4℃。

恰林河流域根据水文地貌条件可分为四个区，即高山构造区、山前和山前平原区、山间冲积平原区、现代和古代河流阶地河谷地区。最有利于灌溉的是山前平原区。根据水文地质条件，山区最有利于地下水的汇集和积累。山前和山前平原区地下水受下第四纪洪积和冲积层、上第四纪和现代漂砾和卵石沉积层的制约。

恰林河流域区农牧业经济发达，在莱茵别克县境内克根河流域的山前和山前平原区有六个大型农业灌区，主要利用恰林河支流的水灌溉，在维吾尔县境内恰林河下游的平原河网区建有一个大型农业灌溉系统。

5. 卡普恰盖水库左岸河流流域区（编号 06-03-02-4）

卡普恰盖水库左岸河流流域区位于外伊犁阿拉套山和坤盖阿拉套山北坡，在塔尔加尔县、英别克什哈萨克县和阿拉木图市境内，该水利区河系发育，河网密集，有奇利克河、塔尔加尔河、图尔根河、伊塞克河、大阿拉木图河、小阿拉木图河、卡斯克连河等。该区域是哈萨克斯坦人口最密集和经济最发达的区域，境内工业和农牧业经济高度发展，阿拉木图运河穿越境内所有的河流，形成了世界上最现代化的灌溉系统之一，同时，该水利区是水资源高度利用的区域。

6. 库尔特河流域、伊犁河下游左岸流域区（编号 06-03-03-2）

库尔特河流域、伊犁河下游左岸流域区位于卡普恰盖水库下游伊犁河三角洲左侧流域，在阿拉木图州的伊犁县、江布尔县和江布尔州的楚县和科尔达伊县的部分区域内。域内最大的河流是库尔特河，域内大部分地区为荒漠地带，人口密度很小。在库尔特河上游和中游地区建有大型农业灌区。在库尔特河干流上建有库尔特水库。

7. 伊犁河下游及三角洲流域区（编号 06-03-03-1）

伊犁河下游及三角洲流域位于伊犁河下游及三角洲地区，在阿拉木图州巴尔喀什县境内，域内沼泽及伊犁河分岔河网发育，湖泊众多，主要为荒漠地貌和三角洲地貌，域内人口密度小，居民点很少，主要经济结构为农业、牧业和渔业。在域内有大型水稻灌区和阿克达拉引水工程。两个大型水稻灌区为巴卡纳斯灌区和塔斯木林灌区。

根据巴尔喀什湖流域的水文地理特征，在产流计算和分析中根据产流特点哈萨克斯坦把流域区分成了12类区域，每一个区域内具有相同的产流计算参数，具体分区情况如图1-12所示。产流区主要分布在山区、山前区和山前平原区，靠近巴尔喀什湖的荒漠和沙漠地区由于降水量小而没有地面径流形成，产流特征分区如图1-12所示。

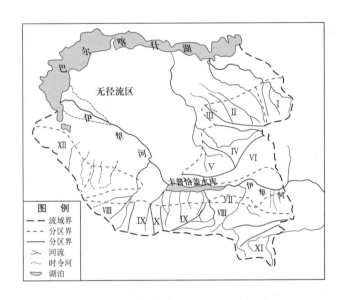

图1-12　巴尔喀什湖流域产流特征分区图

Ⅰ—热吉苏山脉北坡列普瑟河流域；Ⅱ—热吉苏山脉北坡阿克苏河流域；Ⅲ—卡拉塔尔河右岸流域；Ⅳ—卡拉塔尔河上游可克苏河流域；Ⅴ—卡拉塔尔河上游碧热河流域；Ⅵ—热吉苏阿拉套南部诸山脉南坡；Ⅶ—克特缅山脉北坡区；Ⅷ—恰林河和奇利克河流域区；Ⅸ—阿拉木图克什河和乌勒肯河右岸支流区；Ⅹ—伊犁阿拉套山北坡区；Ⅺ—伊犁阿拉套西部支脉区；Ⅻ—楚-伊犁山区

第四节　流域的水文地质特征

巴尔喀什湖流域哈萨克斯坦境内的区域具有非常复杂的水文地质和地貌结构。图1-13所示为巴尔喀什湖流域水文地质图，巴尔喀什湖南部的水压与古生代、新生代以及第四纪复合物的岩层有关联。

如图1-13所示水文地质图中的含水层和含水复合物的注释如下：

1—第四纪冲积含水层和含水复合物，湖泊沉积物（lQ）—湖泊冲积物（laQ），冲洪积物（apQ），坡积物（dpQ）和河流冰川堆积物（fgQ）。碎石—粗砾石层，砂。

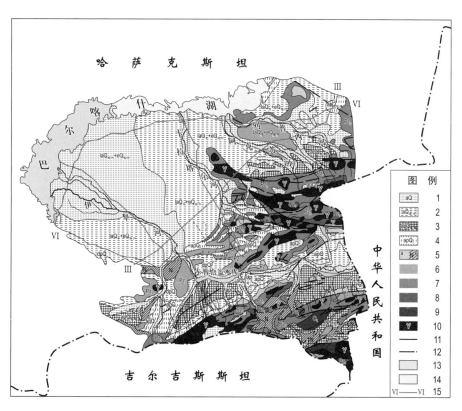

图 1-13 巴尔喀什湖流域水文地质图

2—第四纪上期现代冲积含水层，冲洪积物（apQ_{III-IV}），湖泊冲积物（laQ_{III-IV}），风积物（eQ_{III-IV}）。砂。

3—第四纪中上期冲积洪积含水层和含水复合物。粗砾石，碎石—粗砾—砾石地层，不等粒状砂。

4—第四纪下期冲积含水层和含水复合物，冲洪积物（apQ_I）和河流冰川堆积物（$fglQ_I$）。砂，砾石—粗砾石。

5—①新生代沉积含水层。不等粒状砂，粗砾石，软弱砂岩；②地下水分散的分布在相同的沉积物中。砂和粗砾石的夹层。

6—古生代上期岩石裂缝区的地下水。砂岩，砾岩，喷出岩和凝灰岩。

7—古生代中期岩石裂缝区的地下水。石灰石，粉砂岩，砾石，砂岩，片岩，碧岩，辉绿岩，斑岩，凝灰岩。

8—古生代下期岩石裂缝区的地下水。石灰石，粉砂岩，辉绿岩，斑岩，凝灰岩，砂岩，砾岩，碧岩，片岩，石英岩。

9—含水的低碳沉积物。灰岩，白云岩。

10—侵入岩裂缝区的地下水。花岗岩，花岗闪长岩，辉长岩。

11—含水裂隙。

12—裂隙，水文地质意义不明确。

13—淡水湖泊。

14—盐渍湖。

15—水文地质剖面线。

图1-14为伊犁河下游区Ⅰ-Ⅰ纵剖面地质图。

图1-14图例中的注释如下（其中16~27为岩石的岩性组成）：

1—现代沉积物的含水层。

2—第四纪上期现代沉积物的含水层。

3—第四纪中期沉积物的含水层。

4—第四纪下期沉积物的含水层。

5—第四纪下期与上新世上期混合的沉积物含水层。

6—霍尔果斯地区沉积物含水层。

7—伊犁地区零星分布在上新世中上期沉积物的地下水。

8—巴甫洛达尔地区零星分布在中新世上期、上新世下期沉积物的地下水。

9—咸海地区隔水的沉积物。

10—渐新世沉积物含水层。

11—石炭纪上期的沉积物含水层。

12—侏罗系沉积物含水层。

13—中生代风化壳隔水的沉积物。

14—二叠纪沉积物裂缝区的地下水。

15—古生界上期岩石裂缝区的地下水。

16—砾石-卵石沉积物。

17—砂。

18—砂壤土。

19—砂岩。

20—黏土。

21—填砂的碎石卵石。

22—泥灰岩。

23—花岗岩。

24—凝灰岩酸性组合物。

25—花岗闪长岩。

26—由安山岩玄武岩斑岩组成的凝灰岩。

27—凝灰岩的基本成分。

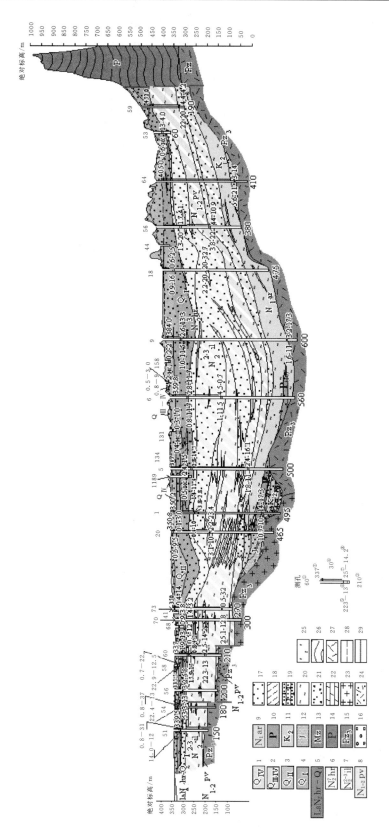

图1-14 伊犁河流域下游区 I-I 纵剖面地质图

28—有自由表面的地下水。

29—构造断裂带。

图 1-14 图例中测孔的标识如下：

①—测孔编号。

②—高程，m。

③—深度，m。

④—地下水的稳态水位，m。

⑤—矿化度，g/L。

⑥—水温，℃。

⑦—降深，m。

⑧—流量，L/s。

下面对巴尔喀什湖水文地质进行详细描述。

古生代岩石中的水。古生代地层在边缘地带厚 25～100m，在最大的波谷中厚 400～1000m。古生界基底基本上以喷出沉积岩、辉绿岩、斑岩、粉砂岩、黏板岩、砂岩为代表，有些地方花岗岩侵入导致断裂。古生代沉积物中的地下水挖掘深度，西部为 50～100m，东部则为 400～600m。地下水是承压水，有时会喷出，其矿化度从 2.00g/L 变到 10.00g/L。

古新世沉积物中的水。古新世沉积物以含水的黏土夹层和砂岩晶体为代表，分布在南部和东部部分区域，厚度为 600～800m。地下水是承压水，有时会喷出。矿化度为 3.00～5.00g/L。

新生沉积物中的水。新生复合的沉积物主要以咸海、巴甫洛达尔和伊犁地区的黏土为代表。它们包含含水的砾状岩石晶体，尤其是在伊犁地区。在洼地的边缘包含大量的晶体。地下水被巴甫洛达尔沉积物和新第三纪伊犁沉积物隔离。

新第三纪巴甫洛达尔地区的水包含在砂和砂岩分开的晶体、山前地带砂砾石和填沙的砾石、粗砾石中。沉积物的厚度在洼地的中部有近 300m，含水的岩石厚 5～27m。地下水是承压水，水头 100m 以上。含水的岩石上层理厚度从 20m 变到 142m。井流量为 1.90～5.70L/s，水平下降 5～20m。矿化度从南部、东南部地区 1.00～3.00g/L 上升到离开山区至卡拉塔尔河下游的 3.00～15.00g/L。化学成分由硫酸盐变为钠硫酸盐氯化物。

新第三纪伊犁地区的水包含在淡黄色、绿灰色黏土之间的晶体沙中。岩石厚度从几米到 100～150m，有时可达 180m。含水晶体厚度为 5～20m，有时达到 45～60m。含水沉积物深度由 65m 到 160～360m 变化。地下水是承压水，水头为 100～177m。流量为 0.67～3.40L/s，水位下降 3～42m。矿化度从 0.50～2.00g/L 变到 3.00～10.00g/L。

新第三纪和第四纪下期霍尔果斯地区沉积物中的水。这些沉积物广泛分布于巴尔喀什湖南部洼地。第四纪上、中沉积物作为顶层，新第三纪伊犁地区沉积物作为底层。它们以层间小的细粒砂和砂壤土、黏土的晶体为代表，少量的以砂岩、细粒砂与粗砾石为代表。第四纪下和霍尔果斯构造统一到一个含水层是因为它们之间没有隔水的沉积物。含水沉积物厚度在北部为 16～44m、南部为 65～135m。沉积物中地下水与第四纪上、中沉积物中的水有密切的水力联系。第四纪上、中、下时期和霍尔果斯沉积物含水层是具有自由水面地下水的含水岩体。地下水埋深为 38～130m。在洼地中央地下水是承压水，水头为 2.7～8.0m。洼地剩余部分地下水是自由水，最深处可达 50m。井流量从 0.02～3.00L/s 到 5.00～12.00L/s，水位下降 5～15m。水的矿化度没有超过 1.00～3.00g/L，化学成分为碳酸氢钙，少量的硫酸盐，氯化钠。

第四纪中上期冲洪沉积物中的水。他们分布在南巴尔喀什湖的东部洼地。沉积总厚度为 250～300m。岩性组成为含水的和隔水的岩石交替，以巨石、砾石、填沙的粗砾石、黏土、壤土、少量的砂壤土为代表。含水层厚度为 60～100m，隔水层厚度从 1～3m 到 10～15m。地下水主要是承压水。矿化度为 0.20～8.00g/L 变化，化学成分主要为碳酸氢钙，少量为碳酸氢钠、硫酸盐。

第四纪中上期湖泊冲积物和重叠在它们上面的现代沉积物中的地下水在洼地中广泛发展，形成从南到北的地下水流，直到巴尔喀什湖边缘。砂地断层基本的含水岩层主要为砂，在一些地方它们含有黏土夹层、壤土和砂壤土。在洼地中央含水层厚度达 200～240m，巴尔喀什湖附近下降到 50～70m。地下水埋深在沙漠东部丘陵和山脊洼地不超过 5m，在丘陵和山脊达到 10～15m。在现代河谷和巴尔喀什湖岸边，埋深为 5m。卡拉塔尔河右岸水浸渍深度，洼地处为 30～80m、山脊和丘陵处为 100～130m。井流量由 0.10～0.50L/s 到2.00～5.00L/s 变化，有时井流量达 10.00～30.00L/s、水位下降 5～20m。地下水矿化度主要为 1.00～3.00g/L，在分离的山脊和巴尔喀什湖附近矿化度增加到 3.00～10.00g/L，在一些地方达到 50.00g/L。化学组成为碳酸氢钙、碳酸氢钠和硫酸钠，随着矿化度的增加，水中成分由硫酸钠变为氯化钠。

第四纪上期现代沉积物中的水由伊犁河和卡拉塔尔河河谷冲积构造连接。含水岩层为小细粒的尘土沙子，并在山前地区为冲洪积砾石、粗砾石。地下水埋深为 1～5m，有时他们临近的地面，形成小的湖泊，盐土。根据含水沉积物的岩性组合物，在山麓地带，井流量为 5.00～15.00L/s、水位降低 3～5m，在离开山前区域到河流区井流量 0.50～1.00L/s、水位降低 2～5m。主要是淡水，矿化度为 0.50～1.00g/L，化学成分是碳酸氢钙、碳酸氢钠。

第五节 流域的生态环境状况

一、伊犁河流域的生态环境状况

（一）伊犁河流域的鱼类资源

根据 1995—1997 年调查资料，中国境内伊犁河中的鱼类共有 32 种（表 1-9），隶属于 6 目 9 科 27 属；再加上哈萨克斯坦境内伊犁河-巴尔喀什湖水系的鱼类，伊犁河的鱼类组成已达 39 种。

表 1-9　　　　我国境内伊犁河中的 32 种鱼类

编号	鱼类名称	编号	鱼类名称	编号	鱼类名称	编号	鱼类名称
1	裸腹鲟	9	中华鳑鲏	17	西鲤	25	北方泥鳅
2	虹鳟	10	短头鲃	18	鲫鱼	26	欧鲶
3	东方欧鳊	11	麦穗鱼	19	银鲫	27	青鳉
4	草鱼	12	棒花鱼	20	鲢鱼	28	伊犁鲈
5	短尾鲹	13	银色弓鱼	21	穗唇须鳅	29	梭鲈
6	贝加尔雅罗鱼	14	伊犁弓鱼	22	新疆高原鳅	30	黄鲂鱼
7	赤梢鱼	15	斑重唇鱼	23	斯氏高原鳅	31	波氏栉鰕虎鱼
8	鲹条	16	新疆裸重唇鱼	24	黑背高原鳅	32	褐栉鰕虎鱼

注　表中内容来源于 1997 年调查资料。

（二）伊犁河流域的植被情况

南支特克斯河流域温润的气候山谷相间的地形使流域内形成草原土壤、山地森林及草甸土壤。山间盆地和山前平原地带，冲积扇上部和冲积扇前缘多以黑钙土为主，其次为沼泽土，分布于河流两岸河滩与低阶地的局部低洼地；冲积扇中下部的平原区耕地土壤多是灌耕地，其次是灌耕草甸土；荒地以灰钙土、盐土为主。流域内的天然植被大致可分为高山植被、草甸、沼泽植被和盐土植被四种类型。南部高山区的植被主要为灌木林和天然林，且以云杉为主，在较低海拔及半阳坡生长着少量针阔混交林及白桦、山杨、野苹果、野山杏等阔叶林。昭苏盆地以草甸为主，包括小莎草、中禾草、杂类草等 20 多种草型。在河流两岸及扇缘地段，生长有芦苇、芨芨草、野苜蓿、小蓟、大拂子茅等，扇缘间洼地还生长有盐角草等盐生植物。

北支喀什河发源于婆罗科努山南坡冰川地带。流域两岸山体较陡，河谷断面呈 V 形或 U 形，地层为石灰系的凝灰岩、砾石、角砾岩等。流域内植被主要为耐寒牧草和森林区，植被覆盖较好，水土流失轻微，河流含沙量相对较小。喀什河流域海拔 2500m 至雪线之间为耐寒牧草和森林区，海拔 1800～2500m 之间为牧草区，海拔 1800m 以下为草甸草和荒漠草。中低山带植被较好，高山带植被相对较差。

巩乃斯河草原位于伊犁哈萨克自治州新源和尼勒克县境内，分布于巩乃斯河谷，属半荒漠草原，阳光充足，主要植被有耐旱蒿属植物，是羊最喜食牧草。在巩乃斯河两岸处地下水位较高，植被主要为小芦苇。草原土壤肥沃，主要为灰钙土，牧草生长茂盛，是春、冬、秋三季草场，为世界上少有的优良牧场。

二、阿拉湖流域的生态环境状况

（一）水生物情况

1. 浮游生物

阿拉湖的浮游植物经鉴定共有 58 种：绿藻 18 种，硅藻 20 种，蓝藻 16 种，裸藻 3 种，甲藻 1 种。优势种群是那些耐微盐的藻类。它们主要适应湖泊浅水区，大多分布在水的表层。阿拉湖的浮游动物有 80 种：原生动物 4 种，轮虫 37 种，枝角类 26 种，桡足类 13 种。优势种群是轮虫。它们栖生在避开风成波的河口和浅水湾，这里有茂密的屏障植物——芦苇，使生物系统免受有害的紫外线辐射。浮游动物的密度随四季的变化而变化，其中，轮虫 12163～330074 个/m^3、枝角类 3009～94128 个/m^3、桡足类 16115～24222 个/m^3。生物群落不断更新和水体天然净化的机制也在阿拉湖起作用。

萨瑟科尔湖的浮游植物经鉴定共有 55 种，浮游植物的构成与阿拉湖一样，但种类比阿拉湖少 3 种。它们基本是藻类，包括绿藻（20 种）、硅藻（19 种）、蓝藻（12 种）、裸藻（2 种）、甲藻（2 种）。萨瑟科尔湖具有淡水性质，浮游动物的密度大约为阿拉湖的 1/2～1/3，各类浮游动物的平均密度为：轮虫 2351～16156 个/m^3、枝角类 2000～29400 个/m^3、桡足类 9511～1001711 个/m^3，优势种群为淡水桡足虾。

科什卡尔湖的水生物群落较丰富。浮游植物经鉴定有 68 种。其中，绿藻 29 种，硅藻 21 种，蓝藻 10 种，裸藻 2 种，甲藻 1 种，金藻 1 种，其他 4 种。这里的淡水种居优势，浮游植物遍布全湖。但是，夏天受太阳紫外线辐射的影响几乎全都消失。有一个问题应予以重视，即在浮游植物构成中出现金藻的问题。金藻是藻类的一个有毒种，是深水体富营养化的征兆。在湿润区，这类水体不可能长期存在，湖水很快会腐臭，湖区生成泥炭，湖泊变成沼泽。然而这里是干旱区，强烈的大陆性气候和太阳辐射作用，使浮游植物构成年年更新，并为食物链的下一个环节留下丰富的饵料。

科什卡尔湖与萨瑟科尔湖和咸海的浮游动物构成相同，但其密度较萨瑟科尔湖高，接近咸海，平均密度分别为：轮虫 $1103\sim14112$ 个/m^3、枝角类 $12374\sim22161$ 个/m^3、桡足类 $27182\sim264780$ 个/m^3。湖泊中的优势种是桡足虾，其数量在夏季要减少 90%。

2. 底栖生物

阿拉湖的水生高等植物基本分布在浅水区，如西北缘的河流入口处以及东南尾端的克希-阿拉湖湾。大植物体主要是芦苇（第一层），第二层植物为苔草、拂子茅、灯心草、膘草和其他半沉水植物。沉水浮叶大植物体有眼子菜、两栖蓼、慈姑、泽泻、狐尾藻、金鱼藻以及其他水生植物。水生高等植物的总生物量目前还没测算出来，芦苇丛总面积为 1.4 万 hm^2。

阿拉湖的底栖动物生活在浅水区的底部沉积层内。经鉴定的无脊椎动物有蠕虫动物（寡毛类和蛭纲）、甲壳纲（钩虾）、蛛形纲（蜱螨和它们的幼虫）、昆虫纲（孑孓、蜉蝣、蜻蜓目和毛翅目的幼虫）以及其他软体动物。底栖动物主要是孑孓（45 种）。根据学者 A. C. Малиновская 近岸地段测量的生物量数据，认为在湖区西北缘黏质土和碎石土内，生物量的变幅为 $9.12\sim156$kg/hm^2，平均为 57.34kg/hm^2；在湖区西部湖湾覆盖着轮藻的砂质土内，平均生物量为 22.2kg/hm^2；在湖区南部开阔地带水深 $30\sim40$m 处为 50.4kg/hm^2，克希-阿拉科尔湾为 14.7kg/hm^2。湖区东缘扎尔布拉克站附近，水深约 30m 处为 37.2kg/hm^2。整个阿拉湖系统的底栖动物平均生物量为 37.7kg/hm^2。这就是说，阿拉湖系统在饵料基础方面比巴尔喀什湖（7.5kg/hm^2）丰富，但比咸海（150kg/hm^2）贫乏。

萨瑟科尔湖的高等植物为丛生的芦苇，组成植物群落（第一层）的主体。第二层植物有拂子茅、香蒲、灯心草、膘草、苔草等。芦苇丛沿湖岸分布，在西北部、南部和东部的低洼沼泽湖滨区分外茂盛。芦苇丛总面积约为 5.50 万 km^2，即比阿拉湖的要多得多。沉水浮叶植物与阿拉湖的相同，适生于避开波浪的湖湾和港口。湖泊的底栖动物有摇蚊、糠虾、寡毛类、糖虾等。全湖平均生物量非常低，只有 $11.0\sim23.0$kg/hm^2。原因是风生湖流强劲，底栖动物只能栖生在深水湾。

科什卡尔湖底生植物的代表种为茂密的芦苇，其面积为 3.70 万 hm^2。底栖动物比较贫乏，它们在湖区中部发育最快，生物量密度为 103kg/hm²，但遇到风暴，大部分死亡，因此，该湖泊中生物量的水平分布密度不大，仅为 21kg/hm²，而阿拉湖湖群的总平均值为 37.4kg/hm²。

3. 鱼类资源

阿拉湖湖群主要的经济鱼类包括鲤鱼、欧鳊、梭鲈鱼、巴尔喀什湖鲈鱼、欧鲫鱼、无鳞黄瓜鱼、单色斑条鳅、湖鳅、裂腹鱼等，阿拉湖湖群主要经济鱼类见表 1-10。

表 1-10　　　　　　　　　　阿拉湖湖群主要经济鱼类

水体	行政区域	种
萨瑟科尔湖	阿拉木图州、东哈萨克斯坦州	鲤鱼、欧鳊、梭鲈鱼、巴尔喀什湖鲈鱼、欧鲫鱼
科什卡尔湖	阿拉木图州	鲤鱼、欧鳊、梭鲈鱼、巴尔喀什湖鲈鱼、欧鲫鱼
阿拉湖	阿拉木图、东哈萨克斯坦州	鲈鱼、无鳞黄瓜鱼、单色斑条鳅、湖鳅、裂腹鱼和梭鲈鱼

阿拉湖鱼类饵料基础丰富，但土生鱼的种类较少，仅有白鲈鱼、无鳞黄瓜鱼、单色斑条鳅、湖鳅、裂腹鱼和梭鲈鱼六种。有的鱼类是 20 世纪 60—70 年代引进的。1986 年，阿拉湖年均捕鱼量仅 2500t/a，比巴尔喀什湖（11000～18000t/a）少。沿阿拉湖北岸和东北岸狭长芦苇丛栖生着麝鼠，在南岸的芦苇丛中有苇猫出没，在沼泽地可见水䶄（河狸鼠属）和其他动物。阿拉湖是多种游禽（候鸟）向北或向南迁徙时中途筑巢和歇息的地方，栖息地一般选在避风的浅水湾。阿拉尔托别群岛是阿拉湖特有种楔尾鸥的筑巢处，该鸟已列入哈萨克斯坦红皮书。

萨瑟科尔湖及其沿岸一带的生物群落种与阿拉湖一样。湖内有八种鱼，其中的鲤鱼和鲈鱼由外地引入，而后它们自己游入阿拉湖系统的其他湖泊，年均捕捞量在 0.1 万 t/a 以上。在茂密的芦苇丛中有野猪、狐狸、苇猫出没，在沼泽洼地有水鼠等。1943 年引进麝鼠，经过大约 3 年就成立了麝鼠养殖场，此外，在乌恰拉尔市还成立了银狐、北极狐和水貂养殖场。

萨瑟科尔湖及其深水港、岩石岛是候鸟筑巢和歇息的良好场所。这里有各种鸭、鹅、潜鸟、鸬鹚、鸥、鹈鹕、天鹅、鹬等。

由于湖水增温快，水质有冰川补给作保证，极有利于浮游生物及底栖生物的迅速繁育。在风干浪静的时期，很快就在湖水表层、湖底和两岸，特别是在芦苇丛的遮阴下，繁殖大量藻类植物和原生动物，而在风暴下，这些生物大多死亡，从湖底泛起以前死亡的生物腐烂产物，暴风雨后湖面传来一股特殊的气味，萨瑟科尔湖由此得名。

科什卡尔湖的鱼类区系构成与本系统的其他湖泊没有什么不同，同样有八种鱼，芦苇丛中出没的也是那些野生动物。"巢"湖的名称看来就是因为这里有大量幼小动物活动。科什卡尔湖远离居民点，不易进入，适于野生动物的自由繁育。

总之，科什卡尔湖的地形地貌特征方面、地理位置方面、生物群落构成方面都介于萨瑟科尔湖和阿拉湖之间。

目前还没有扎兰阿什湖的水生物学资料，我们只知道引进了两种鱼——鲈鱼和鲤鱼。东岸和南岸有宽 100m 的狭长地带密布芦苇丛，芦苇总面积约 30hm²，比科什卡尔湖小三个数量级。民间盛传扎兰阿什湖湖水的神奇疗效，在这里沐浴可治多种皮肤病；东岸和南岸露头的许多泉水具有非同寻常的饮用价值。

（二）阿拉湖自然保护区

阿拉湖自然保护区 1998 年 4 月建立，主要是保护阿拉湖滕特克河口三角洲的植物和动物，尤其是阿拉湖内独一无二的鸥鸟类。阿拉木图州的阿拉湖县和东哈州的乌尔贾尔县境内，有阿拉湖、萨瑟科尔湖、科什卡尔湖和扎兰阿什湖。阿拉湖国家自然保护区刚建立时面积为 1.252 万 hm²，2010 年哈萨克斯坦政府扩大了其面积，使哈萨克斯坦阿拉湖-萨瑟科尔国家自然保护区占地面积达到 6.522 万 hm²。扩大的区域主要在东哈萨克斯坦州乌尔贾尔县境内，主要保护阿拉湖-萨瑟科尔湖湖沼地的生物多样性。在保护区内主要有这样一些珍贵的植物物种，如斋桑梭梭、伊利诺葱、西维尔苹果、白色睡莲、多叶杨、阿勒泰郁金香、短蕊郁金香等。

自然保护区的动物有两种已列入世界自然保护联盟保护名录，即巴尔喀什鲈鱼和斑点蟾蜍。

阿拉湖自然保护区中高等植物 249 种，鱼类 17 种，鸟类 107 种，特殊保护面积占全球意义保护面积的 7.1%，具体特征见表 1-11。

表 1-11　　　　　　　　　　阿拉湖自然保护区特征

项目	高等植物种数	鱼类种数	鸟类种数	保护机构	全球意义面积/万 hm²	特殊保护面积/万 hm²	面积比/%
数量	249	17	107	阿拉湖自然保护区	91.47	6.52	7.1

在阿拉湖-萨瑟科尔湖群的范围内，有 38 种鸟类列入哈萨克斯坦红皮书

中，最为著名的有 22 种，即卷羽鹈鹕、鹈鹕、黑脸琵鹭、黑鹳、天鹅、白眼潜鸭、白头鸭、白尾鹰、鹫、白肩雕、草原雕、灰鹤、蓑羽鹤、大鸨、鸨、小鸨、红嘴鸥、遗鸥、棕鸽、黑腹锦鸡、的帕拉斯沙鸡和猫头鹰。

阿拉湖-萨瑟科尔湖地区列入哈萨克斯坦红皮书的有四种哺乳动物，即艾虎（在哈萨克斯坦境内是罕见的动物，栖息在沙漠和荒漠丘陵地区）、Seleviniya 鼠、瞪羚和巴拉索夫野猫。

第二章

流域的气候变化特征

巴尔喀什湖-阿拉湖流域的气候特征分析主要包括降水量变化特征分析、气温变化特征分析和蒸发量特征分析。由于巴尔喀什湖流域的主要气象站点与阿拉湖流域主要气象站点资料年限不一致，因此将两个流域分开进行分析。

第一节 气候变化分析方法

一、滑动平均法

滑动平均法是趋势拟合技术最基础的方法，也是一种用于分析序列变化趋势的简单方法，相当于低通滤波器。其核心是用确定时间的平滑值来显示变化趋势。对样本量为 n 的序列 $\{x_i\}$，其滑动平均序列 $\{\hat{x}_j\}$ 表示为

$$\hat{x}_j = \frac{1}{k}\sum_{i=1}^{k} x_{i+j-1} \qquad (j=1, 2, \cdots, n-k+1) \qquad (2-1)$$

式中：k 为滑动长度，一般取奇数；x_i 为样本序列；$\hat{x}_j$ 为滑动平均值序列。

经过滑动平均后，序列中短于滑动长度的周期大大削弱，从滑动序列曲线图上便可诊断序列的变化趋势。

二、非参数统计检验 Mann‐Kendall 法

Mann‐Kendall 法（非参数统计检验，简称 M‐K 法）是检测时间序列趋势变化的常用方法。其优点是不需要样本遵从一定的分布，也不受少数异常值的干扰，以适用范围广、人为性少、定量化程度高而著称。

对某一时间序列 $\{x(t)\}$ $(t=1,2,\cdots,n)$，Mann‐Kendall 法趋势检验的统计量公式为

$$S = \sum_{i=1}^{n-1}\sum_{j=i+1}^{n} \mathrm{sgn}(x_j - x_i) \qquad (2-2)$$

其中

$$\text{sgn}(x_j - x_i) = \begin{cases} 1 & (x_j - x_i > 0) \\ 0 & (x_j - x_i = 0) \\ -1 & (x_j - x_i < 0) \end{cases} \tag{2-3}$$

式中：sgn( ) 为符号函数。

当 $n \geqslant 8$ 时，统计量 S 近似服从正态分布，其均值及方差分别为

$$E(S) = 0 \tag{2-4}$$

$$\text{Var}(S) = \frac{n(n-1)(2n+5) - \sum_{i=1}^{n} t_i i(i-1)(2i+5)}{18} \tag{2-5}$$

式中：i 为时间序列中等值子序列（序列值连续相等的子序列）的长度；t_i 为长度为 i 的等值子序列的数量。

构造检验统计量 Z，即

$$Z = \begin{cases} \dfrac{S-1}{\sqrt{\text{Var}(S)}} & (S > 0) \\ 0 & (S = 0) \\ \dfrac{S+1}{\sqrt{\text{Var}(S)}} & (S < 0) \end{cases} \tag{2-6}$$

Z 服从标准正态分布。在双边检验中，若 $|Z| \geqslant Z_{1-\alpha/2}$，则表示在显著性水平 α 下拒绝原假设，说明时间序列存在显著的趋势变化。Z 为正值表示增加趋势，Z 为负值表示减少趋势。Z 的绝对值在大于等于 1.64、1.96 和 2.58 时，分别表示通过了 0.10、0.05 和 0.01 显著性水平的检验，即检验结果分别具有 90％、95％ 和 99％ 的置信度。

三、距平百分率计算法

距平百分率是指某时段的某个指标值（降水量或气温）与其常年同期平均值相比的百分率。距平百分率的实质就是对距平进行了标准化处理。用公式表示为

$$X_a = \frac{X - \bar{X}}{\bar{X}} \times 100\% \tag{2-7}$$

式中：X_a 为该指标的距平百分率；X 为某时段的该指标值（降水量或气温）；$\bar{X}$ 为该指标的多年同期平均值。

四、小波分析法

小波分析是近年来国际上一个非常热门的前沿研究领域，是继傅里叶

（Fourier）分析之后的一个突破性的进展。小波分析是在傅里叶变换的基础上引入了窗口函数。小波变换基于仿射群的不变性（平移和伸缩的不变性），允许把一个时间序列分解为时间和频率的贡献，它对于获取一个复杂时间序列的特征规律，诊断出时间序列变化的内在层次结构，分辨时间序列在不同尺度上的演变特征等是非常有效的。小波变换作为一种新的多分辨分析方法，可以同时进行时域和频域分析，具有时频局部化和多分辨特性，因此特别适合于处理非平稳信号，被誉为"数学显微镜"。

在小波变换中，比较常用的小波函数有 Mexican Hat 小波、Dmey 小波、Morlet 小波等。可选用 Morlet 小波函数对气象时间序列进行小波分析，即

$$\varphi(t) = e^{ict-0.5t^2} \tag{2-8}$$

在使用 Morlet 小波时，取常数 $c = 6.2$，其时间尺度 a 与周期 T 的关系为

$$T = \left(\frac{4\pi}{c + \sqrt{2+c^2}}\right)a \tag{2-9}$$

对于给定的小波函数 $\varphi(t)$，气象时间序列 $f(t)$ 的连续小波变换为

$$W_f(a,b) = |a|^{-0.5} \int_{-\infty}^{\infty} f(t)\bar{\varphi}\left(\frac{t-b}{a}\right)dt \tag{2-10}$$

式中：a 为尺度度因子，反映小波的周期长度；b 为时间因子，反映时间上的平移；$W_f(a,b)$ 称为小波变换系数。

实际工作中，气象时间序列常常是离散的，即

$$f(t) = f(k\Delta t) \quad (k = 1,2,\cdots,n)$$

式中：Δt 为采样时间间隔。

例如，年平均气温序列、年降水量序列都是离散序列。

式（2-10）的离散形式为

$$W_f(a,b) = |a|^{-0.5}\Delta t \sum_{k=1}^{n} f(k\Delta t)\bar{\varphi}\left(\frac{k\Delta t - b}{a}\right) \tag{2-11}$$

$W_f(a,b)$ 能同时反映频域参数 a 和时域参数 b 的特性，它是时间序列 $f(t)$ 或 $f(k\Delta t)$ 通过单位脉冲响应的滤波器的输出。当 a 较小时，对频域的分辨率低，对时域的分辨率高；当 a 增大时，对频域的分辨率高，对时域的分辨率低。因此，小波变换实现了窗口的大小固定、形状可变的时频局部化。

$W_f(a,b)$ 随参数 a 和 b 变化，可作出以 b 为横坐标、a 为纵坐标的关于 $W_f(a,b)$ 的二维等值线图，称为小波变换系数图。小波变换系数图有助于揭示气象时间序列的周期性变化特征。在时间尺度 a 相同的情况下，小波变换系数随时间的变化过程反映了时间序列在该尺度下的变化特征：正的小波变换系数用实线表示，对应于偏多期，如气温序列的偏高期、降水序列的偏丰期；负的

小波变换系数用虚线表示，对应于偏少期，如气温序列的偏低期、降水序列的偏枯期；小波变换系数为零时同样用实线表示（为实线、虚线邻接处的实线），对应着突变点，如气温序列偏高期往偏低期变化的突变年份，降水度序列偏丰期往偏枯期变化的突变年份。

第二节　巴尔喀什湖流域的气候变化特征

巴尔喀什湖流域地处北半球中纬度西风带，地势从西北向东南逐渐抬升。流域气候受纬度和地形影响，各地气候差异较明显。平原和低山区域通常气温昼夜和年变幅都很大，冬天寒冷，夏天持续炎热干燥。山区的气候特征各不相同，主要取决于山的海拔高度及地形条件。流域年平均气温北部地区为 2～5℃，巴尔喀什湖南岸到南部山前倾斜平原为 5～10℃，山区气温随海拔上升而降低，高山区在 -10℃ 以下。月平均气温 1 月最低，北部平原区 1 月平均温度为 -16℃，南部平原区 1 月平均温度为 -5℃。极端最低气温北部达 -50℃，南部平原为 -42～-45℃，山麓为 -35～-40℃。月平均气温 6 月最高，平均气温为 20～25℃。绝对最高气温北部为 40℃，南部平原为 45℃，山麓为 42℃，冰川区可达 20℃。

巴尔喀什湖流域的降水空间分布差异性很大。携带着大西洋、里海及巴尔喀什湖水汽的西风气流，在流域东部、南部高山的拦截下，随着地形的抬升形成丰富降水。高山区多年平均降水量大于 1000mm，外伊犁山北坡高山冰川区（海拔 3500～3700m）年降水量为 1300mm，阿拉套山西北坡高山区年降水量高达 1500mm。低山区年降水量为 300～400mm，北部丘陵地区为 200～2500mm，巴尔喀什湖沿岸年降水量仅为 150mm。降水从山区向平原减少现象极为明显，在山系中降水量随着高度的增加而增加，迎向气流的山脉西北坡降水量特别大，比山脉的东面、东南面和山间凹地的降水丰富。巴尔喀什湖流域降水量的空间分布总体上是东部和南部山区降水丰富，西部、北部丘陵区降水量较少，巴尔喀什湖周围的降水最少。

由于巴尔喀什湖流域受纬度和地形的影响，气候特征在平原、低山和山区有别。沿伊犁河自上而下直到巴尔喀什湖（从南向北），依次选择了不同地理位置上的五个气象站进行分析。这五个站点分别为伊宁站、阿拉木图站、巴尔喀什站、卡拉干达站和潘菲洛夫站，各个站点的资料信息见表 2-1。采用各个站点的逐月气温和降水资料，以期揭示流域近 70 年以来在气温和降水量变化方面的特征。

表 2-1 巴尔喀什湖流域站点基本信息

站名	东经	北纬	资料年限	资料类别
伊宁站	81°33′	43°95′	1952—2010 年	逐月气温、降水
阿拉木图站	76°54′	43°12′	1936—2010 年	逐月气温、降水
潘菲洛夫站	84°06′	44°12′	1936—2010 年	逐月气温、降水
巴尔喀什站	75°06′	46°48′	1936—2006 年	逐月气温、降水
卡拉干达站	73°06′	49°48′	1936—2006 年	逐月气温、降水

一、巴尔喀什湖流域的降水变化特征分析

(一) 降水量的年际变化特征

巴尔喀什湖流域五个代表站的降水量特征值见表 2-2。

表 2-2 各站年降水量的特征值统计

站名	多年平均降水量/mm	最大年		最小年		极值比	C_v	C_s/C_v
		降水量/mm	出现年份	降水量/mm	出现年份			
伊宁站	278.4	496.3	2004	137.6	1967	3.61	0.29	2.50
阿拉木图站	636.8	942.9	2003	327.2	1944	2.88	0.21	1.17
潘菲洛夫站	185.4	348.1	1993	72.0	1948	4.83	0.33	1.46
巴尔喀什站	124.5	220.6	1962	52.8	1974	4.18	0.30	1.27
卡拉干达站	310.4	517.8	1958	105.4	1951	4.91	0.27	0.51

注 C_v 为变差系数；C_s 为偏态系数。

由表 2-2 可以看出，巴尔喀什湖流域降水分布不均匀，阿拉木图站的年均降水量最大（636.8mm），其余各站均不足阿拉木图站的一半，巴尔喀什站的年均降水量最小（124.5mm）。卡拉干达站极端降水量的极值比最大，说明卡拉干达站年均降水量的年际变化程度最大；巴尔喀什站次之。阿拉木图站的极值比和 C_v 值最小，说明阿拉木图站的降水量年际变化相对最为稳定。

绘制各代表站的年降水量过程及五年滑动平均过程线，如图 2-1 所示。用非参数统计检验 Mann-Kendall 法对变化趋势的显著性进行检验。若统计

量 Z 为正值，表示呈增加趋势，反之，则呈减少趋势。Z 的绝对值大于或等于 1.96 时，代表序列通过了置信度 95% 显著性检验，变化趋势显著。检验结果列于表 2-3。

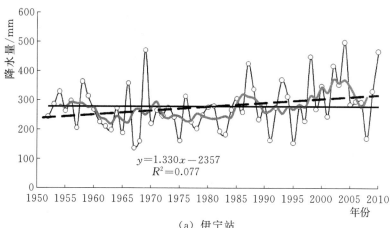

（a）伊宁站

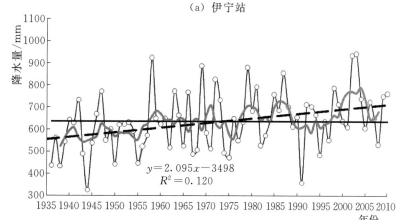

（b）阿拉木图站

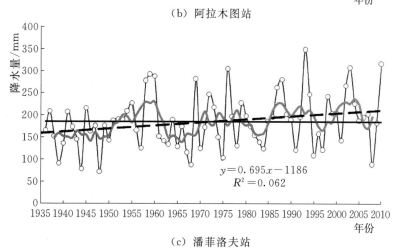

（c）潘菲洛夫站

图 2-1（一）　各站年降水量五年滑动平均过程线

—○— 年降水量；——— 5 年滑动平均；——— 多年平均值；---- 线性趋势

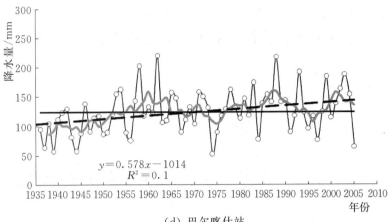

（d）巴尔喀什站

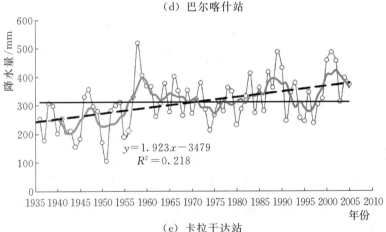

（e）卡拉干达站

图 2-1（二） 各站年降水量五年滑动平均过程线

—○— 年降水量； —— 5 年滑动平均； —— 多年平均值； ----- 线性趋势

表 2-3 各站年降水变化趋势检验

对比项目	伊宁站	阿拉木图站	潘菲洛夫站	巴尔喀什站	卡拉干达站
统计量 Z	2.03	3.16	1.87	2.91	3.75
显著性	显著	显著	不显著	显著	显著

由图 2-1 和表 2-3 可以看出，五个代表站的年降水量均呈增长趋势，并且变化趋势大都显著。

（二）降水量的年内分配特征

流域各代表站降水量年内分配情况见表 2-4。由表可以看出，巴尔喀什湖流域的降水量年内分配不均匀，降水主要集中在 4—7 月和 10—12 月，8—9 月和 1—2 月降水量较少。连续最大 3 个月（阿拉木图站 3—5 月，巴尔喀什、卡拉干达两站 5—7 月）降水量占全年降水量的 $30\% \sim 43\%$，连续最小 3 个月（阿拉木图 7—9 月、巴尔喀什站 8—10 月、卡拉干达站 1—3 月）降水量占全

年降水量的 $14\% \sim 18\%$ 。

表 2 - 4　　　　　　　　　各代表站降水量年内分配比例　　　　　　　　　%

站名	1月	2月	3月	4月	5月	6月	7月	8月	9月	10月	11月	12月
伊宁站	6.51	6.92	8.79	10.43	10.45	10.28	9.44	5.19	4.88	8.71	10.25	8.15
阿拉木图站	4.79	5.69	11.16	16.00	16.23	9.32	5.79	4.36	4.20	8.42	8.30	5.74
潘菲洛夫站	5.89	5.73	7.58	9.82	11.19	13.64	11.92	6.69	5.42	7.37	8.28	6.46
巴尔喀什站	8.53	6.87	7.86	8.60	10.22	9.78	9.98	7.10	3.69	7.46	10.10	9.82
卡拉干达站	5.77	5.44	5.67	7.59	11.12	12.17	13.58	9.33	6.80	8.99	7.02	6.52

（三）降水量的年代际变化特征

采用距平百分率计算法对不同年代的年代平均降水量变化进行分析，结果如图 2-2 所示。图中反映出不同年代降水量情况有所不同。20 世纪 30 年代和 40 年代，5 个代表站的降水距平百分比均为负值，表明流域在该时段内年代均降水量处于偏少水平，流域处于枯水期；20 世纪 50 年代至 20 世纪末，5 个代表站的降水距平百分比大多数为正值（除 50 年代的阿拉木图站和卡拉干达站、60 年代的伊宁站和潘菲洛夫站、70 年代的伊宁站和卡拉干达站、80 年代的伊宁站、90 年代的阿拉木图站的距平为负），表明流域在该时段内年代均降水量处于偏多水平，流域处于丰水期；21 世纪初，流域各站年代均降水量与多年平均值相比均偏多，距平百分率均在 10% 以上，表明流域在该时段降水量相对丰沛。由此可见，流域的年代均降水量整体总体呈增加趋势。

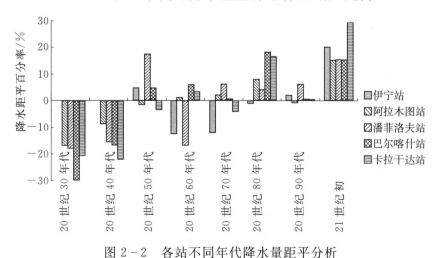

图 2-2　各站不同年代降水量距平分析

（四）降水量年际变化周期分析

采用复 Morlet 小波分析法分析流域年降水量序列的多时间尺度变化规律，

结果如图 2-3 和图 2-4 所示。

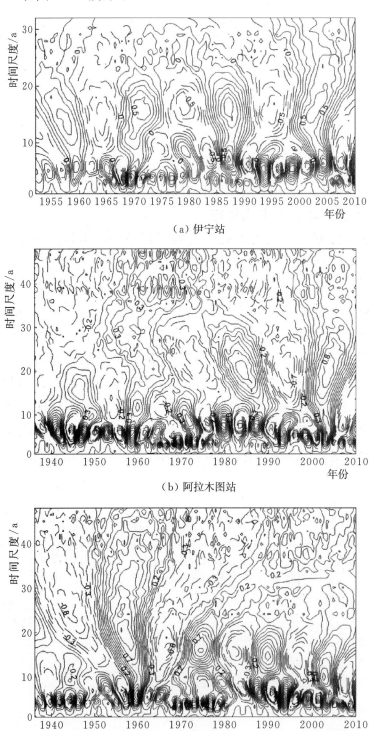

（a）伊宁站

（b）阿拉木图站

（c）潘菲洛夫站

图 2-3（一）　各站降水距平序列小波变换系数实部等值线图

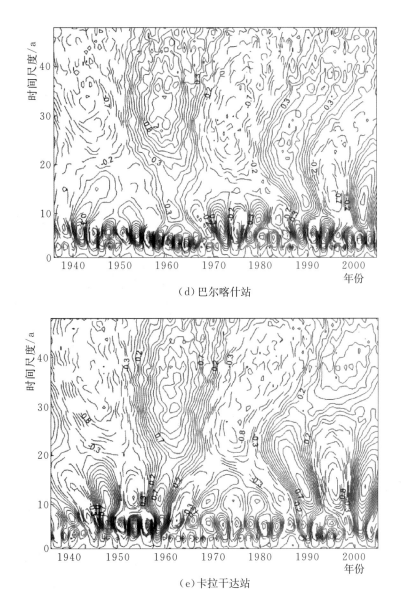

（d）巴尔喀什站

（e）卡拉干达站

图 2-3（二） 各站降水距平序列小波变换系数实部等值线图

图 2-3 所示为各站降水距平序列小波变换系数实部等值线图，图中实线表示降水量偏多，虚线表示降水量偏少。图 2-4 所示为各站降水距平序列小波方差图。可以看出，流域降水序列的各时间尺度在时间域上分布不均，局部变化特征明显。

1. 伊宁站

伊宁站小波方差图出现了 2 个峰值，分别对应 6 年、16 年的时间尺度，其中主周期为 16 年。说明伊宁站存在约 6 年、16 年两类尺度周期的

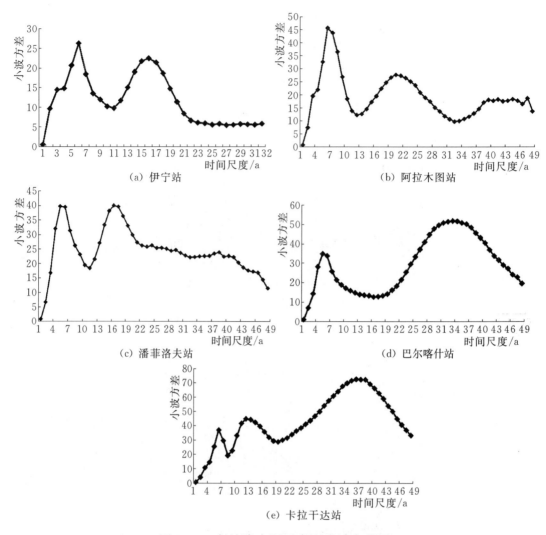

(a) 伊宁站 (b) 阿拉木图站

(c) 潘菲洛夫站 (d) 巴尔喀什站

(e) 卡拉干达站

图 2-4 各站降水距平序列小波方差图

变化规律，其中以 16 年尺度的周期变化最为清晰，降水经历了 4 个丰枯循环交替。

2. 阿拉木图站

阿拉木图站小波方差图出现了 2 个峰值，分别对应 6 年、20 年的时间尺度，其中主周期为 6 年。说明阿拉木图站存在 6 年、21 年三类尺度周期的变化规律，其中以 6 年尺度的周期变化最为清晰，降水经历了 5 个丰枯循环交替。

3. 巴尔喀什站

巴尔喀什站小波方差图出现了 2 个峰值，分别对应 5 年、33 年的时间尺度，其中主周期为 33 年。说明巴尔喀什站存在 5 年、33 年两类尺度周期的变化规律，其中以 33 年尺度的周期变化最为清晰，降水经历了 4 个丰枯循环交替。

4. 卡拉干达站

卡拉干达站小波方差图出现了 3 个峰值，分别对应 6 年、12 年、36 年的时间尺度，其中主周期为 36 年。说明卡拉干达站存在 6 年、12 年、36 年三类尺度周期的变化规律，其中以 36 年尺度的周期变化最为清晰，降水经历了 6 个丰枯循环交替。

5. 潘菲洛夫站

潘菲洛夫站小波方差图出现了 2 个峰值，分别对应 5 年、16 年的时间尺度，其中主周期为 16 年。说明潘菲洛夫站存在 5 年、16 年两类尺度周期的变化规律，其中以 16 年尺度的周期变化最为清晰，降水经历了 4 个丰枯循环交替。

二、巴尔喀什湖流域的气温变化特征分析

(一) 气温的年际变化特征

巴尔喀什湖流域五个代表站的多年平均气温分别为伊宁站 8.93℃、阿拉木图站 9.31℃、巴尔喀什站 5.70℃、卡拉干达站 3.10℃、潘菲洛夫站 9.57℃。绘制的各代表站的年平均气温五年滑动平均过程线，如图 2-5 所示。用非参数统计检验 Mann-Kendall 法对变化趋势的显著性进行检验，若统计量 Z 为正值，表示呈增加趋势，反之，则呈减少趋势。Z 的绝对值大于或等于 1.96 时，代表序列通过了置信度 95％显著性检验，变化趋势显著。检验结果列于表 2-5，可以看出，五个代表站的年平均气温均有升高，并且变化趋势均显著。

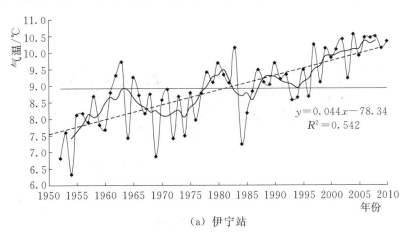

$$y = 0.044x - 78.34$$
$$R^2 = 0.542$$

(a) 伊宁站

图 2-5 (一)　各站年平均气温五年滑动平均过程线

◆ 年平均气温；—— 5 年滑动平均；—— 多年平均值；---- 线性趋势

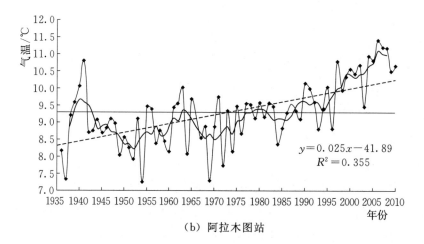

（b）阿拉木图站

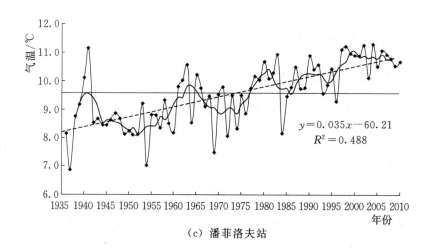

（c）潘菲洛夫站

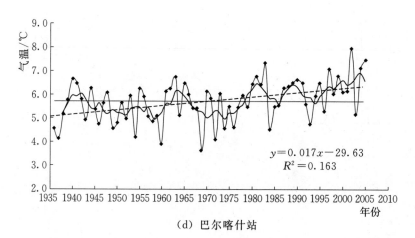

（d）巴尔喀什站

图 2-5（二）　各站年平均气温五年滑动平均过程线

—◆— 年平均气温；—— 5 年滑动平均；—— 多年平均值；---- 线性趋势

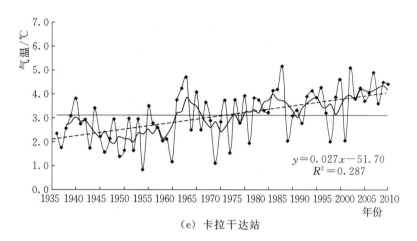

$$y = 0.027x - 51.70$$
$$R^2 = 0.287$$

（e）卡拉干达站

图 2-5（三） 各站年平均气温五年滑动平均过程线

◆ 年平均气温；—— 5 年滑动平均；—— 多年平均值；---- 线性趋势

表 2-5 各站年平均气温变化趋势检验

对比项目	伊宁	阿拉木图	潘菲洛夫	巴尔喀什	卡拉干达
统计量 Z	6.13	5.38	6.53	3.42	4.62
显著性	显著	显著	显著	显著	显著

（二）气温的年内变化特征

巴尔喀什湖流域各代表站的逐月平均气温统计值见表 2-6。由表可以看出，巴尔喀什湖流域一般在 1 月达到最低气温，7 月达到最高气温。根据气温的年内变化特征，巴尔喀什湖流域的四季划分为：春季 4—5 月，夏季 6—8 月，秋季 9—10 月，冬季 11 月至次年 3 月。

表 2-6 巴尔喀什湖流域逐月气温 单位：℃

站名	1 月	2 月	3 月	4 月	5 月	6 月	7 月	8 月	9 月	10 月	11 月	12 月
伊宁站	−8.90	−5.77	3.47	12.43	17.17	20.98	22.92	21.96	17.07	9.50	1.66	−5.36
阿拉木图站	−5.67	−4.26	2.47	11.05	16.43	21.13	23.70	22.35	17.12	9.66	1.52	−3.81
潘菲洛夫站	−8.28	−5.26	3.84	12.77	18.36	22.47	24.36	22.95	17.53	9.94	1.32	−5.42
巴尔喀什站	−14.04	−13.15	−4.73	7.76	16.19	22.06	24.29	21.97	15.33	6.49	−3.07	−10.68
卡拉干达站	−14.02	−13.84	−7.43	4.85	13.06	18.55	20.40	17.99	12.03	3.45	−6.00	−11.89

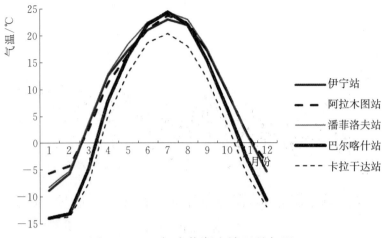

图 2-6　巴尔喀什湖流域逐月气温

（三）气温的年代际变化特征

采用距平百分率计算法分析巴尔喀什湖流域各代表站不同时段年平均气温的年代际变化，结果如图 2-7 所示。各气象站年平均气温表现出相似的年代际变化特征，20 世纪 70 年代以前，各气象站气温偏低，而 80 年代后，五个站气温明显升高。

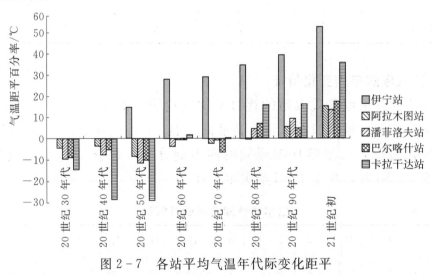

图 2-7　各站平均气温年代际变化距平

（四）气温年际变化周期分析

采用复 Morlet 小波分析法分析流域年气温序列的多时间尺度变化规律，结果如图 2-8 和图 2-9 所示。图 2-8 为流域气温序列小波变换系数实部等值线图。图中实线表示气温偏高，虚线表示气温偏低。图 2-9 为流域气温距平序列小波方差图。可以看出，流域气温序列的各时间尺度在时间域上分布不均，局部变化特征明显。

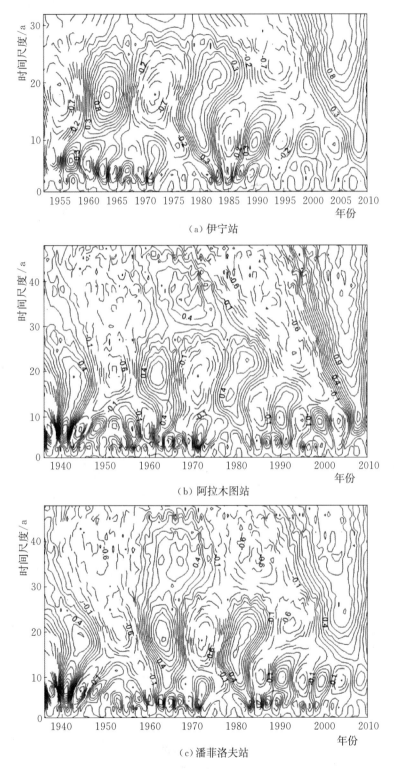

（a）伊宁站

（b）阿拉木图站

（c）潘菲洛夫站

图 2-8（一） 各站气温距平序列小波变换系数实部等值线图

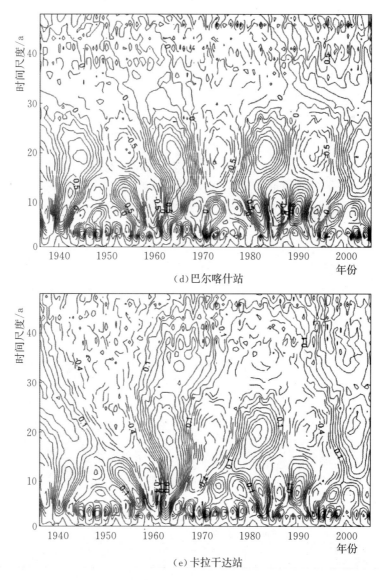

(d)巴尔喀什站

(e)卡拉干达站

图2-8（二）　各站气温距平序列小波变换系数实部等值线图

1. 伊宁站

伊宁站小波方差图出现了 2 个峰值，分别对应 10 年、20 年的时间尺度，其中主周期为 20 年。说明伊宁站存在 2 年、9 年两类尺度周期的变化规律，其中以 20 年尺度的周期变化最为清晰，气温经历了 5 个高低循环交替。

2. 阿拉木图站

阿拉木图站小波方差图出现了 3 个峰值，分别对应 8 年、22 年、39 年的时间尺度，其中主周期为 39 年。说明阿拉木图站存在 8 年、22 年、39 年三类尺度周期的变化规律，其中以 39 年尺度的周期变化最为清晰，气温经历了 10

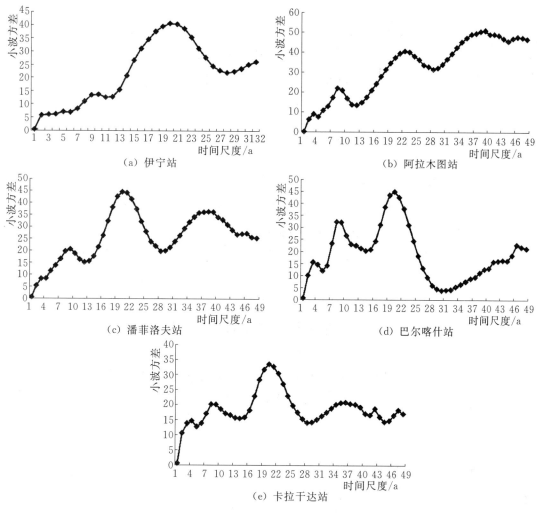

图 2-9 各站气温距平序列小波方差图

个高低循环交替。

3. 潘菲洛夫站

潘菲洛夫站小波方差图出现了 3 个峰值,分别对应 9 年、20 年、38 年的时间尺度,其中主周期为 20 年。说明潘菲洛夫站存在 9 年、20 年、38 年三类尺度周期的变化规律,其中以 20 年尺度的周期变化最为清晰,气温经历了 8 个高低循环交替。

4. 巴尔喀什站

巴尔喀什站小波方差图出现了 3 个峰值,分别对应 3 年、8 年、20 年的时间尺度,其中主周期为 20 年。说明巴尔喀什站存在 3 年、8 年、20 年三类尺度周期的变化规律,其中以 20 年尺度的周期变化最为清晰,气温经历了 7 个高低循环交替。

5.卡拉干达站

卡拉干达站小波方差图出现了 3 个峰值，分别对应 8 年、20 年、36 年的时间尺度，其中主周期为 20 年。说明卡拉干达站存在 8 年、20 年、36 年三类尺度周期的变化规律，其中以 20 年尺度的周期变化最为清晰，气温经历了 12 个高低循环交替。

三、伊犁河三角洲的蒸发量变化特征分析

（一）年际变化特征

伊犁河三角洲的多年平均年蒸发量为 22.64 亿 m^3。对年蒸发量作适线分析，得到年蒸发量的 C_v 值为 0.6，C_s 值为 1.2，P 为 25%、50%、75% 时的蒸发量分别为 45.31 亿 m^3、29.69 亿 m^3 和 18.8 亿 m^3。C_v 值很大，年蒸发量的变化较大。

图 2-10 和图 2-11 所示分别是伊犁河三角洲年蒸发量及 5 年和 10 年滑动分析过程。可以看出，年蒸发量过程有明显的减小趋势，且减小幅度很大。过程线以 1961 年为界，1961 年之前蒸发量大于多年平均值，而 1961 年之后都小于多年平均值。滑动平均过程线能更加明显地看出蒸发量的持续大幅减少。三角洲蒸发量减少的原因主要是三角洲降水量偏小造成的。

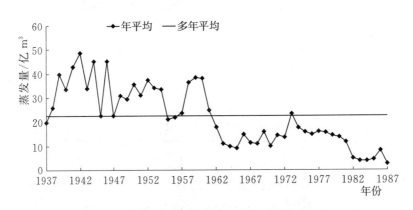

图 2-10 伊犁河三角洲年蒸发量过程线

（二）年内分配特征

图 2-12 所示为伊犁三角洲多年月平均蒸发量的年内分配图。可见，蒸发量与气温有密切关系，寒冷的冬季蒸发很小，11 月至次年 2 月的蒸发量只占全年蒸发量的 1.26%。春季随着气温的升高，蒸发量逐渐增大，秋季则正好相反。夏季由于气温较高、降水偏多，蒸发量最大。5—8 月的蒸发量占全年蒸发量的 79.30%。

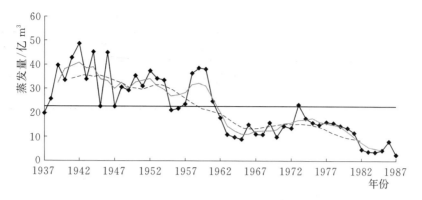

图 2-11　伊犁河三角洲年蒸发滑动过程

◆—年平均；——五年滑动；----十年滑动；——多年平均

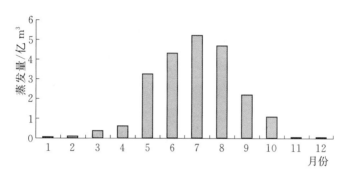

图 2-12　伊犁三角洲蒸发多年平均年内分配

第三节　阿拉湖流域的气候变化特征

阿拉湖流域的代表气象站选择为乌切阿拉站、阿拉湖站、扎兰阿什科里站、巴赫特站及乌尔贾尔站。考虑到资料的起始记录时间不一致，为了确保资料的一致性，建立均一、稳定的气象序列。五站选用的基础资料为 1966—2006 年共 41 年的逐月平均气温及逐月降水量（表 2-7），分别对各站点及采用算术平均后流域平均气温和降水进行分析。阿拉湖流域气象站点分布如图 2-13 所示。

表 2-7　　　　　　　　阿拉湖流域站点基本信息

站名	东经	北纬	资料年限	资料类别
乌切阿拉站	80°56′	46°10′	1966—2006 年	逐月资料
阿拉湖站	81°32′	45°58′	1966—2006 年	逐月资料
扎兰阿什科里站	82°07′	45°35′	1966—2006 年	逐月资料

续表

站名	东经	北纬	资料年限	资料类别
巴赫特站	82°43′	46°40′	1966—2006 年	逐月资料
乌尔贾尔站	81°37′	47°07′	1966—2006 年	逐月资料

图 2-13 阿拉湖流域气象站点分布图

一、阿拉湖流域的降水变化特征分析

(一)降水量的年际变化特征

阿拉湖流域五个代表站的降水量特征值见表 2-8。

表 2-8 各站年降水量的特征值统计

站名	多年平均降水量/mm	最大年降水量/mm	最大年降水量出现年份	最小年降水量/mm	最小年降水量出现年份	极值比	C_v	C_s/C_v
扎兰阿什科里站	101.42	205.90	1979	7.40	1997	27.82	0.53	0.09
乌切阿拉尔站	300.97	431.60	2006	132.30	1982	3.26	0.25	−0.29
阿拉湖站	208.85	389.10	1993	116.20	1997	3.35	0.26	3.61
巴赫特站	291.60	436.20	1993	136.10	1974	3.20	0.24	0.69
乌尔贾尔站	436.87	668.10	1972	236.00	1982	2.83	0.25	1.58

　　1966—2006 年 41 年间，阿拉湖流域不同的气象站年降水量变化不同。扎兰阿什科里站、乌切阿拉尔站、阿拉湖站、巴赫特站及乌尔贾尔站多年平均降水量分别为 101.42mm、300.97mm、208.85mm、291.60mm 及 436.87mm。其中扎兰阿什科里站降水量最少，乌尔贾尔站降水量最大，不同站点的降水量与站点的地理位置及下垫面有关。

　　在这 41 年间，扎兰阿什科里站及乌尔贾尔站的降水量呈现减少趋势，线性倾向率分别为 −36.8mm/10a 及 −11.5mm/10a。乌切阿拉尔站、阿拉湖站及巴赫特站三站降水量则呈现微弱增加趋势，线性倾向率分别为 16.2mm/10a、8.1mm/10a 及 4.8mm/10a。流域各站平均降水量多年平均值为257.0mm，1966—2006 年间降水量变化呈现减少趋势，线性倾向率为−2.3mm/10a。表明流域整体降水量在研究时间内，整体呈减少趋势，减少量微弱。阿拉湖流域年降水量趋势变化图 2−14 所示。

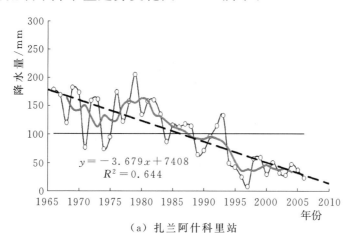

（a）扎兰阿什科里站

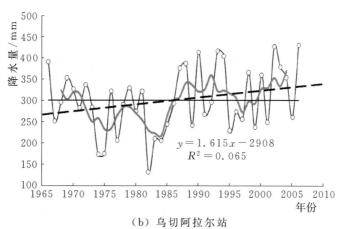

（b）乌切阿拉尔站

图 2−14（一）　阿拉湖流域年降水量趋势变化

—○— 年降水量；——— 5 年滑动平均；—— 多年平均；－－－ 线性趋势

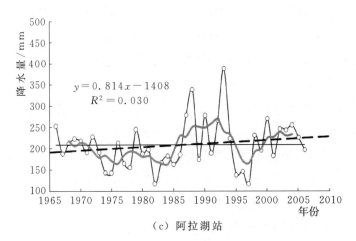

（c）阿拉湖站

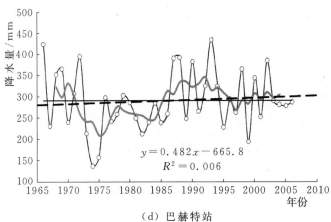

（d）巴赫特站

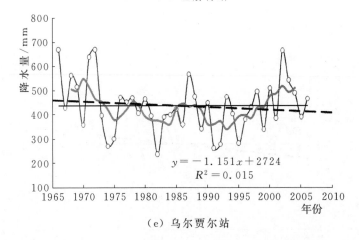

（e）乌尔贾尔站

图 2-14（二） 阿拉湖流域年降水量趋势变化

—◇—年降水量； ——— 5 年滑动平均； —— 多年平均； - - - 线性趋势

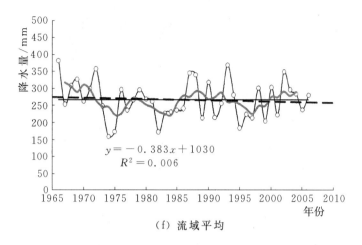

（f）流域平均

图 2-14（三）　阿拉湖流域年降水量趋势变化

—○—年降水量；————5 年滑动平均；———— 多年平均；– – 线性趋势

由各气象站 41 年来年降水量的 5 年滑动平均可看出，扎兰阿什科里站在 1966—1975 年间降水量呈现减少趋势，1976—1981 年降水量有所增加，1981 年后降水量在波动中减少。乌切阿拉尔站在 1966—1975 年、1976—1978 年、1979—1984 年、1985—1992 年、1993—1996 年及 1997—2006 年先后经历了降水量的减少、增加、减少、增加、减少及增加的交替变化。阿拉湖站的降水量在 41 年间呈现 4 个阶段的变化，1966—1983 年在波动中减小，1985—1992 年增加明显，1993—1996 年降水量经历的短期的减少后在 1997 年后降水量开始增加，至 2006 年增加趋势未转变。巴赫特站在 1966—2006 年间降水量变化经历的 6 个阶段，1966—1974 年降水量减少，1975—1978 年短期内增加，1979—1984 年降水量在波动中呈现微弱减少趋势，1985—1992 年降水量呈现明显增加趋势，1993—1997 年降水量减少，在 1998 年后降水量在波动中增加。乌尔贾尔站降水量在 1966—1992 年间呈现波动中减少趋势，在 1993 年以后，降水量在波动中呈现明显的增加趋势。对于流域各站平均降水量，1966—1975 年降水量经历了减少的过程，1976—1978 年经历短暂的增加过程后，降水量开始减少至 1984 年，1985—1992 年降水量呈现增加趋势，1993—1997 年降水量在波动中减少，1998—2006 年降水量呈现了增加趋势。

表 2-9 为阿拉湖流域趋势系数统计表，可看出阿拉湖流域各气象站中扎兰阿什科里站及乌尔贾尔站降水量呈现减少趋势，趋势系数分别为 -0.8 及 -0.1，表明扎兰阿什科里站减少趋势大于乌尔贾尔站。其余三站，1966—2006 年间降水量呈现增加趋势，趋势系数分别为 0.3、0.2 及 0.1，乌切阿拉尔站降水量增加趋势较阿拉湖站及巴赫特站更为明显。流域各站平均降水量

41 年间整体呈现减少趋势，趋势系数为－0.1，表明流域整体降水量减少不明显。

表 2-9　阿拉湖流域趋势系数统计

站名	扎兰阿科里湖站	乌切阿拉尔站	阿拉湖站	巴赫特站	乌尔贾尔站	流域平均
r 值	－0.8	0.3	0.2	0.1	－0.1	－0.1

对阿拉湖流域各站降水量变化趋势进行 Kendall 秩次趋势检验，除了扎兰阿什科里站降水量减少趋势显著性达到 99％外，其余各站降水量变化趋势均未通过显著性检验，流域各站平均降水量趋势变化也未通过显著性检验，表明流域整体降水量1966—2006 年间变化趋势不显著。Kendall 秩次趋势检验 U 值具体见表 2-10。

表 2-10　阿拉湖流域趋势显著性检验统计

站名	扎兰阿什科里站	乌切阿拉尔站	阿拉湖站	巴赫特站	乌尔贾尔站	流域平均
Kendall 秩次趋势检验 U 值	－5.80	1.28	0.85	0.61	－0.52	－0.49
显著性	99％	不显著	不显著	不显著	不显著	不显著

（二）降水量的年内分配特征

流域各代表站降水量年内分配比例见表 2-11。可以看出，阿拉湖流域的降水量年内分配不均匀，降水主要集中在 4—7 月和 10—12 月，8—9 月和 1—2 月降水量较少。连续最大 3 个月（扎兰阿什科里站 9—11 月，乌切阿拉尔站、巴赫特站和乌尔贾尔站三站 10—12 月，阿拉湖站 5—7 月）降水量占全年降水量的 29.7％～36.0％，连续最小 3 个月（扎兰阿什科里站 1—3 月，乌切阿拉尔站、阿拉湖站、巴赫特站、乌尔贾尔站 8—10 月）降水量占全年降水量的10.0％～19.1％。

表 2-11　流域各代表站降水量年内分配比例　　　　　　　　％

站名	1月	2月	3月	4月	5月	6月	7月	8月	9月	10月	11月	12月
扎兰阿什科里站	2.7	2.4	4.9	7.8	12.8	11.6	9.9	7.5	8.9	15.4	11.7	4.4
乌切阿拉尔站	8.6	6.7	7.7	11.3	9.1	9.0	8.9	3.9	3.4	7.8	11.8	11.8
阿拉湖站	7.1	5.3	8.3	9.1	10.4	10.7	11.1	7.5	3.4	5.6	11.0	10.6
巴赫特站	7.5	6.5	7.0	10.8	10.0	7.4	8.9	5.1	4.0	8.7	13.4	10.5
乌尔贾尔站	10.1	7.6	6.2	7.6	7.9	7.6	8.1	7.6	3.9	7.6	14.5	7.6

（三）降水量的年代际变化特征

从阿拉湖各气象站及流域平均降水量的年代变化平均值统计（表 2-12 和图 2-15）可以看出，扎兰阿什科里站从 20 世纪 60 年代后期至 21 世纪初，降水量在不断减少。乌切阿拉尔站在 20 世纪 60 年代后期到 80 年代，降水量呈现减少趋势，90 年代后降水量开始增加。阿拉湖站降水量在 20 世纪 60 年代后期到 70 年代降水量呈现减少趋势，80 年代降水量开始增加，至 21 世纪初阿拉湖增加趋势未停止。巴赫特站在 20 世纪 60 年代后期至 70 年代降水量呈现减少趋势，80 年代降水量开始增加，21 世纪初降水量略有减少。乌尔贾尔站降水量在 20 世纪 60 年代后期至 90 年代降水量呈现减少趋势，21 世纪初降水量开始增加，且增加明显。流域整体平均降水量在 20 世纪 60 年代后期至 80 年代呈现减少趋势，90 年代后降水量开始增加，21 世纪初，增加趋势未停止。

表 2-12　　　　　　　　阿拉湖流域年代平均降水量统计　　　　　　　单位：mm

年　　代	扎兰阿什科里站	乌切阿拉尔站	阿拉湖站	巴赫特站	乌尔贾尔站	流域平均
20 世纪 60 年代后	163.0	323.4	219.1	344.1	543.7	301.4
20 世纪 70 年代	140.2	273.2	189.3	255.7	443.5	248.5
20 世纪 80 年代	120.2	268.8	199.6	281.1	405.4	244.1
20 世纪 90 年代	65.4	316.4	217.6	308.6	379.7	249.8
21 世纪初	35.4	351.9	231.7	303.8	492.9	272.5

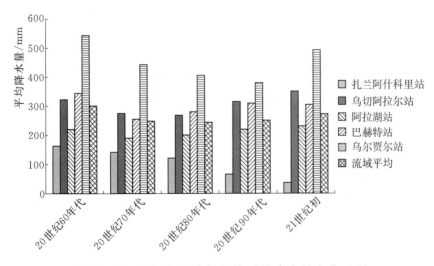

图 2-15　阿拉湖流域各年代平均降水量变化过程

（四）降水量年际变化周期分析

根据 Morlet 小波变换系数实部等值线图（图 2 - 16）可看出，1966—2006 年阿拉湖流域各站降水量存在明显的周期变化。其中实线为正相位，表示降水偏丰，虚线为负相位，表示降水偏枯。

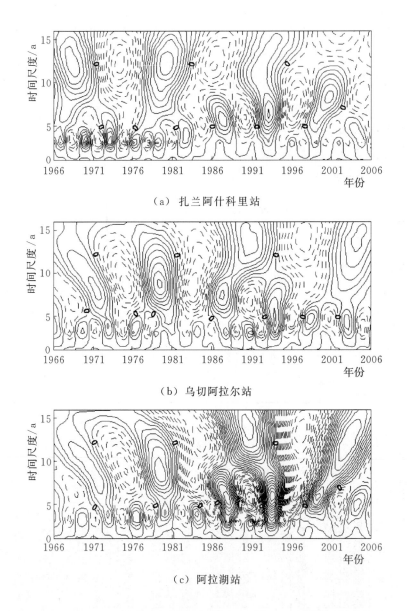

（a）扎兰阿什科里站

（b）乌切阿拉尔站

（c）阿拉湖站

图 2 - 16（一）　阿拉湖流域降水序列小波变换系数实部等值线图

（注：图中虚线表示小波系数负相位，实线表示小波系数正相位）

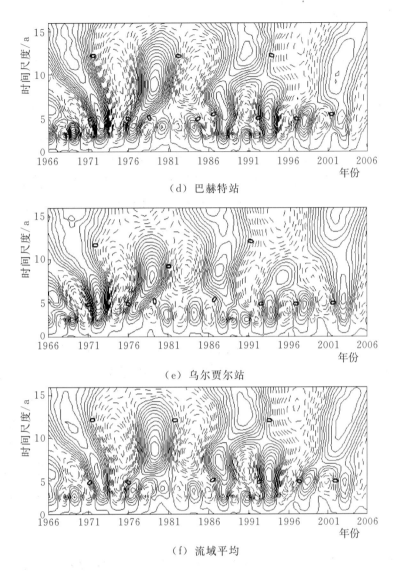

图 2-16（二） 阿拉湖流域降水序列小波变换系数实部等值线图

（注：图中虚线表示小波系数负相位，实线表示小波系数正相位）

1. 扎兰阿什科里站

1966—2006 年间，扎兰阿什科里站主要表现为 3 年和 12 年的振荡周期，其中 12 年的大尺度振荡周期较为明显。1966—1989 年降水量表现为显著的 12 年大尺度周期振荡，共经历了 4 个时期的交替变化：1966—1971 年及 1978—1983 年为降水量偏丰期；1972—1977 年及 1984—1989 年为降水量偏枯期。1966—1983 年间，12 年大尺度周期振荡镶嵌明显的 3 年的小尺度周期振荡，小尺度周期振荡较为频繁，此处不进行分析。1984 年后存在 6~8 年中尺度振荡周期，但是表现不明显。2006 年负相位小波系数等值线未闭合，未来的几

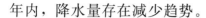

年内，降水量存在减少趋势。

2. 乌切阿拉尔站

1966—2006 年间乌切阿拉尔站存在 4 年小尺度振荡周期、8 年中尺度振荡周期及 12 年大尺度振荡周期。1970—1985 年主要表现为 8 年的中尺度振荡周期，1987—2006 年振荡周期由 8 年转变为 12 年。4 年小尺度振荡周期镶嵌在 8 年中尺度振荡周期及 12 年大尺度振荡周期中，由于其振荡频繁，此处不予分析。1970—1985 年降水序列经历了 4 个时期的交替变换：1970—1973 年及 1978—1982 年为偏丰期；1974—1977 年及 1983—1985 年为偏枯期。1987—2006 年降水序列经历了 3 个时期的交替变换：1987—1993 年及 2001—2006 年为偏丰期；1994—2000 年为偏枯期。2006 年正相位小波系数等值线未闭合，说明在未来几年内乌切阿拉尔站仍处于偏丰期。

3. 阿拉湖站

阿拉湖站降水序列 1981—2006 年存在 13 年大尺度振荡周期，其中 1987—2006 年间镶嵌明显的 6 年中尺度振荡周期。1981—2006 年间降水序列经历了 4 个时期的 13 年大尺度振荡周期的丰枯交替变换：1981—1987 年及 1996—2000 年表现为偏枯期；1988—1995 年及 2001—2006 年表现为偏丰期。1987—2006 年经历了 7 个时期的 6 年中尺度振荡周期的丰枯交替变换：1987—1989 年、1993—1995 年、1998—2000 年及 2004—2006 年表现为偏丰期；1990—1992 年、1995—1996 年及 2001—2003 年表现为偏枯期。2006 年 13 年大尺度振荡周期正相位小波系数等值线未闭合，6 年中尺度振荡周期正相位小波系数等值线即将闭合，说明未来降水序列仍将偏丰，但会向偏枯过渡。

4. 巴赫特站

巴赫特站降水序列 1972—1987 年及 1995—2003 年存在 4 年的小尺度振荡周期，振荡较为频繁；1988—2004 年降水序列存在明显的 11 年大尺度振荡周期，存在小尺度振荡周期镶嵌于大尺度振荡周期中的现象。1966—1972 年至 1973—1988 年振荡周期由 14 年缩为 10 年，1989 年后大尺度振荡周期拉长为 11 年。1988—2004 年间降水序列经历了 3 个时期的丰枯交替：1988—1993 年及 1999—2004 年为偏丰期；1994—1998 年为降水偏枯期。

5. 乌尔贾尔站

41 年间乌尔贾尔站降水序列存在明显的 5 年小尺度振荡周期、8 年中尺度振荡周期及大于 16 年的大尺度振荡周期。降水序列在大于 16 年大尺度振荡周期中经历了偏丰—偏枯—偏丰—偏丰 5 个时期的丰枯交替，中尺度及小尺度振荡周期镶嵌其中。1977—1988 年降水序列经历了 3 个时期的 8 年中尺度振荡周期的丰枯变换：1977—1980 年及 1985—1988 年为偏丰期；1981—1984 年为偏枯期。1969—1976 年表现为明显的 5 年振荡周期，经历了偏枯—偏丰—偏枯的交替变化。2006 年降水序列 16 年以上大尺度振荡周期正相位小波系数等值线未闭合，未来几年仍处于偏丰期。

6. 流域平均降水

流域平均降水小波系数等值线图明显存在 8 年中尺度振荡周期及 12 年大尺度振荡周期。存在小尺度周期变化嵌套在大尺度下的复杂结构现象。短期振荡周期丰枯变化频繁，此处不做分析，1974—1985 年经历了 8 年中尺度周期振荡，其中 1974—1977 年及 1982—1985 年为偏枯期，1978—1981 年为偏丰期。1988—2006 振荡周期拉长为 12 年，1988—1993 年及 2001—2006 年为偏丰期，1994—2000 年为偏枯期。2006 年大尺度振荡周期正相位等值线未闭合，说明在大尺度振荡周期下，未来几年处于偏丰期，但开始向偏枯期过渡。

由流域降水序列小波方差图（图 2-17）可知，扎兰阿什科里站存在 2 个峰值，分别为 3 年及 12 年对应的小波方差值，时间尺度 12 年对应的小波方差

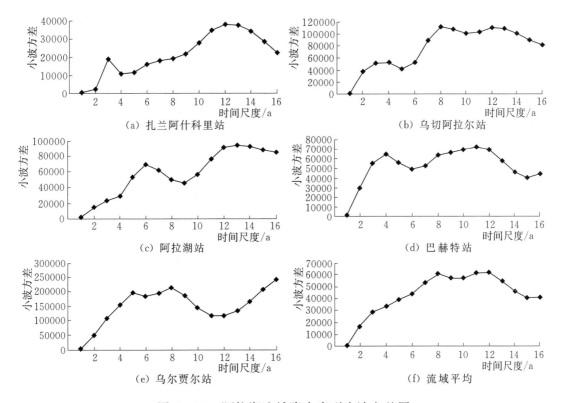

(a) 扎兰阿什科里站

(b) 乌切阿拉尔站

(c) 阿拉湖站

(d) 巴赫特站

(e) 乌尔贾尔站

(f) 流域平均

图 2-17 阿拉湖流域降水序列小波方差图

值大于 3 年，可见扎兰阿什科里站降水序列主周期为 12 年。乌切阿拉尔站存在 3 个峰值，分别为 4 年、8 年及 12 年对应的小波方差值，时间尺度 8 年对应的小波方差最大，说明乌切阿拉尔站降水序列主周期为 8 年。阿拉湖站存在 2 个峰值，分别为 6 年及 13 年对应的小波方差值，其中时间尺度 13 年对应的小波方差值最大，说明阿拉湖站降水序列主周期为 13 年。巴赫特站存在 4 年及 11 年对应的小波方差两个峰值，其中时间尺度 11 年对应的小波方差值最大，故巴赫特站降水序列主周期为 11 年。乌尔贾尔站在 16 年时间尺度内，存在两个峰值，分别为 5 年和 8 年对应的小波方差值，8 年对应小波方差值大于 5 年，16 年对应的小波方差值大于 8 年，说明主周期大于 16 年，而 16 年内主要周期为 8 年。对于流域整体平均降水序列来说，小波方差图中存在两个峰值，分别为 8 年及 12 年对应的小波方差值，其中时间尺度 12 年对应的小波方差值最大，故主周期为 12 年。可见流域存在 3～5 年的小尺度振荡周期，8 年中尺度振荡周期及 11～12 年的大尺度振荡周期。

二、阿拉湖流域的气温变化特征分析

（一）气温的年际变化特征

在 1966—2006 年期间阿拉湖流域的气温呈现上升趋势。各气象站点（扎兰阿什科里站、乌切阿拉尔站、阿拉湖站、巴赫特站及乌尔贾尔站）的气温上升线性倾向率分别为 0.25℃/10a、0.38℃/10a、0.34℃/10a、0.39℃/10a 及 0.21℃/10a；多年平均气温为 8.2℃、7.3℃、7.6℃、6.5℃ 及 5.5℃。流域平均气温上升线性倾向率为 0.32℃/10a，多年平均气温为 7.2℃。各站点及流域气温五年滑动平均图表明，流域各站点气温变化趋势大致相近，在 1966—1981 年间，气温呈现上升趋势；1981—1986 年流域气温呈现下降趋势；1987 年后，流域气温在波动中上升。阿拉湖流域年平均气温趋势变化如图 2-18 所示。

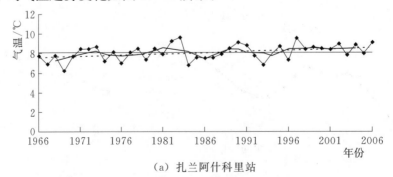

（a）扎兰阿什科里站

图 2-18（一） 阿拉湖流域年平均气温趋势变化

◆ 年平均气温； —— 5 年滑动平均； —— 多年平均； ····· 线性（年平均气温）

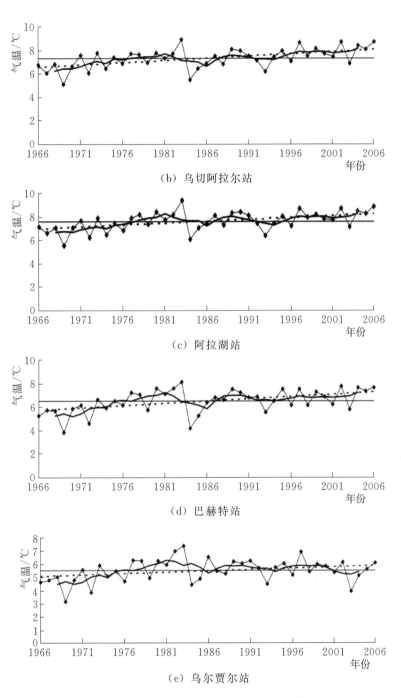

（b）乌切阿拉尔站

（c）阿拉湖站

（d）巴赫特站

（e）乌尔贾尔站

图 2-18（二）　阿拉湖流域年平均气温趋势变化

◆ 年平均气温；—— 5 年滑动平均；—— 多年平均；····· 线性（年平均气温）

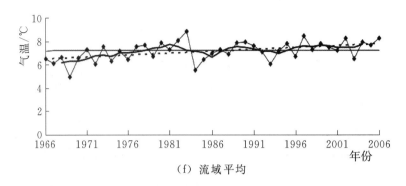

（f）流域平均

图 2-18（三） 阿拉湖流域年平均气温趋势变化

◆— 年平均气温；—— 5 年滑动平均；—— 多年平均；····· 线性（年平均气温）

阿拉湖流域各站点趋势系数统计见表 2-13。见表可知，流域各站点趋势系数均大于 0，即流域气温呈上升趋势，其中乌切阿拉尔站、阿拉湖站、巴赫特站的趋势系数大于扎兰阿什科里站及乌尔贾尔站，这与各站气温变化的线性倾向率大体接近。

表 2-13　　　　　　　　阿拉湖流域各站点趋势系数统计

站名	扎兰阿什科里站	乌切阿拉尔站	阿拉湖站	巴赫特站	乌尔贾尔站	流域平均
r 值	0.39	0.53	0.49	0.47	0.28	0.47

对阿拉湖流域各站及流域平均气温趋势变化进行 Kendall 秩次趋势检验，可知阿拉湖流域气象站除了乌尔贾尔站气温上升趋势不显著外，其余各站及流域平均气温上升趋势均比较明显，其中扎兰阿什科里站气温上升趋势显著性达到 95%，乌切阿拉尔站、阿拉湖站、巴赫特站气温上升趋势显著性均达到 99%，说明流域气温上升趋势整体比较明显。表 2-14 为阿拉湖流域各站点气温趋势显著性检验统计。

表 2-14　　　　　　阿拉湖流域各站点气温趋势显著性检验统计

站名	扎兰阿什科里站	乌切阿拉尔站	阿拉湖站	巴赫特站	乌尔贾尔站	流域平均
Kendall 秩次趋势检验 U 值	2.56	3.53	3.23	3.26	1.64	3.21
显著性	95%	99%	99%	99%	不显著	99%

（二）气温的年内变化特征

阿拉湖流域各站点的逐月平均气温统计值见表 2-15。可以看出，阿拉湖流域一般在 1 月达到最低气温，7 月达到最高气温。根据气温的年内变化特征，阿拉湖流域的四季划分为：春季 4—5 月；夏季 6—8 月；秋季 9—10 月；冬季 11 月至次年 3 月。

表 2-15　　　　　　　　　阿拉湖流域各站点逐月气温　　　　　　　　单位：℃

站名	1 月	2 月	3 月	4 月	5 月	6 月	7 月	8 月	9 月	10 月	11 月	12 月
扎兰阿什科里站	−13.4	−10.2	0.1	11.2	18.3	23.5	25.6	24.1	18.4	9.9	−0.2	−9.5
乌切阿拉尔站	−12.5	−10.5	−1.8	9.9	16.7	22.2	24.2	22.5	16.3	8.2	−0.4	−7.6
阿拉湖站	−11.9	−10.3	−1.8	8.8	15.9	21.9	24.4	23.0	17.2	9.6	0.9	−6.6
巴赫特站	−12.8	−10.3	−1.5	9.5	16.0	20.8	22.8	21.3	15.4	7.6	−1.8	−9.1
乌尔贾尔站	−14.0	−12.0	−3.9	8.6	15.6	20.3	22.3	20.8	15.0	6.9	−2.8	−10.6

（三）气温的年代际变化特征

对阿拉湖流域各气象站点年代平均气温进行分析，表明阿拉湖流域除了阿拉湖站及乌尔贾尔站 20 世纪 90 年代平均气温低于 80 年代平均气温外，其余各气象站在 1966—2006 年 41 年五个年代中，气温变化均表现为上升趋势，并于 21 世纪初平均气温达到最高。其中扎兰阿什科里站在 21 世纪初的平均气温为五个站点中最大值，达到 8.6℃，乌尔贾尔站在 20 世纪 80 年代后气温有所下降，21 世纪初平均气温为 5.5℃。流域各年代平均气温在 20 世纪 60 年代至21 世纪初呈现上升趋势，在 20 世纪 70—80 年代平均气温上升最明显。阿拉湖流域各站点年代平均气温统计见表 2-16。

表 2-16　　　　　　　　阿拉湖流域各站点年代平均气温统计　　　　　　　单位：℃

年代	扎兰阿什科里站	乌切阿拉尔站	阿拉湖站	巴赫特站	乌尔贾尔站	流域平均
20 世纪 60 年代	7.21	6.12	6.58	5.11	4.43	6.05
20 世纪 70 年代	8.00	7.06	7.29	6.16	5.31	6.91
20 世纪 80 年代	8.18	7.24	7.81	6.70	5.97	7.30
20 世纪 90 年代	8.37	7.52	7.78	6.74	5.82	7.38
21 世纪初	8.58	7.94	8.12	7.02	5.49	7.61

（四）气温年际变化周期分析

根据 Morlet 小波变换系数实部等值线图（图 2-19）可以看出，1966—2006 年阿拉湖流域各站气温存在明显的周期变化。图中实线为正相位，表示气温偏高；虚线为负相位，表示气温偏低。

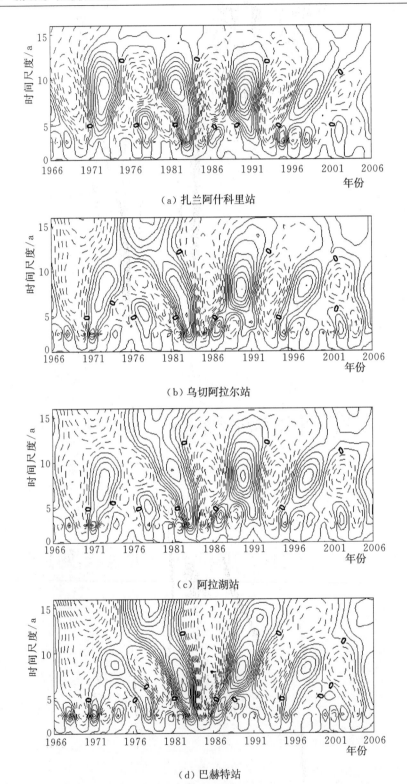

（a）扎兰阿什科里站

（b）乌切阿拉尔站

（c）阿拉湖站

（d）巴赫特站

图 2-19（一） 阿拉湖流域气温序列小波变换系数实部等值线图

（注：图中虚线表示小波系数负相位，实线表示小波系数正相位）

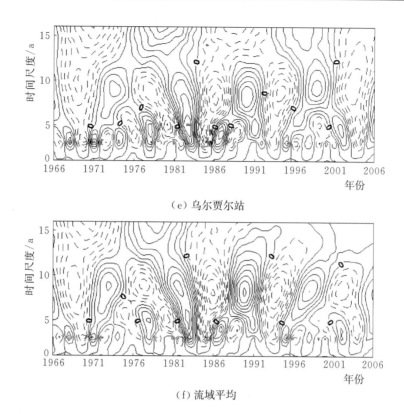

（e）乌尔贾尔站

（f）流域平均

图 2-19（二）　阿拉湖流域气温序列小波变换系数实部等值线图

（注：图中虚线表示小波系数负相位，实线表示小波系数正相位）

1. 扎兰阿什科里站

扎兰阿什科里站在 1966—2006 年气温序列明显存在 9 年的中尺度振荡周期，大尺度及小尺度振荡周期表现不明显。1966—2006 年气温经历了 9 年中尺度振荡周期的 9 个时期的高低交替变换：1966—1970 年、1975—1979 年、1983—1988 年、1993—1996 年、2001—2005 年气温处于偏低期；1971—1974年、1980—1983 年、1989—1992 年、1997—2000 年气温处于偏高期；在 2006年后气温序列进入气温偏高期，且气温偏高的小波系数等值线仍未闭合，表明在未来几年内气温将趋于偏高。

2. 乌切阿拉尔站

乌切阿拉尔站在 1966—2006 年间，气温序列存在 3 年、8 年振荡周期，存在小尺度周期变化嵌套在大尺度下的复杂结构现象。短期振荡周期丰枯变化频繁，此处不做分析。1966—1983 年间，气温序列存在 15 年以上大尺度振荡周期，并在大尺度振荡周期下嵌套着 8 年的中尺度振荡周期，气温序列经历了低—高—低—高以 8 年为振荡周期的中尺度周期振荡。1984—2004 年间经历了 5个时期气温高低的交替变化：1984—1988 年、1992—1995 年、2000—2004 年为气温偏低期；1989—1991 年、1996—1999 年为气温偏高期。2005 年开始，气温偏低期的小波系数等值线闭合，乌切阿拉尔站开始进入气温偏高期，且小波系数等值线仍未闭合，表明在未来几年内，气温仍将偏高。在 8 年时间尺度上，振荡周期最为显著，气温变化情况主要取决于 8 年时间尺度的中尺度周期振荡。

3. 阿拉湖站

阿拉湖站气温序列在 1966—1983 年间存在 15 年以上的大尺度振荡周期，并于大尺度振荡周期中镶嵌着 8 年明显的中尺度振荡周期，1984—2006 年，阿拉湖站气温序列主要存在 8 年的中尺度振荡周期，在这些大尺度振荡周期及中尺度周期振荡中，嵌套着 3 年的小尺度振荡周期，由于 3 年小尺度振荡周期变换频繁，此处不详细分析。1966—1974 年 15 年以上的大尺度振荡周期表现为气温偏低期，1975—1983 年表现为气温偏高期，在其嵌套下，气温序列也经历了低—高—低—高的交替变换。1984—2004 年间经历了 5 个时期气温高低的变换：1984—1988 年、1993—1996 年、2000—2004 气温处于偏低期，1989—1992 年、1997—1999 年气温处于偏高期。2004 年气温偏低期结束，小波系数等值线闭合，2005 年起气温序列进入气温偏高期，小波系数等值线未闭合，气温在未来几年内处于气温偏高期。

4. 巴赫特站

巴赫特站在 1966—1987 年间，气温序列 15 年以上的大尺度振荡周期较为明显，分别在 1966—1974 年、1983—1987 年表现为气温偏低期，1975—1982 年表现为气温偏高期，在 15 年以上的大尺度振荡周期下，嵌套这明显的 3 年小尺度振荡周期，以及不明显的 6～8 年的中尺度振荡周期。在 1988—2004 年，气温序列经历了明显的以 8 年为振荡周期的 4 个时期的交替变化：1988—1991 年、1996—1999 年表现为气温偏高期；1992—1995 年、2000—2004 年气温表现为气温偏低期。2004 年气温偏低期小波系数等值线图已经闭合，2005 年开始气温序列进入偏高期，且小波系数等值线图未闭合，说明未来几年巴赫特站仍将处于气温偏高期。

5. 乌尔贾尔站

乌尔贾尔站在 1966—2006 年 41 年间，乌尔贾尔站存在着 3 年、9 年及 15 年以上的振荡周期，其中最为显著的是 15 年以上的大尺度振荡周期。41 年间，气温序列经历了低—高—低—高—低的 15 年以上的大尺度振荡周期，其下嵌套着 9 年的中尺度振荡周期及频繁变换的 3 年小尺度振荡周期，此处仅分析 9 年中尺度振荡周期。在 1984—2005 年间，气温经历了 5 个交替变换时期：1984—1987 年、1993—1995 年、2001—2005 年为气温偏低期；1988—1992

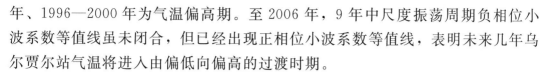

年、1996—2000 年为气温偏高期。至 2006 年，9 年中尺度振荡周期负相位小波系数等值线虽未闭合，但已经出现正相位小波系数等值线，表明未来几年乌尔贾尔站气温将进入由偏低向偏高的过渡时期。

6. 流域平均

1966—1982 年间气温序列表现为 15 年以上大尺度振荡周期嵌套 9 年中尺度振荡周期及 3 年小尺度振荡周期。15 年以上大致的振荡周期表现为 1966—1974 年气温偏低向 1975—1982 年气温偏高的交替变换。嵌套的 9 年中尺度振荡经历了 4 个时期的交替变换：1966—1970 年、1975—1978 年为气温偏低期；1971—1974 年、1979—1983 年气温偏高期。1984—2004 年 15 年以上大尺度振荡周期变换不明显，以 8 年中尺度振荡周期最为显著，期间经历了 5 个时期的交替变换：1984—1987 年、1992—1995 年、2000—2004 年为气温偏低期；1988—1991 年、1996—1999 年为气温偏高期。2005 年 8 年中尺度振荡周期负相位小波系数等值线闭合，正相位小波系数等值线出现，表明未来几年气温处于偏高期。

由流域气温序列小波方差图（图 2-20）可知，扎兰阿什科里站气温序列在 16 年时间尺度内存在 9 年 1 个峰值，9 年对应的小波方差值最大，周期

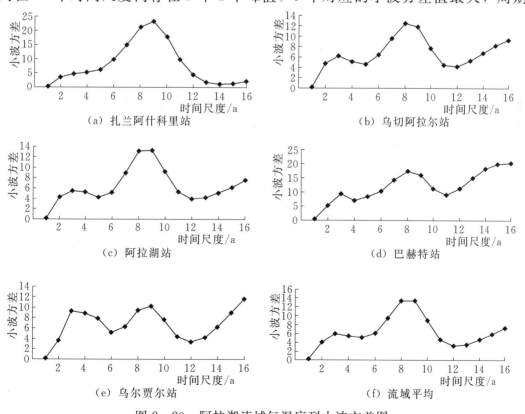

图 2-20 阿拉湖流域气温序列小波方差图

77

振荡最明显，说明扎兰阿什科里站气温主周期为 9 年。乌切阿拉尔站气温序列在 16 年时间尺度上存在 3 年、8 年两个峰值，16 年后，小波方差继续增大，16 年时间尺度内，8 年对应的小波方差值最大，周期振荡最明显，为主周期。阿拉湖站与乌切阿拉尔站相近，气温序列在 16 年时间尺度上存在 3 年、8 年两个峰值，16 年后，小波方差继续增大，16 年时间尺度内，8 年对应的小波方差值最大，周期振荡最明显，为主周期。巴赫特站在 16 年的时间尺度中，在 3 年、8 年及 15 年对应小波方差值存在峰值，其中 15 年时间尺度对应的小波方差值最大，周期振荡最明显，主周期为 15 年。乌尔贾尔站气温序列小波方差图中，在 16 年时间尺度内，在 3 年、9 年两个时间尺度上存在峰值，其中，9 年的时间尺度对应的小波方差值较大，16 年时间尺度对应的小波方差大于 9 年时间尺度对应的小波方差值。说明乌尔贾尔站的在 16 年以上的大时间尺度上振荡最明显，在 16 年内，主要表现为 9 年时间尺度的振荡周期。对于流域平均气温序列的小波方差图，可看出，流域平均气温在 16 年时间尺度内主要存在两个峰值，分别为 3 年和 8 年对应的小波方差值，8 年时间尺度对应的小波方差值最大，振荡周期最明显，说明流域平均气温序列的主周期为 8 年。

三、阿拉湖流域的蒸发量变化特征分析

阿拉湖湖群主要湖泊的 1961—1964 年水面蒸发情势见表 2-17。可以看出，在阿拉湖湖群的主要湖泊中，阿拉湖的水面蒸发量最大，1934—1964 年平均蒸发量为 1194.5mm，1961—1964 年水面蒸发量有所增加，平均蒸发量为 1501.9mm，这与气温变化相同，说明气温影响蒸发量。萨瑟科尔湖的水面蒸发仅次于阿拉湖，1934—1964 年的平均蒸发量为 1031.0mm，小于其在 1961—1964 年的水面蒸发量为 1219.9mm。扎兰阿什湖的蒸发大于科什卡尔湖，与扎兰阿什湖海拔相关。

表 2-17　　　　阿拉湖湖群主要湖泊的水面蒸发量　　　　单位：mm

湖泊名称	年份	1月	2月	3月	4月	5月	6月	7月	8月	9月	10月	11月	12月	总量
萨瑟科尔湖	1961	0.0	0.0	0.0	131.0	216.0	220.0	238.0	241.0	190.0	75.9	34.2	0.0	1346.1
	1962	0.0	0.0	7.7	124.0	158.0	206.0	280.0	277.0	170.0	82.0	54.0	0.0	1358.7
	1963	0.0	0.0	7.0	118.0	152.0	166.0	242.0	204.0	128.0	82.0	37.2	0.0	1136.2
	1964	0.0	0.0	0.0	70.2	130.0	191.0	169.0	214.0	138.0	90.5	36.0	0.0	1038.7

续表

湖泊名称	年份	1月	2月	3月	4月	5月	6月	7月	8月	9月	10月	11月	12月	总量
萨瑟科尔湖	1961|1964	0.0	0.0	3.7	110.8	164.0	195.8	232.3	234.0	156.5	82.6	40.4	0.0	1219.9
	1934|1964	0.0	0.0	4.3	97.2	130.0	158.0	190.0	197.0	132.0	86.0	36.5	0.0	1031.0
科什卡尔湖	1961	0.0	0.0	0.0	90.0	197.0	213.0	244.0	214.0	187.0	63.3	32.9	0.0	1241.2
	1962	0.0	0.0	19.9	91.2	147.0	210.0	299.0	244.0	163.0	77.5	44.3	0.0	1295.9
	1963	0.0	0.0	15.2	98.5	142.0	165.0	258.0	180.0	128.0	74.1	41.0	0.0	1101.8
	1964	0.0	0.0	0.0	47.9	108.0	190.0	156.0	197.0	152.0	78.8	44.0	0.0	973.7
	1961|1964	0.0	0.0	8.8	81.9	148.5	194.5	239.3	208.8	157.5	73.4	40.6	0.0	1153.2
	1934|1964	0.0	0.0	13.5	69.3	121.0	161.0	197.0	177.0	133.0	82.7	39.2	0.0	993.7
阿拉湖	1961	0.0	0.0	36.3	57.2	125.0	149.0	186.0	229.0	275.0	138.0	112.0	121.0	1428.5
	1962	117.0	0.0	50.4	56.0	90.5	163.0	240.0	283.0	262.0	142.0	140.0	182.0	1725.9
	1963	101.0	0.0	14.8	70.2	81.5	115.0	212.0	218.0	199.0	146.0	125.0	162.0	1444.5
	1964	122.0	0.0	45.0	18.8	59.0	130.0	125.0	236.0	205.0	177.0	121.0	170.0	1408.8
	1961|1964	85.0	0.0	36.6	50.6	89.0	139.3	190.8	241.5	235.3	150.8	124.5	158.8	1501.9
	1934|1964	11.4	0.0	3.9	31.2	71.0	115.0	154.0	212.0	202.0	159.0	108.0	127.0	1194.5
扎兰阿什湖	1961	0.0	0.0	0.0	83.6	180.0	121.0	260.0	237.0	242.0	101.0	0.0	0.0	1224.6
	1962	0.0	0.0	0.0	119.0	144.0	206.0	243.0	292.0	162.0	106.0	61.8	0.0	1333.8
	1963	0.0	0.0	44.5	119.0	168.0	225.0	215.0	200.0	132.0	96.0	96.0	0.0	1295.5
	1961|1963	0.0	0.0	14.8	107.2	164.0	184.0	239.3	243.0	178.7	101.0	52.6	0.0	1284.6

第三章

流域的水文水资源变化特征

第一节　水文水资源变化分析方法

一、差积曲线-秩检验联合识别法

差积曲线-秩检验联合识别法常被用于检验河流流量或湖泊水位序列的突变点。

1. 差积曲线-秩检验联合识别法的步骤

差积曲线-秩检验联合识别法主要分为两个步骤。

（1）差积曲线。差积曲线也称为累积距平曲线，其表达式为

$$p_t = \sum_{i=0}^{t} (p_i - \bar{p}) \qquad (3-1)$$

其中　　　　　　$p_i \in (p_1, p_2, \cdots, p_n), \ i \in (1, t), \ t \in (1, n)$

式中：$\bar{p}$ 为序列 $(p_1, p_2, \cdots, p_n)$ 的均值；n 为序列长度；p_t 为前 t 项之和。

（2）秩检验法。秩检验法通常是将一个序列 $(y_1, y_2, \cdots, y_n)$ 分成了 $(y_1, y_2, \cdots, y_r)$ 和 $(y_{r+1}, y_{r+2}, \cdots, y_n)$ 两个序列，其中序列中样本个数较小者为 n_1，较大者为 n_2，即 $n_1 < n_2$，再由 n_1、n_2 得出秩统计量 U 为

$$U = \frac{W - n_1(n_1 + n_2 + 1)/2}{\sqrt{n_1 n_2 (n_1 + n_2 + 1)/12}} \qquad (3-2)$$

式中：W 为 n_1 中各数值的秩之和，即将原序列 $(y_1, y_2, \cdots, y_n)$ 按从小到大排序，然后把序列 $(y_1, y_2, \cdots, y_r)$ 在原序列 $(y_1, y_2, \cdots, y_n)$ 对应的秩相加就可以得到 W 值。

U 服从标准正态分布，若 $|U| < U_{0.05/2} = 1.96$，表明变异点不显著；否则，表明变异点显著。

2. 差积曲线-秩检验联合识别法的主要过程

（1）变异点的初步识别。当得出式（3-1）的 p_t 时，以 p_t 为纵坐标，t 为横坐标得到差积曲线图，从图中找出 p_t 的极大值和极小值，然后假设极大值和极小值所对应的横坐标为可能的变异点。

（2）变异点的精确识别。对初步识别得到的变异点 r_1、r_2，再利用秩检验法进行精确识别。先对 r_1 进行精确识别，由式（3-2）得出 U，当 $|U|>U_{0.05/2}=1.96$ 时，则该点是序列的变异点，反之则不是变异点，当 r_1 被检验后，再继续检验 r_2。

二、不均匀系数和完全调节系数

通常采用径流年内分配不均匀系数 C_u 和径流年内分配完全调节系数 C_r 来反映径流的年内分配不均匀性。其计算公式为

$$C_u = \frac{\sigma}{\bar{r}} \tag{3-3}$$

$$C_r = \frac{\sum_{i=1}^{12} \varphi_i (r_i - \bar{r})}{\sum_{i=1}^{12} r_i} \tag{3-4}$$

其中

$$\sigma = \sqrt{\frac{1}{12} \sum_{i=1}^{12} (r_i - \bar{r})^2} , \quad \bar{r} = \frac{1}{12} \sum_{i=1}^{12} r_i$$

式中：i 为月序；r_i 为年内各月径流量；$\bar{r}$ 为月平均流量；φ_i 为符号函数。

当 $r_i < \bar{r}$ 时，$\varphi_i = 0$；当 $r_i \geqslant \bar{r}$ 时，$\varphi_i = 1$。

C_u 值越大表明各月径流量相差越悬殊，即年内分配越不均匀；C_u 值小，则相反。C_r 值越大表明径流年内分配越集中，不均匀性程度越高。

三、集中度和集中期

集中度 C_n 和集中期 D 是利用一年的逐月径流资料来反映径流年内分配集中程度和集中的重心。径流集中度是指各月径流量按月以向量方式累加，其各分量之和的合成量占年径流量的百分数，反映径流量在年内的集中程度。径流集中期是指径流向量合成后的方位，反映全年径流量集中的重心所出现的月份（即一年中最大径流量出现的时间），以 12 个月分量之和的比值正切角度表示，以 1 月径流向量所在位置定位 0°（圆周方位），依次按 30°等差角度表示 2—12 月径流所在位置。其计算原理用公式表达为

$$C_n = \frac{\sqrt{r_x^2 + r_y^2}}{\sum_{i=1}^{12} r_i} \tag{3-5}$$

$$D = \arctan \frac{r_x}{r_y} \tag{3-6}$$

其中
$$r_x = \sum_{i=1}^{12} r_i \sin\theta_i \ , \ r_y = \sum_{i=1}^{12} r_i \cos\theta_i$$

式中：C_n 为年径流集中度；D 为年径流集中期；r_x、r_y 分别为 12 个月径流矢量的分量之和所构成的水平、垂直分量；θ_i 为第 i 月径流的矢量角度；i 为月序。

第二节　流域的地表和地下水资源

一、可恢复的地表水资源及多年变化特征评价

（一）区域可恢复的水资源评价基础

哈萨克斯坦伊犁河水资源评价利用了流域内有名字的 426 条河流的水文监测资料。共计有 220 个水文站点的月径流和年径流资料，利用的是 2006 年以前的监测资料，资料年限最短的只有 2 年，最长的有 94 年。区域多年平均年径流是经过反复分析论证的，最充分和完整的是在专著《苏联地表水资源·基本水文特征卷 13～15（水文气象出版社，1985 年）》中公布的结果，多年年平均年径流考虑了近几十年的资料，即哈萨克斯坦地理研究院的报告《考虑气候变化的伊犁河水资源评价及保护和合理利用》等资料中年径流参数的计算结果。本次评价工作的年径流参数计算采用的资料年限到 2007 年，评价内容包括径流高程带及区域性规律评价。计算是按照两个方案进行的，即全观测期评价（2006 年以前）和现代时期评价（1974—2006 年）。

相应的计算方法最初是主要监测站点的河流的径流标准值评价，这些站点具有最完整的、连续的和可信的监测资料，可以成功地选出 40 个具备条件的站点，其个别资料的缺失依据本身的水文测验资料和可靠的分析进行恢复计算，在 77 年和 44 年连续的年平均流量系列基础上进行参数计算。

对于其他观测资料系列短的站点，通过与相类似河流和站点的相关分析进行插补延长来恢复年径流系列。在此情况下，应遵循其同步监测期间的相关关系的标准要求，回归系数和相关系数要关系密切。在年径流相关系数不密切不能进行短系列插补延长的情况下，要利用月径流的相关分析来进行插补。

（二）区域可恢复的水资源及变化特征

重新获得的年径流标准值同监测资料获得的标准值是不同的。正如预期的那样，大部分河流标准值变化不大，像一些长期观测的站点观测期为 1930—2006 年，其多年均值变化不大，变化幅度由 1%～4% 到 5%～7%，而一些最短的观测期的站点其均值差可到 10% 或更大。最大的均值差达到 31%。径流

减少和增加情况大致是差不多的，显示了其某些区域特性。大多数研究河流的特征显示，热吉苏阿拉套山的多年均值增加了 2%～10% 或更多。伊犁河左岸经常碰到径流均值减少的现象，减少的特别多的是克特缅山脉（хр. Узынкара）北坡的河流。减少最小的河流是伊犁阿拉套山脉中部的河流。

1930—2006 年期间的多年年平均径流值同现代期的 1975—2006 年的计算结果相比较，131 个站点中只有 19 个站点的多年径流均值在现代期（1974—2006 年）是减少的，而 112 个站点的现代期多年年径流均值要么没有减少，要么增加 1%～15%。

对所有的河流的径流标准值和径流形成区边界的流域区间段的径流标准值进行计算，以用于独立地区和整个区域的可恢复水资源的评价。

水资源主要是由永久性河流的径流来确定的，这些河流发源于中-高山区塔尼尔套和热吉苏阿拉套山脉。巴尔喀什湖滨湖北部及楚-伊犁山分水岭、热吉苏阿拉套山西部山脉的河流发挥了很小的作用。这些河流的径流只发生在春汛期间很短的时间里。大量的淡水储量集中在西巴尔喀什湖，应当指出，2/3 或者更多的地表径流形成于海拔 2000m 以上的高山区，而 50% 以上是形成于海拔 2500m 以上的高山区。

计算表明，巴尔喀什湖南部流域的径流形成面积 6.28 万 km² 的区域上其耗散和经济利用的径流量平均每年达 127 亿 m³。

水资源区域变化率的确定，首先是确定占主导地位的径流的变化率，概率为 10 年一遇的少水年，以冰川-积雪补给或积雪-冰川补给为主的大河流（主要指发源于热吉苏阿套山的河流以及伊犁阿拉套山中部的奇利克河）总资源同多年平均比减少 27%～33%，以低山积雪补给为主的小河流的径流（伊犁阿拉套西部）其资源减少了一半，而楚-伊犁山分水岭其几乎减少到零。

根据哈萨克斯坦的研究资料，总的被研究区域的水资源包括从中国流入的部分，据伊犁河雅马渡水文站的资料，多年年平均径流量为 116 亿 m³，和哈萨克斯坦境内的径流量 119 亿 m³ 的评价几乎是相同的。应当指出，伊犁河径流不只是属于巴尔喀什流域的径流形成区。因此，伊犁河在哈萨克斯坦边境以外的部分流域区属于径流散失区，在散失区内地表径流被用于灌溉，导致伊犁河径流量减少，其结果伊犁-巴尔喀什湖流域总的水资源据现在的计算为 251 亿 m³。

（三）伊犁-巴尔喀什流域分区可更新水资源量评价

在哈萨克斯坦的巴尔喀什流域可更新水资源的评价中，主要对流域的产流区的水资源进行评价，根据流域内的地貌和产流特征来划分评价区域，巴尔喀什湖南部流域划分的区域有热吉苏阿拉套北坡（准噶尔阿拉套北坡阿克苏、列普西河流域）、热吉苏阿拉套西坡（卡拉塔尔河流域）、热吉苏阿拉套南坡、伊犁河东部左岸（乌金卡拉山脉北坡和恰林河流域）、伊犁阿拉套、伊犁阿拉套西部支脉、楚-伊犁分水岭等七个区域，整个区域包括了哈萨克斯坦境内伊犁河左右岸流域及卡拉塔尔河流域、阿克苏河流域、列普西河流域等。

伊犁河上游区分为中国雅马渡水文站以上流域区（伊犁-雅马渡）、哈萨克斯坦境内特克斯河流域区。

巴尔喀什湖北部划为巴尔喀什湖北部及阿亚古兹河流域区。

巴尔喀什湖流域可更新的水资源见表3-1。

表3-1　　　　　　巴尔喀什湖流域可更新的水资源　　　　　单位：亿 m³

流域分区	俄 文 名	水资源量（1930—2007年）			
		多年平均值	不同保证率 P 的对应值		
			$P=25\%$	$P=75\%$	$P=95\%$
热吉苏阿拉套北坡	Северный склон Жетису Алатау	23.20	26.60	18.80	14.60
热吉苏阿拉套西坡（卡拉塔尔河流域）	Западный склон Жетису Алатау（басс. р. Каратал）	34.10	40.20	26.40	19.40
热吉苏阿拉套南坡	Южный склон Жетису Алатау	14.20	16.20	11.90	9.50
伊犁河东部左岸（乌金卡拉山脉北坡和恰林河流域）	Восточное левобережье р. Иле（северный склон хр. Узынкара и бассейн р. Шарын）	16.10	18.90	12.70	9.80
伊犁阿拉套	Иле Алатау	26.50	29.30	22.40	19.00
伊犁阿拉套西部支脉	Западные отроги Иле Алатау	3.80	4.70	2.50	1.70
楚-伊犁分水岭	Шу - Илейский водораздел	1.00	1.50	0.14	0.10
合计（缺特克斯河）	Всего（без бассейна р. Текес）	119.00	138.00	94.90	74.00
巴尔喀什湖北部及阿亚古兹河流域	Северное Прибалкашье и бассейн р. Аягоз	7.40	7.80	7.10	4.50
特克斯河（哈萨克斯坦境内部分）	р. Текес（казахстанская часть）	8.30	10.10	7.90	6.50
伊犁-雅马渡	Иле - п. Ямаду	116.00	125.00	101.00	88.90
伊犁-巴尔喀什流域合计	Всего по Иле - Балкашскому бассейну	251.00	280.00	211.00	174.00

注　摘自 Водные ресурсы Иле - Балкащ ского бассейна с учетом международных принципов совместного использования（在共同利用国际准则条件下的伊犁-巴尔喀什湖流域水资源），2012年。

第二节　流域的地表和地下水资源

二、卡普恰盖水库年下泄水量评价及水量损失评价

1. 卡普恰盖水库的调节功能变化

卡普恰盖水库是伊犁河流域中下游干流上的控制水库，设计库容为 281.4 亿 m^3，具有多年调节能力。水库的出库水量基本控制了流入伊犁河三角洲的伊犁河水量，是入湖水量的主要指标。由于卡普恰盖水库是多年调节水库，对伊犁河径流具有调节功能，卡普恰盖水库对伊犁河径流拦蓄年最大达 24.0 亿 m^3（1993 年），最大年调节放水量达 28.5 亿 m^3（1989 年），对伊犁河径流具有很大的调节功能。同时，通过水库的调节可以控制巴尔喀什湖的水位变化。但是由于卡普恰盖水库为了保持水库水位的稳定，已减弱了水库的调节能力和对巴尔喀什湖水位的调节作用。卡普恰盖水库周围成为哈萨克斯坦最大的休闲度假区，分布在卡普恰盖水库的两岸。哈萨克斯坦政府各部及私营企业修建了大量的疗养基地和旅游度假区，水库水位的变幅大不利于旅游度假区的正常经营，需要水库保持较稳定的水位和年内较小的水位变幅。从 1998 年后，卡普恰盖水库的水位保持在 477.00～478.00m，水库年际之间的调节水量没有超过 10.0 亿 m^3，放弃了多年调节的功能。

2. 卡普恰盖水库的水量损失

卡普恰盖水库的水量损失主要包括水库的水面蒸发损失和对侧向沙漠的补给损失两方面。根据卡普恰盖水库的评价，水库年最大水量损失达 27.70 亿 m^3（1998 年）。1998 年水库水位变幅大，从年初的 476.67m 上涨到年末的478.37m，水位高和水面面积大引起水库水面蒸发损失和对侧向沙漠补给变大。损失最小的是 1997 年，年水量损失 7.80 亿 m^3，年初和年末水位低且变幅很小。据 1989—2006 年 18 年的资料统计，卡普恰盖水库多年平均水量损失达 17.22 亿 m^3。

卡普恰盖水库水位、下泄水量及水量损失评价见表 3-2。

表 3-2　　　　卡普恰盖水库水位、下泄水量及水量损失评价

年份	水位/m		蓄量放水 /亿 m^3	蓄水量 /亿 m^3	损失量 /亿 m^3	泄水量 /亿 m^3
	年初	年末				
1989	477.49	475.60	28.50		14.20	151.10
1990	475.60	474.40	13.20		14.20	136.60
1991	474.40	475.45		11.90	23.00	104.90
1992	475.45	475.38	0.80		12.70	101.20
1993	475.38	477.38		24.00	12.40	134.40
1994	477.38	477.30	0.50	13.70	10.00	159.10

年份	水位/m		蓄量放水 /亿 m³	蓄水量 /亿 m³	损失量 /亿 m³	泄水量 /亿 m³
	年初	年末				
1995	477.32	475.75	19.00		9.70	119.40
1996	475.75	476.92		13.70	9.67	120.70
1997	476.92	476.67	3.00		7.80	126.50
1998	476.67	478.37		21.20	27.70	167.10
1999	478.37	477.98	5.00		25.60	188.30
2000	477.98	477.28	9.00		22.90	163.00
2001	477.28	477.63		4.40	25.30	160.90
2002	477.63	477.42	2.60		20.60	212.00
2003	477.42	477.74		4.70	19.20	187.60
2004	477.74	477.18	5.60		17.00	173.30
2005	477.18	477.49		3.80	17.34	150.43
2006	477.49	477.57		1.00	20.71	159.82

三、哈萨克斯坦境内伊犁河径流量评估

哈萨克斯坦境内的伊犁河径流量主要由两部分组成：一部分是从中国流入哈萨克斯坦境内的径流量；另一部分是哈萨克斯坦境内形成的径流量。伊犁河流入哈萨克斯坦后，径流得到来自伊犁河左岸大量的支流的径流补给，伊犁河径流量在卡普恰盖水库增加部分占伊犁河总径流的 30% 左右。卡普恰盖水库以下伊犁河两岸为沙漠和荒漠化地区，下游只有库尔特河在丰水年有少量径流输入。在库尔特水库建成后，库尔特河下游消失在沙漠中，没有水流流入伊犁河。在卡普恰盖水库以下，伊犁河为径流耗散河段，从卡普恰盖下站到乌斯热尔玛水文站，伊犁河径流量减少。评价伊犁河径流量主要是依据中国入境水量和支流汇入量来计算。伊犁河 1994—2005 年径流量分配及变化动态见表 3-3 和图 3-1。

表 3-3　　　　伊犁河 1994—2005 年径流量分配及变化动态　　　　单位：亿 m³

年份	中国境内形成的径流量	哈萨克斯坦境内形成的径流量	总径流量
1994	135.90	58.80	194.70
1995	89.50	42.90	132.40
1996	113.60	52.60	166.20
1997	103.10	55.80	158.90
1998	179.80	65.20	245.00
1999	178.50	58.20	236.70

续表

年份	中国境内形成的径流量	哈萨克斯坦境内形成的径流量	总径流量
2000	150.90	44.80	195.70
2001	164.50	43.90	208.40
2002	177.40	73.80	251.20
2003	160.90	72.99	233.90
2004	133.50	72.40	206.00
2005	132.20	61.17	193.38

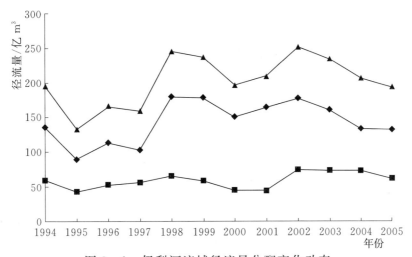

图 3-1　伊犁河流域径流量分配变化动态

◆─中国境内形成的径流量；■─哈萨克斯坦境内形成的径流量；▲─总径流量

四、巴尔喀什湖流域的地下水资源

伊犁河流域哈萨克斯坦境内地下水淡水资源非常丰富，在阿拉木图州有 52 处地下水水源地，已探明可开采量达 1703.9 万 m³/d，其中矿化度为 1.00g/L 的储量有 1515.5 万 m³/d，其中 406.7 万 m³/d 可直接用于经济和生活供水。地下水的主要储量在洪积扇和冲积扇中，在该区域有 27 处地下水水源地。探明储量为 1522.6 万 m³/d，在地下水自流区 9 个水源地已探明储量为 109.7 万 m³/d，河谷地区有 9 个地下水源地，探明储量为 70.4 万 m³/d，在裂隙水区有 7 个水源地，探明储量为 1.2 万 m³/d。

阿拉湖-巴尔喀什湖沿岸区、阿拉湖流域、科巴-伊犁河流域、克根-卡尔卡拉林流域、特克斯河流域属于地下水自流区，山间盆地和准噶尔阿拉套和克根阿拉套地区属于地下水储留和裂隙水区。

伊犁-巴尔喀什湖流域洪积和冲积区第四纪沉积物含水层中地下水等水位线如图 3-2 所示。

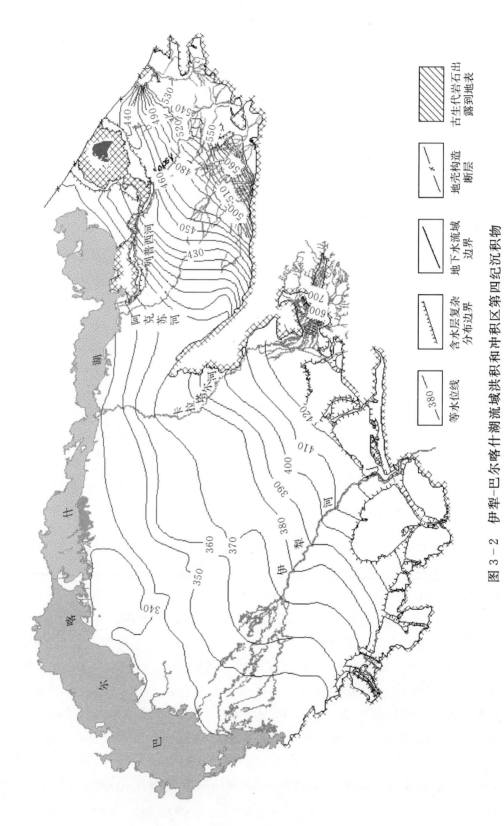

图 3 - 2　伊犁-巴尔喀什湖流域洪积和冲积区第四纪沉积物
含水层中地下水等水位线

伊犁-巴尔喀什湖流域地下水可更新和可利用的水资源量为 59.51 亿 m³/年，地下水年际间变化稳定。在哈萨克斯坦的评价中，地下水资源量均是可以利用的水资源。从表 3-4 中可以看出，其地下水的利用量很小，多年平均只有 5.89 亿 m³，地下水资源的开发利用程度很低。地下水资源富余量每年达 53.62 亿 m³，大量的地下水资源被蒸发损失。

表 3-5 是阿拉木图州 2002 年地下水利用供需平衡表，地下水资源根据结构和矿化度分为 A、B、C_1、C_2 四类，总地下水资源量为 61.51 亿 m³，地下水总用水量为 1.74 亿 m³，地下水资源盈余 59.77 亿 m³。

表 3-4　　　　　伊犁-巴尔喀什湖流域地下水资源　　　　　单位：亿 m³/a

年资源		必要的消耗		拥有的资源		部门用水	平衡	
多年平均	干旱年	生态	蒸发	平水年	干旱年	定额	平水年	干旱年
59.51	59.51			59.51	59.51	5.89	53.62	53.62

表 3-5　　　　阿拉木图州 2002 年地下水利用供需平衡　　　　单位：亿 m³

地下水分类可开采水量					用　水							盈缺
A	B	C_1	C_2	合计	经济生活用水	工业用水	农业用水			渔业用水等	合计	
							乡村	牧场灌溉	灌溉			
21.620	15.270	15.330	9.290	61.510	0.743	0.700	0.099	0.181	0.007	0.010	1.741	59.770

五、伊犁河径流资源量及多年变化特征

在哈萨克斯坦目前对伊犁河流域的水资源评价中，把伊犁河流域分成两部分，即伊犁河入境断面以上区域和入境后哈萨克斯坦境内的区域，评价的内容主要是河径流资源。

根据世界银行项目和原哈萨克斯坦农业部水资源委员会对伊犁河流域的水资源评价结果（表 3-6），伊犁河干流流入哈萨克斯坦的径流资源多年平均值为 124.6 亿 m³（包括特克斯河），中等干旱年 75% 保证率时的水资源量为 106.9 亿 m³，极度干旱年份 95% 保证率条件下的水资源量为 86.6 亿 m³，而哈萨克斯坦境内伊犁河支流的多年平均水资源量为 57.1 亿 m³，中等干旱年 75% 保证率的水资源量为 47.3 亿 m³，极度干旱年 95% 保证率的水资源量为 37.9 亿 m³。

伊犁河流域总水资源量多年平均为 181.7 亿 m³，75% 保证率中等干旱年的水资源量为 154.2 亿 m³，95% 保证率的极端干旱年的水资源为 124.5 亿 m³。

表 3 - 6　　　　伊犁河地表径流资源及多年变化特征

湖泊及江河流域	水资源量/(亿 m³/a)		
	多年平均	75%保证率 (中等干旱年份)	95%保证率 (极度干旱年)
伊犁河（包括特克斯河）	124.6	106.9	86.6
伊犁河支流（哈萨克斯坦境内）	57.1	47.3	37.9
总计（伊犁河）	181.7	154.2	124.5

注　摘自 Всемирный банк，Комитет по водным ресурсам МСХ РК，Приоритетные проблемы 7 основных речных бассейнов Казахстана，Проект финального отчета（世界银行，哈萨克斯坦水资源委员会，七大河流流域主要问题），2007 年。

第三节　流域的冰川水资源及变化动态

一、巴尔喀什湖流域冰川的分布特征

巴尔喀什湖流域的冰川主要分布在准噶尔阿拉套、外伊犁阿拉套和昆盖伊阿拉套及捷尔斯盖伊阿拉套山脉。冰川面积占第一位的是准噶尔阿拉套山脉，面积有 1000km²。第二位是外伊犁阿拉套和昆盖伊阿拉套，面积为 660.7km²。第三位是捷尔斯盖伊阿拉套 144.9km²。表 3 - 7 为哈萨克斯坦巴尔喀什湖流域的冰川分布及特征。

表 3 - 7　　　　哈萨克斯坦巴尔喀什流域的冰川分布及特征

区域	冰川名称	形态类型	面积/km²	冰量/亿 m³	长度/km
准噶尔 阿拉套	别而嘎	山谷型	16.7	1.83	8.0
	卡列斯尼卡	山谷型	15.3	1.52	8.1
	沃耶伊科瓦	复合山谷型	13.6	1.35	8.6
	阿巴亚	山谷型	13.2	1.10	10.9
	别兹索诺瓦	山谷型	12.6	1.21	6.0
	特拉诺瓦	山谷型	12.4	1.18	7.9
	江布拉	盆地型	11.2	1.01	6.0
	聂克拉索瓦	盆地型	10.9	0.80	5.8
	克罗连科	盆地型	9.5	0.60	6.2
	阿博里纳	盆地型	8.1	0.62	4.5
	格拉西莫瓦	盆地型	8.0	0.55	6.8

续表

区域	冰川名称	形态类型	面积/km²	冰量/亿 m³	长度/km
准噶尔阿拉套	秀克伊纳	复合山谷型	7.5	0.59	5.5
	萨特巴耶娃	山谷型	7.5	0.50	5.5
	列普辛斯基	山谷型	6.2	0.37	5.3
	阿夫秀卡	山谷型	6.2	0.42	4.7
捷尔斯盖伊阿拉套	西莫诺娃	复合山谷型	28.1	4.02	9.2
	姆拉穆尔诺伊斯杰内	复合山谷型	22.5	2.88	7.8
	卡拉塞斯基1号	复合山谷型	9.7	0.81	4.8
外伊犁阿拉套和昆盖伊阿拉套	科尔热涅夫	复合山谷型	38.0	6.32	11.7
	博伽特里	复合山谷型	30.3	4.50	9.1
	让给雷克	复合山谷型	17.7	2.01	8.9
	德米特雷耶娃	盆地型	17.4	1.90	5.7
	诺维伊	复合山谷型	13.2	1.29	6.4
	索卡尔斯卡沃	盆地型	10.8	0.96	4.7
	矿业学院	盆地型	9.8	0.83	4.5
	南让给雷克	山谷型	9.2	0.75	8.0
	格里戈里耶娃	山谷型	8.9	0.72	4.7
	巴尔戈瓦	山谷型	7.5	0.55	5.1

二、气候变化影响下的流域冰川变化动态及预测

(一)巴尔喀什湖流域冰川面积变化动态及特征

巴尔喀什湖流域冰川水资源丰富，冰川径流为伊犁河径流的主要补给水源之一。由于气候变化的影响，近几十年伊犁河流域冰川面积急剧减少，冰川蓄积量也急剧减少。表3-8为巴尔喀什湖流域哈萨克斯坦境内支流冰川长期动态变化，给出了从1955年以来不同的面积和蓄水量变化特征。从表中可看出，1955—1999年小阿拉木图河冰川面积平均每年减少了0.85%，大阿拉木图河冰川面积平均每年减少了0.78%，左塔尔加尔河冰川面积平均每年减少了0.76%，图尔根河流域冰川面积平均每年减少了0.83%。面积变化最大的时间段为1990—1999年，冰川面积减少30%~40%。1955—1999年间，上述支流冰川总面积减少了32.6%。

表 3 - 8　　　　巴尔喀什湖流域哈萨克斯坦境内支流冰川长期动态变化

地区/ 河流流域	冰川面积 /km²	冰川蓄水量 /亿 m³	面积变化/%			1955—1999 年变化
			1955—1979 年	1979—1990 年	1990—1999 年	
小阿拉木图河	16.45	5.1	−22.80	−6.90	−37.60	−0.85
大阿拉木图河	5.79	1.8	−15.90	−5.70	−34.50	−0.78
左塔尔加尔河	48.35	22.3	−20.80	−1.20	−33.60	−0.76
图尔根河	22.98	8.8	−15.00	−9.50	−36.50	−0.83
阿克苏	32.20	14.8	−11.80	−38.20		
上克敏	38.62	13.9	−7.80	−9.30		
合计	164.39	66.7	−32.6			

　　表 3 - 9 是巴尔喀什湖流域不同地理区域冰川面积变化动态和特征。伊犁河上游，1955 年冰川面积 2501.0km²，到 2005 年，冰川面积减少到 1613.0km²，冰川面积减少了 888.0km²（面积减少比例 35.50%），平均每年减少 17.8km²。伊犁河中游流域，主要为外伊犁山脉冰川，1955 年的面积为 928.3km²，到 2005 年，冰川面积减少到 562.4km²，冰川面积减少了 365.9km²（面积减少比例 39.40%），平均每年减少 7.3km²。准噶尔阿拉套山脉北坡和西北坡在 1955 年的冰川面积为 627.4km²，到 2005 年，冰川面积减少到 383.3km²，冰川面积减少了 244.5km²（面积减少比例 38.90%），平均每年减少 4.9km²。整个伊犁河流域 1955 年冰川面积 3429.3km²，到 2005 年，冰川面积减少到 2175.4km²，冰川面积减少了 1253.9km²（面积减少比例 36.60%），平均每年减少 25.1km²。

表 3 - 9　　　巴尔喀什湖流域不同地理区域冰川面积变化动态和特征

河流/ 湖泊流域	冰川面积/km²				1955—2005 年冰川面积减少		年平均减少	
	1955 年	1982 年	1990 年	2005 年	减少面积 /km²	百分比 /%	减少面积 /km²	百分比 /%
伊犁河上游	2501.0	2022.7	1880.0	1613.0	888.0	35.50	17.8	0.71
伊犁河中游	928.3	728.5	672.4	562.4	365.9	39.40	7.3	0.79
准噶尔阿拉套 北坡和西北坡	627.4	468.2	438.6	383.3	244.5	38.90	4.9	0.78
伊犁河流域	3429.3	2751.2	2552.4	2175.4	1253.9	36.60	25.1	0.73
巴湖流域	4056.7	3219.4	2991.0	2558.7	1498.4	36.90	30.0	0.74

（二）伊犁河冰川蓄水量未来变化趋势预测

根据哈萨克斯坦的研究报告，伊犁河流域冰川蓄水量在未来气候变化的条件下将持续减少。伊犁河哈萨克斯坦境内，2000 年冰川总体积为 350.4 亿 m^3，到 2020 年冰川总体积将为 300.8 亿 m^3，到 2050 年将减少到 229.9 亿 m^3。

中国境内 2000 年冰川总体积为 904.1 亿 m^3，到 2020 年将减少到 798.3 亿 m^3，到 2050 年将减少到 609.9 亿 m^3。

整个伊犁河流域 2000 年冰川总体积为 1254.5 亿 m^3，到 2020 年将减少到 1099.1 亿 m^3，到 2050 年将减少到 918.6 亿 m^3。

表 3 - 10　　巴尔喀什湖流域冰川蓄量的近几十年变化情况及预测　　单位：亿 m^3

年份 地区	2000	2010	2020	2030	2040	2050
伊犁河哈萨克斯坦境内	350.4	329.1	300.8	275.0	251.4	229.9
伊犁河中国境内	904.1	873.2	798.3	729.8	667.2	609.9
合计	1254.5	1202.3	1099.1	1004.8	918.6	829.8

第四节　流域的河流水文变化特征

巴尔喀什湖的入湖河流有：①从南面流入的伊犁河、卡拉塔尔河、阿克苏河和列普西河等，这几条河流维持着巴尔喀什湖大部分的日常入湖径流，维持着巴尔喀什湖水位的稳定；②从东面入湖的阿亚古兹河，是季节性河流；③从北面入湖的莫因特河、托克拉乌河、达甘迭雷河和巴卡纳斯河等，由于中途散逸，已无地表径流入湖。径流变化特征在一定程度上表征了流域气候变化和人类活动对水资源的影响，入湖径流的变化也影响着巴尔喀什湖水位的变化。

一、西巴尔喀什湖入湖河流的水文变化特征

西巴尔喀什湖湖流域的主要入湖河流为伊犁河。

（一）伊犁河中国境内的水文变化特征

1. 伊犁河干流雅马渡站流量变化特征

雅马渡水文站于 1953 年 6 月 11 日建站，位于伊犁河上游中国境内，是伊犁河上游的水量控制站，控制流域面积 4.9186 万 km^2。根据雅马渡站 1953—2010 年实测径流资料计算，该站的多年平均流量为 374.57m^3/s，多年平均年径流量为 118.27 亿 m^3。最大年径流量为 166.30 亿 m^3（2002 年），最小年径

流量为84.70亿m^3（1992年）。雅马渡站的年径流在20世纪50年代后期出现短暂的增加过程，60年代期间呈现相对平稳的状态，从70年代初一直到90年代中上期，年径流呈减小趋势，并且降幅很大，90年代初降到最小值，从90年代中后期开始，雅马渡的年径流一直保持增长的态势。雅马渡站径流量年内分配不均匀，6—8月流量最大，12月至次年2月流量最小。6—8月水量占年值的50.7%，12月至次年2月水量占年值的10.2%。

2. 伊犁河干流三道河子站的流量变化特征

三道河子水文站位于伊犁河上游中国新疆霍城县境内，测验断面距中国与哈萨克斯坦边境线500m，是伊犁河出境前的最后一个水文站，也是伊犁河出境水量的控制站。该站1985年设站，肩负着重要的历史使命，水文站的测报数据将成为中哈两国水事谈判的依据。三道河子站多年平均实测流量为433.67m^3/s，多年平均实测年径流量为136.76亿m^3。在1953—2010年和1986—2010年两个统计时段的最大和最小年径流量均分别为212.05亿m^3（2010年）、84.25亿m^3（1995年）。三道河子站7月流量最大，1月流量最小。6—8月流量最大，12月至次年2月流量最小。6—8月水量占年值的45.9%，12月至次年2月水量占年值的12.8%。

3. 伊犁河支流站点的流量变化特征

伊犁河上游的三条主要支流即特克斯河、喀什河和巩乃斯河，分别在各条河流上选取恰甫其海站、托海站和则克台站等三个代表水文站。在三条支流中，特克斯河的多年平均流量相对最大，恰甫其海站1957—1987年的统计值为247.1m^3/s；其次是喀什河，托海站1955—1987年的多年平均流量为120.4m^3/s；巩乃斯河最小，则克台站1961—1987年的多年平均流量仅为44.6m^3/s。

自20世纪50年代中后期到80年代后期，伊犁河上游诸支流的年平均流量呈总体下降趋势。按气候倾向率来衡量的话，其中巩乃斯河（则克台站）的下降趋势相对最小，为0.911$(m^3/s)/10a$，而特克斯河（恰甫其海站）和喀什河（托海站）的下降趋势较大，分别为12.203$(m^3/s)/10a$和6.08$(m^3/s)/10a$，所以三支流汇合后，干流雅马渡站同时期的年均流量下降率为30.802$(m^3/s)/10a$。就年代平均来说，从20世纪60—80年代，除了则克台站在70年代略有增加外，其余各站的年代平均流量基本上都呈递减趋势。就年内分配过程来看，巩乃斯河（则克台站）的最大月平均流量出现在5月；而流量较大的特克斯河和喀什河上两站则出现在7月，且这两条河流6—8月的径流量均占各自年径流量值的50%以上。

（二）伊犁河哈萨克斯坦境内的水文变化特征

1. 杜本站的流量变化特征

根据杜本站 1950 年和 1952 年的逐日水位和逐日流量资料，绘制其水位-流量关系曲线，如图 3-3 所示。可以看出，该站在低水位时候的水位-流量关系较差，在高水位时候的水位-流量关系很好。

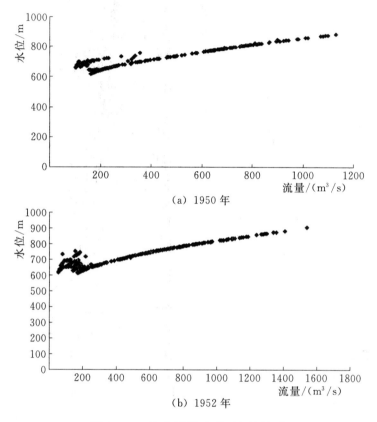

（a）1950 年

（b）1952 年

图 3-3 杜本站的水位-流量关系

根据杜本站 2006—2009 年流量资料，计算其多年平均流量为 437.46m³/s，多年平均年径流量为 138.05 亿 m³。逐月平均流量过程如图 3-4 所示，7 月平均流量最大，12 月平均流量最小。

根据杜本站 2009 年逐日水位和逐日流量资料，绘制该站的水位-流量关系曲线，如图 3-5 所示。可以看出，杜本站的水位-流量关系整体较为稳定。

2. 卡普恰盖下站的流量变化特征

（1）流量的年际变化特征。根据卡普恰盖站 1911—1987 年的逐月平均流量资料，绘制其年平均流量变化过程，如图 3-6 所示。可以看出，20 世纪 60 年代之前，卡普恰盖站的年平均流量大部分年份多于多年平均流量；从 60 年

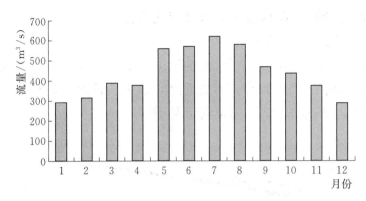

图 3-4　杜本站流量年内过程（2006—2009 年）

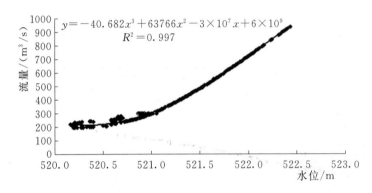

图 3-5　杜本站水位-流量关系曲线（2009 年）

代开始，年平均流量进入减少阶段；从 60 年代开始只有三个年份的年平均流量是多于多年平均流量的，其他年份的年平均流量均少于多年平均流量；1970年后的年平均流量，均少于多年平均流量。总体来讲，在所研究时段内，卡普恰盖站的年平均流量呈减少趋势。

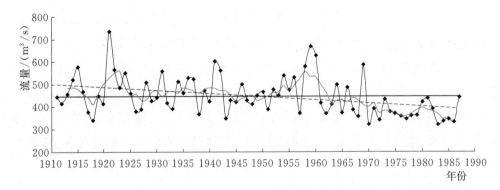

图 3-6　卡普恰盖站年平均流量变化过程（1911—1987 年）

——◆—— 年平均；—— 多年平均；—— 5 年滑动平均；---- 线性趋势

（2）流量的年内分配特征。卡普恰盖站逐月平均流量过程如图 3-7 所示。

由图可知，该站流量年内分配很不均匀，7—8月流量最大，1月流量最小。

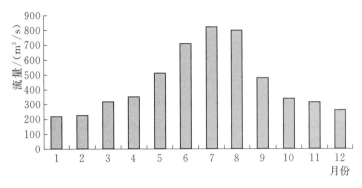

图 3-7　卡普恰盖站逐月平均流量过程（1911—1987年）

（3）不同保证率条件下的设计流量。根据卡普恰盖站1911—1987年的连续逐年平均流量系列作频率分析，采用矩法初估统计参数，按 P-III 型理论曲线适线，确定均值、C_v 值、C_s 值，适线后统计参数和设计值即得到不同保证率条件下卡普恰盖站的设计年径流量。不同保证率条件包括 P 为 5％、25％、50％、75％、90％、95％。卡普恰盖站设计年径流计算成果见表 3-11。

表 3-11　　　　　　　　卡普恰盖站设计年径流计算成果

项目	均值	C_v	C_s	C_s/C_v	设计值					
					5％	25％	50％	75％	90％	95％
流量 /(m³/s)	446.54	0.2	1.07	5.35	615.24	495.15	430.91	381.02	347.10	331.22

在伊犁河干流卡普恰盖站年设计径流成果的基础上，根据代表年（典型年）的选取原则（即选取的代表年的年径流量应该接近于设计年径流量，选取对工程较不利的代表年径流过程线），选取卡普恰盖站在不同保证率条件下的代表年分别为：1960年（P＝5％）、1964年（P＝25％）、1944年（P＝50％）、1926年（P＝75％）、1943年（P＝90％）、1986年（P＝95％）。采用同倍比法（即用设计年径流量与代表年的年径流量的比值乘以代表年各月平均流量，得到设计年径流年内逐月平均流量过程，使得设计年内分配仍保持原代表年分配形状），计算卡普恰盖站的设计年径流年内分配过程，计算成果见表 3-12。

可以看出，伊犁河干流卡普恰盖站的径流量在 P＝5％保证率的丰水年，径流量为 194.72 亿 m³；在 P＝25％保证率的偏丰水年，径流量为 156.85 亿 m³；在 P＝50％的平水年，径流量为 136.50 亿 m³；在 P＝75％的偏枯水年，径流量为 120.57 亿 m³；在 P＝90％的枯水年，径流量为 109.85 亿 m³；在 P＝95％的特枯年水年，径流量为 104.53 亿 m³。

表 3-12

卡普恰盖站设计年径流年内分配成果

设计频率	项目		1月	2月	3月	4月	5月	6月	7月	8月	9月	10月	11月	12月	年平均流量/(m³/s)	年径流流量/亿m³
			各月平均流量或径流量													
5% 丰水年	代表年(1960年)	流量/(m³/s)	266.00	323.00	440.00	486.00	765.00	1190.00	1480.00	929.00	576.00	395.00	339.00	332.00	626.75	198.19
	设计年	流量/(m³/s)	261.11	317.06	431.90	477.06	750.92	1168.10	1452.77	911.91	565.40	387.73	332.76	325.89	615.22	
	设计年	径流量/亿m³	6.99	7.67	11.57	12.37	20.11	30.28	38.91	24.42	14.66	10.39	8.63	8.73		194.72
25% 丰水年	代表年(1964年)	流量/(m³/s)	184.00	176.00	342.00	403.00	474.00	861.00	985.00	986.00	512.00	375.00	357.00	320.00	497.92	157.45
	设计年	流量/(m³/s)	182.97	175.01	340.08	400.74	471.35	856.18	979.48	980.48	509.13	372.90	355.00	318.21	495.13	
	设计年	径流量/亿m³	4.90	4.23	9.11	10.39	12.62	22.19	26.23	26.26	13.20	9.99	9.20	8.52		156.85
50% 平水年	代表年(1944年)	流量/(m³/s)	172.00	188.00	343.00	234.00	264.00	645.00	852.00	1050.00	524.00	362.00	331.00	179.00	428.67	135.55
	设计年	流量/(m³/s)	172.89	188.98	344.78	235.22	265.37	648.35	856.43	1055.46	526.72	363.88	332.72	179.93	430.90	
	设计年	径流量/亿m³	4.63	4.57	9.23	6.10	7.11	16.81	22.94	28.27	13.65	9.75	8.62	4.82		136.50

续表

设计频率	项目		各月平均流量或径流量												年平均流量/(m³/s)	年径流量/亿m³
			1月	2月	3月	4月	5月	6月	7月	8月	9月	10月	11月	12月		
75%枯水年	代表年(1926年)	流量/(m³/s)	230.00	202.00	217.00	198.00	293.00	511.00	695.00	794.00	594.00	343.00	269.00	221.00	380.58	120.02
	设计年	流量/(m³/s)	230.25	202.22	217.24	198.22	293.32	511.56	695.76	794.87	594.65	343.38	269.30	221.24	381.00	
		径流量/亿m³	6.17	4.89	5.82	5.14	7.86	13.26	18.64	21.29	15.41	9.20	6.98	5.93		120.57
90%枯水年	代表年(1943年)	流量/(m³/s)	211.00	193.00	328.00	310.00	314.00	314.00	519.00	688.00	488.00	291.00	286.00	229.00	347.58	109.61
	设计年	流量/(m³/s)	210.70	192.73	327.54	309.57	313.56	313.56	518.27	687.04	487.32	290.59	285.60	228.68	347.10	
		径流量/亿m³	5.64	4.66	8.77	8.02	8.40	8.13	13.88	18.40	12.63	7.78	7.40	6.12		109.85
95%枯水年	代表年(1986年)	流量/(m³/s)	285.99	288.94	281.14	424.00	487.98	456.02	381.94	374.10	253.86	252.02	241.13	281.88	334.08	105.36
	设计年	流量/(m³/s)	283.53	286.45	278.72	420.35	483.78	452.10	378.66	370.89	251.67	249.85	239.05	279.46	331.21	
		径流量/亿m³	7.59	6.93	7.47	10.90	12.96	11.72	10.14	9.93	6.52	6.69	6.20	7.49		104.53

3. 乌斯热尔玛站的流量变化特征

乌斯热尔玛站位于乌斯热尔玛以下 6km，控制着进入伊犁三角洲的水量，控制流域面积为 12.9 万 km²。根据乌斯热尔玛站 1949—1987 年的逐年实测流量资料，绘制该站的年平均流量变化过程如图 3-8 所示。

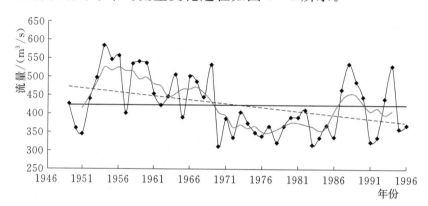

图 3-8　乌斯热尔玛站 1949—1996 年流量变化过程

—◆— 年平均流量；—— 多年平均值；—— 5 年滑动平均；---- 线性趋势

由图 3-8 可以看出，乌斯热尔玛站的流量是一个下降的过程，并且下降的幅度很大，乌斯热尔玛站的流量在 1970 年之后基本均低于多年平均水平，这与卡普恰盖水库 1970 年开始蓄水有关，卡普恰盖水库的建立，阻碍了大量的径流流入下游。

乌斯热尔玛站在 1949—1996 年的多年平均流量为 424.08m³/s，多年平均年径流量为 133.77 亿 m³，最大年径流量为 184.34 亿 m³（1954 年），最小年径流量为 98.51 亿 m³（1970 年），C_v 值为 0.19。乌斯热尔玛站 1949—1996 年的流量统计值见表 3-13 和表 3-14。

表 3-13　乌斯热尔玛站 1949—1996 年各年代平均流量和径流量特征值

项目	1950—1959 年	1960—1969 年	1970—1979 年	1980—1989 年	1989—1996 年
流量/(m³/s)	481.31	472.62	355.66	403.65	410.93
径流量/亿 m³	151.79	149.05	112.16	127.30	129.59

表 3-14　　乌斯热尔玛站 1949—1996 年流量特征统计

时　段	多年平均		年最大		年最小	
	流量/(m³/s)	径流量/亿 m³	径流量/亿 m³	发生年份	径流量/亿 m³	发生年份
1949—1996 年	424.20	133.77	184.34	1954	98.51	1970

乌斯热尔玛站逐月平均流量过程如图 3-9 所示，可见，年内分配很不均匀，7—8 月流量最大，1 月流量最小。

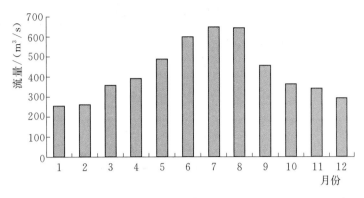

图 3-9 乌斯热尔玛站逐月平均流量过程（1949—1996 年）

乌斯热尔玛站为伊犁河进入巴尔喀什湖的最后一个监测站，1970 年，卡普恰盖水库的运行使得伊犁河进入巴尔喀什湖的水量大大减少。根据资料研究显示，1970—1987 年年底，湖面水位下降了 2.36m，即从原来的 343.00m 下降至 340.64m。哈萨克斯坦的伊犁河-巴尔喀什湖流域问题课题组认为，巴尔喀什湖水位下降的 2.36m 中，有将近一半（即 1.10m）是因为卡普恰盖水库而降低的。因此，巴尔喀什湖的水位降低主要是因为卡普恰盖水库滞留了大量的水量，使伊犁河的水量不能流入巴尔喀什湖。

（三）伊犁河入湖径流变化特征

伊犁河是中国与哈萨克斯坦之间的国际性河流，流程较长，水量丰沛，是巴尔喀什湖最重要的补给水源，其入湖径流量占巴尔喀什湖地表径流总补给量的 79.5%。选取伊犁河 1937—2006 年逐年入湖径流资料和 1937—1987 年逐月入湖径流资料来分析入湖径流变化特征。

1. 年际变化特征

伊犁河入湖年均径流特征见表 3-15 和图 3-10。伊犁河的多年平均入湖径流量为 120.72 亿 m^3/a。年入湖径流的 C_v、C_s 值分别为 0.21 和 0.72。保证率 P 为 25%、50% 和 75% 时的入湖水量分别为 134.16 亿 m^3/a、116.07 亿 m^3/a 和 101.93 亿 m^3/a。

伊犁河 1937—2006 年多年平均入湖径流量为 120.72 亿 m^3。1937—1969 年平均入湖径流量为 126.48 亿 m^3，1970—1987 年平均入湖径流量为 102.44 亿 m^3，1988—2006 年平均入湖径流量为 128.03 亿 m^3。可见，1970 年卡普恰盖水库建成蓄水后，导致伊犁河入湖径流量急剧减少，1970—1987 年入湖径流量较 20 世纪 70 年代前减少了 24.04 亿 m^3。20 世纪 80 年代后期，入湖径流量又逐渐增大，这是由于从 1987 年开始，天山西部为主的地区，气候转向暖湿，降水量和冰川消融量增加，进而造成入湖径流的增大。

表 3 - 15　　　　　　　　　　伊犁河入湖径流的特征值

资料序列	年均流量/(m³/s)	年径流量/亿 m³	C_v	C_s	C_s/C_v	设计值/(m³/s)		
						25%	50%	75%
1937—1969 年	399.80	126.48	0.21	0.45	2.14	450.36	387.34	335.72
1970—1987 年	324.43	102.44	0.11	0.45	4.09	341.58	316.02	298.25
1988—2006 年	405.99	128.03	0.18	0.45	2.50	438.90	391.93	353.37
1937—2006 年	382.10	120.72	0.21	0.72	3.43	425.41	368.06	323.23

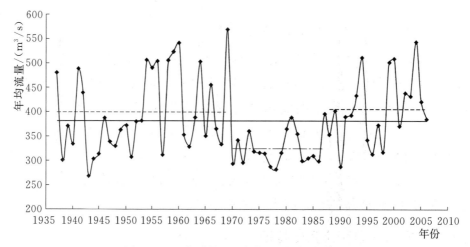

图 3 - 10　伊犁河入湖年径流变化曲线

----- 1937—1969 年均流量；—·— 1970—1987 年均流量；

----- 1988—2006 年均流量；——— 1937—2006 年均流量

图 3 - 11 所示为伊犁河年平均入湖流量差积曲线。由图可以看出，1952 年以前，流量呈减少趋势，之后一直到 1969 年都呈增加趋势，1970 年以后流量开始急剧减少，直到 1990 年达到最低点，1991 年之后流量在波动中呈增加趋势。目前，伊犁河的水量处于丰水时期。

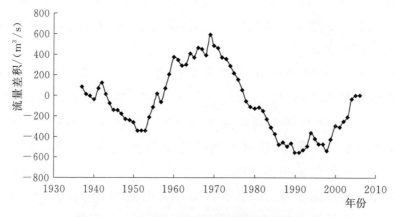

图 3 - 11　伊犁河年平均入湖流量差积曲线

2. 年内分配特征

图 3-12 所示为伊犁河入湖径流量多年平均的年内分配过程曲线。由图可以看出，1970 年前，伊犁河入湖径流量主要集中在 6—9 月，入湖径流量为 62.33 亿 m³，占年入湖径流量的 49.3%。1970 年卡普恰盖水库建成蓄水后入湖径流量发生较大变化，使得伊犁河入湖径流量年内分配趋于均匀。1970—1987 年与 1937—1969 年的入湖径流年内分配过程相比，洪峰消失，峰现时间提前，夏季月份的入湖径流量明显减少，冬季月份的入湖径流量略有增加。

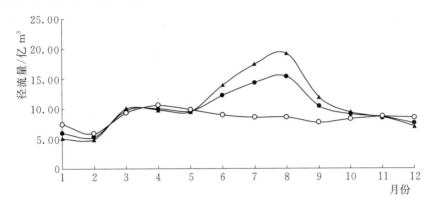

图 3-12　伊犁河入湖径流量多年平均的年内分配过程曲线
▲ 1937—1969 年；● 1970—1987 年；○ 1937—1987 年

3. 突变点分析

采用差积曲线-秩检验联合识别法来检验伊犁河入湖径流的突变点，采用差积曲线方法计算伊犁河入湖年流量序列。结果发现，1937—1987 年间，伊犁河径流在 1970 年发生突变，径流的减少始于 1970 年，在前后两个时段内，均值减少了 80.13m³/s，变化率为 19.81%，伊犁河进入巴尔喀什湖的水量在 1970 年之后减少到 1969 年之前平均值的 80.19%。伊犁河入湖年流量均值见表 3-16。

表 3-16　　　　　　　　　　　伊犁河入湖年流量均值　　　　　　　　　单位：m³/s

河流	1937—1969 年年均值	1970—1987 年年均值	变化率/%
伊犁河	404.56	324.43	19.81

4. 径流年内分配指标

采用径流年内分配不均匀系数 C_u 和年内分配完全调节系数 C_r 两个指标来分析径流的年内不均匀性。西巴尔喀什湖入湖径流年内分配不均匀性见表 3-17。由表可以看出，在 20 世纪 30—60 年代，伊犁河入湖径流的 C_u 值相对较大，并且变化幅度不大，表示伊犁河入湖径流年内分配较不均匀，这是在人类活动影响较小的天然状态条件下，伊犁河保持着原有的动态平衡；20 世纪

70—80 年代，伊犁河入湖径流的 C_u 值变小，表示伊犁河入湖径流年内分配相对均匀，这是因为 1970 年卡普恰盖水库建成蓄水，水库对伊犁河的调节作用所致。伊犁河入湖径流 C_r 的变化趋势与 C_u 一致。

表 3-17　　　　　　　西巴尔喀什湖入湖径流年内分配不均匀性

统计年份	1937—1939	1940—1949	1950—1959	1960—1969	1970—1979	1980—1987	1937—1969	1970—1987	1937—1987
C_u	0.398	0.386	0.420	0.403	0.201	0.074	0.396	0.124	0.285
C_r	0.151	0.150	0.169	0.161	0.082	0.028	0.160	0.047	0.112

采用集中度 C_n 和集中期 D 表示径流的年内分配特征。径流集中度是指各月径流量按月以向量方式累加，其各分量之和的合成量占年径流量的百分数，反映径流量在年内的集中程度。径流集中期是指径流向量合成后的方位，反映全年径流量集中的重心所出现的月份，以 12 个月分量之和的比值正切角度表示，以 1 月径流向量所在位置定位 0°（圆周方位），依次按 30°等差角度表示 2—12 月径流所在位置。西巴尔喀什湖入湖径流年内分配的集中度和集中期见表 3-18。由表可以看出，在卡普恰盖水库蓄水之前，伊犁河入湖径流年内分配的集中度 C_n 比卡普恰盖水库蓄水之后偏大，这说明在卡普恰盖水库在蓄水之前年内分配相对集中，并且集中在 7 月，在卡普恰盖水库蓄水之后，伊犁河入湖径流年内分配相对不集中，由于水库的调节作用，年内分配比较均匀。

表 3-18　　　　　西巴尔喀什湖入湖径流年内分配的集中度和集中期

统计年份		1937—1939	1940—1949	1950—1959	1960—1969	1970—1979	1980—1987	1937—1969	1970—1987	1937—1987
C_n		2.946	2.755	3.282	3.122	1.251	0.250	3.061	0.594	2.203
D	方向（方位角）/(°)	192	193	186	179	123	257	185	131	181
	出现月份	7	7	7	7	5	10	7	5	7

通过以上分析可以得出，伊犁河的入湖水量在卡普恰盖水库蓄水之后减少，并且在水库的调节作用下，伊犁河入湖径流年内分配趋向于均匀。

二、东巴尔喀什湖入湖河流的水文变化特征

东巴尔喀什湖的入湖河流主要有卡拉塔尔河、阿克苏河、列普西河和阿亚古兹河。卡拉塔尔河、阿克苏河、列普西河均发源于阿拉套山脉西北坡；阿亚古兹河是巴尔喀什湖北部最大的入湖河流，发源于塔尔巴哈台山脉北坡。选取各条入湖河流最下游靠近湖泊的测站，即卡拉塔尔河上的拉日达里纳耶站、阿克苏河上的给日澳-达恩农场站、列普西河上的列普西辅助设备厂站和阿亚古

兹河上的卡拉达斯站，采用各站 1937—1987 年的逐月平均流量资料来分析各条河流的入湖径流变化过程。

（一）年际特征

对流入东巴尔喀什湖各河流的年平均流量过程及统计特征值进行分析，研究各入湖河流径流量的年际变化特征。表 3－19 是东巴尔喀什湖各入湖河流的径流特征值。

表 3－19　　　　　　东巴尔喀什湖各入湖河流的径流特征值

河流	年平均流量 /(m³/s)	年径流量 /亿 m³	C_v	C_s	C_s/C_v	设计值/(m³/s)		
						25％	50％	75％
卡拉塔尔河	63.82	20.14	0.31	0.58	1.89	75.62	60.99	48.96
阿克苏河	7.44	2.35	0.70	0.74	1.07	10.47	6.51	3.40
列普西河	22.43	7.08	0.43	0.76	1.77	27.93	20.84	15.21
阿亚古兹河	3.09	0.98	0.71	0.25	0.35	4.56	2.94	1.46

各条入湖河流的流量变化过程及特征具体表现如下。

1. 卡拉塔尔河

卡拉塔尔河多年平均流量为 63.82m³/s，多年平均径流量为 20.14 亿 m³。卡拉塔尔河是东湖最大的入湖河流，入湖水量占东巴尔喀什湖入湖水量的 66％，所以卡拉塔尔河的水量变化对东湖入湖水量有重要影响。

卡拉塔尔河流量年际变幅较大，从 1969 年的最大值 111.47m³/s 减少到 1983 年的最小值 33.43m³/s，变幅达 78.04m³/s。从五年滑动平均过程线上（图 3－13）可以看出，卡拉塔尔河的年均流量变化过程是一个先逐渐增加再逐

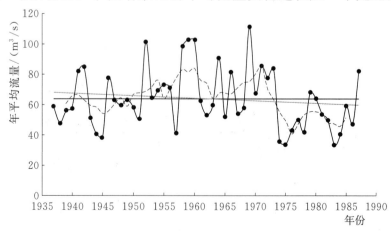

图 3－13　卡拉塔尔河的年平均流量变化过程

●—年平均流量；-----五年滑动平均值；——多年平均值；——线性（年平均流量）

渐减小的过程。1937—1954 年流量在波动中缓慢增加，1955—1970 年是一个持续的相对丰水期，1971—1987 年流量急剧减少，这是由于该河流域的农业灌溉用水增加及大气降水减少等原因引起的。利用 M-K 法对卡拉塔尔河径流序列进行检验，统计量 $Z=-0.89$，表明径流序列总体上呈现不显著的下降趋势。

由卡拉塔尔河的年平均流量差积曲线（图 3-14）可以看出，1951 年以前，流量呈减少趋势，之后直到 1973 年一直呈增加趋势，1973 年达到最高点以后流量开始急剧减少。

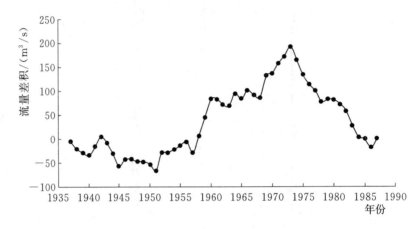

图 3-14　卡拉塔尔河的年平均流量差积曲线

2. 列普西河

列普西河是东巴尔喀什湖第二大入湖河流，多年平均流量为 $22.43 \text{m}^3/\text{s}$，多年平均径流量为 7.08 亿 m^3，入湖水量占东巴尔喀什湖入湖水量的 23%。

列普西河的流量年际变幅较大，最大值出现在 1969 年（$50 \text{m}^3/\text{s}$），最小值出现在 1945 年（$6.3 \text{m}^3/\text{s}$），变幅达 $43.7 \text{m}^3/\text{s}$。从五年滑动平均过程线（图 3-15）上可

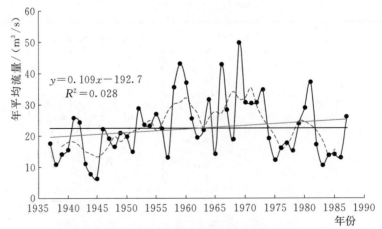

图 3-15　列普西河的年平均流量变化过程

——●——年平均流量；-----五年滑动平均值；——多年平均值；——线性（年平均流量）

看出，只有 1955—1974 年水量较丰，1955 年之前是一个持续的枯水期，1974—1978 年和 1982—1987 年均为枯水期，而 1978—1982 年为一个短暂的丰水期。利用 M－K 法对径流序列进行检验，统计量 $Z=0.97$，表明列普西河径流序列总体上呈现不显著的上升趋势。

由列普西河的年平均流量差积曲线（图 3-16）可以看出，1951 年以前，流量呈减少趋势，之后到 1973 年流量一直呈增加趋势，1973 年后流量在波动中呈减少趋势。

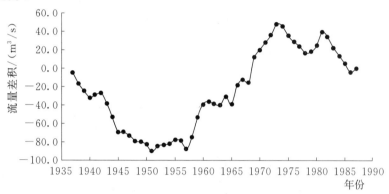

图 3-16　列普西河的年平均流量差积曲线

3. 阿克苏河

阿克苏河流量较小，多年平均流量为 7.44m³/s，多年平均径流量为 2.35 亿 m³，入湖水量仅占东巴尔喀什湖总入湖水量的 8%。从五年滑动平均过程线（图 3-17）上可以看出，阿克苏河流量 1960 年之前呈上升趋势，但是 1958—1984 年阿克苏河的水资源被大量用于灌溉，导致 1960 年之后流量近乎直线下降，并于 1984 年开始断流。利用 M－K 法对径流序列进行检验，统计量 $Z=-3.85$，阿克苏河径流序列呈现显著的下降趋势，并通过了 99% 的置信度检验。

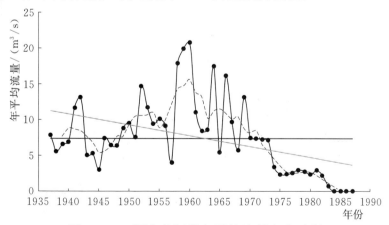

图 3-17　阿克苏河的年平均流量变化过程

—●—年平均流量；-----五年滑动平均值；——多年平均值；——线性（年平均流量）

由阿克苏河的年平均流量差积曲线（图 3 - 18）可以看出，1951 年以前，流量平稳变化，之后到 1970 年流量一直呈增加趋势，1970 年后流量急剧下降。

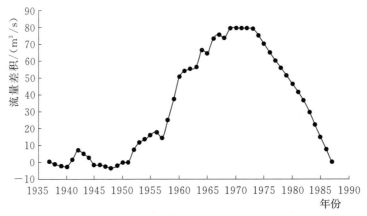

图 3 - 18　阿克苏河的年平均流量差积曲线

4. 阿亚古兹河

阿亚古兹河是东湖入湖河流中流量最小的，多年平均流量为 3.09m³/s，多年平均径流量为 0.98 亿 m³，入湖水量仅占东巴尔喀什湖总入湖水量的 3%。阿亚古兹河的年平均流量变化过程线（图 3 - 19）与阿克苏河相似，但流量开始衰减的时间更早些。1960 年之前流量呈缓慢上升趋势，1960 年之后流量几乎是直线下降。阿亚古兹河除了 1961 年外的其他年份在 9 月全部断流，其中 1962—1966 年断流月份较多，经过 1967—1972 的短暂丰水期之后，1973 年之后断流月份增多，并于 1983 年彻底断流。利用 M - K 法对径流序列进行检验，统计量 $Z = -3.59$，阿亚古兹河径流序列呈现显著的下降趋势，也通过了 99% 的置信度检验。

由阿亚古兹河的年平均流量差积曲线（图 3 - 20）可以看出，1970 年前流量呈增加趋势，1970 年之后流量急剧下降。

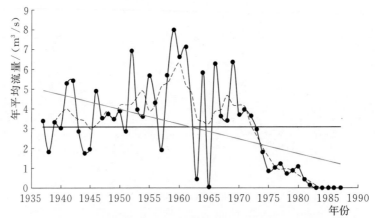

图 3 - 19　阿亚古兹河的年平均流量变化过程

——●——年平均流量；-----五年滑动平均值；——多年平均值；——线性（年平均流量）

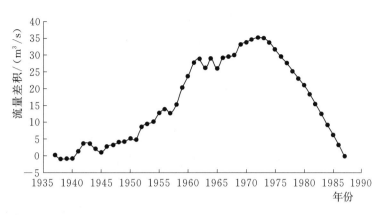

图 3-20　阿亚古兹河的年平均流量差积曲线

（二）年内分配特征

通过分析各入湖河流的径流年内过程，发现 1973 年是卡拉塔尔河和列普西河流量发生急剧变化的一个转折点，而阿克苏河和阿亚古兹河流量是在1970 年发生急剧变化的。现分别就其 1973 年和 1970 年前后的流量年内分配特征进行分析，如图 3-21 所示。

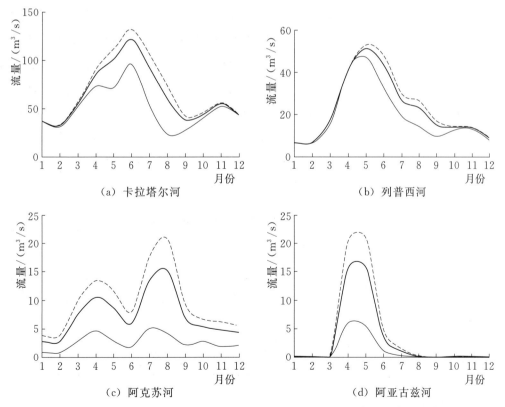

图 3-21　东巴尔喀什湖主要入湖河流多年平均流量的年内分配
----- 1937—1973 年；——— 1974—1987 年；—— 1937—1987 年

卡拉塔尔河多年平均流量的年内分配在 1973 年前后变化较大。1973 年之后，11 月至次年 3 月的流量无较大变化，而 4—10 月的流量明显减少，秋季枯水期从 9 月提前到了 8 月。流量年内分布的这种变化与农业灌溉用水周期相吻合，所以很可能是由于灌溉引水过多造成了卡拉塔尔河年均流量在 1973 年之后的减少。

列普西河多年平均流量的年内分配不均匀。由 1973 年前后两个时段相比较发现，10 月至次年 4 月流量分配几乎无较大变化，但 5—9 月流量则明显减小，秋季枯水期从 10 月提前到了 9 月。

阿克苏河多年平均流量的年内分配曲线为双峰型，洪峰分别出现在 4 月和 8 月。年内分配曲线形状在 1970 年前后变化不大，但 1970 年之后的洪峰流量明显变小。

阿亚古兹河多年平均流量的年内分配极不均匀，4—5 月流量最大，6—7 月流量开始减少，而从 8 月到次年 3 月流量非常小。1970 年后 4—5 月的流量比之前的流量明显减小。

（三）突变点分析

采用差积曲线-秩检验联合识别法来检验东巴尔喀什湖入湖河流径流的突变点。采用差积曲线方法计算东巴尔喀什湖年流量序列。结果发现，在 1937—1987 年间，列普西河有两个均值突变点，分别为 1957 年、1973 年。1957 年流量开始增加，1937—1957 年和 1958—1973 年两个时段内，均值增加了 12.68m³/s，变化率为 69.44%，1958—1973 年和 1974—1987 年两个时段内，均值减小了 12.03m³/s，均值变化了 38.88%。卡拉塔尔河、阿克苏河和阿亚古兹河的年流量在 1973 年发生突变，1973 年之后流量变小。

东巴尔喀什湖入湖河流年流量均值见表 3 - 20。

表 3 - 20　　　　　　　　东巴尔喀什湖入湖河流年流量均值

河流名称	1937—1973 年年均值/(m³/s)		1974—1987 年年均值/(m³/s)	变化率/%
	1937—1957	1957—1973		
列普西河	18.26	30.94	18.91	+69.44（-38.88）
卡拉塔尔河	69.02		50.09	-27.43
阿克苏河	9.59		1.78	-81.44
阿亚古兹河	4.04		0.59	-85.40

（四）径流年内分配指标

反映巴尔喀什湖入湖径流年内分配不均匀性（采用不均匀系数 C_u 和完全

调节系数 C_r 各年代计算成果）见表 3-21，反映径流年内分配集中程度的集中度 C_n 和集中期 D 计算成果见表 3-22 和表 3-23。

表 3-21　　　　　　　东巴尔喀什湖入湖径流年内分配不均匀性

项目	河流名称	1937—1939 年	1940—1949 年	1950—1959 年	1960—1969 年	1970—1979 年	1980—1987 年	1937—1987 年
不均匀系数 C_u	卡拉塔尔河	0.435	0.439	0.507	0.446	0.395	0.458	0.437
	阿克苏河	0.486	0.448	0.535	0.624	0.506	0.539	0.513
	列普西河	0.709	0.654	0.683	0.588	0.723	0.682	0.651
	阿亚古兹河	1.901	1.866	1.852	1.848	1.909	1.981	1.864
完全调节系数 C_r	卡拉塔尔河	0.180	0.191	0.227	0.197	0.172	0.180	0.190
	阿克苏河	0.208	0.174	0.217	0.267	0.215	0.214	0.210
	列普西河	0.286	0.269	0.301	0.251	0.310	0.279	0.275
	阿亚古兹河	0.699	0.695	0.695	0.693	0.702	0.734	0.695

表 3-22　　　　　　　东巴尔喀什湖入湖径流年内分配的集中度 C_n

河流名称	1937—1939 年	1940—1949 年	1950—1959 年	1960—1969 年	1970—1979 年	1980—1987 年	1937—1987 年
卡拉塔尔河	3.076	3.241	3.850	3.346	2.593	2.635	3.152
阿克苏河	2.787	2.715	3.808	3.602	3.047	2.131	3.314
列普西河	4.787	4.801	5.239	4.474	5.187	4.726	4.838
阿亚古兹河	10.704	10.721	10.692	10.707	10.797	11.034	10.720

表 3-23　　　　　　　东巴尔喀什湖入湖径流年内分配的集中期 D

河流名称	1937—1939 年		1940—1949 年		1950—1959 年		1960—1969 年		1970—1979 年		1980—1987 年		1937—1987 年	
	方向/(°)	出现月份	方向/(°)	出现月份	方向/(°)	出现月份	方向/(°)	出现月份	方向/(°)	出现月份	方向/(°)	出现月份	方向/(°)	出现月份
卡拉塔尔河	153	6	145	6	148	6	150	6	130	5	123	5	143	6
阿克苏河	172	7	175	7	172	7	169	7	158	6	230	9	171	7
列普西河	140	6	138	6	150	6	140	6	130	5	130	5	139	6
阿亚古兹河	111	5	111	5	111	5	112	5	109	5	109	5	111	5

由表 3-21 可以看出，东巴尔喀什湖的四条入湖河流中，在各个年代阿亚古兹河的 C_u 值均为最大，卡拉塔尔河的 C_u 值为最小，阿克苏河和列普西河的 C_u 值介于两者之间，说明阿亚古兹河的入湖径流年内分配最不均匀，年径流的 85.3% 集中于 4—5 月，卡拉塔尔河的入湖径流年内分配相对均匀，并且四条

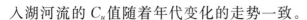

入湖河流的 C_u 值随着年代变化的走势一致。

东巴尔喀什湖四条入湖河流的径流年内分配完全调节系数 C_r 值同样表现为阿亚古兹河最大，卡拉塔尔河最小，再次说明阿亚古兹河的径流年内分配最不均匀，卡拉塔尔河的径流年内分配最均匀，其他两条河流介于两者之间。

由表 3-22 和表 3-23 可以看出，在不同的年代，阿亚古兹河的入湖径流年内分配的集中度 C_n 值都很接近，集中度都很大，说明阿亚古兹河的入湖径流年内分配集中，表现出较强烈的不均匀性，通过对其集中期的分析得出阿亚古兹河入湖径流主要集中于 5 月；其他三条入湖河流的 C_n 值明显小于阿亚古兹河，说明较阿亚古兹河而言，入湖径流年内分配较为均匀。

三、阿拉湖流域的河流水文变化特征

（一）阿拉湖湖群水文站资料选取及方法选择

阿拉湖流域的 15 条入湖河流的水文资料观测不足，只有滕特克河流域有较为系统的流量观测资料，乌尔贾尔河上游小支流上设立了常规的观测站。大多数河流没有进行常规的水文资料监测，主要原因是大多数河流下游位于沙漠平原径流消失区，平时水量很小或处于断流状态，洪水期河道变化强烈，缺少设站的基本条件。额敏河、哈滕苏河、乌尔贾尔河等干流中只有短期的水文监测资料。

现在，阿拉湖湖群的河流只有在滕特克河干流及支流，乌尔贾尔河上游支流及中国境内额敏河干流站设有水文站，其他河流的水文站在前苏联解体后均停止监测。阿拉湖湖群水系水文站资料选择见表 3-24。阿拉湖湖群水系水文站分布如图 3-22 所示。

表 3-24　　　　　　　　阿拉湖湖群水系水文站资料选择

水系	河流	水文站	控制面积 /km²	年限	资料类型
滕特克河	滕特克河 （Тентек）	加拉西姆芙娜 （Гарасимовна）	1380	1955—1985 年	逐月流量
		通古录兹 （Тункуруз）	3300	1936—1985 年	逐月流量
额敏河	额敏河	阿克其	16559	1960—1966 年、 1980—2009 年	逐月流量
	科克图马河 （Коктума）	巴克图 （Бахты）	331	1961—1985 年	逐月流量
	额敏河入湖	切刚托盖 （Чегантогай）河口下	21600	1962 年	逐日流量

水系	河流	水文站	控制面积 /km²	年限	资料类型
哈滕苏河	马康奇河（Маканчи）	克孜勒祖尔杜阿（кызылжулдуа）	240	1954—1985 年	逐月流量
	科克列克河（Коктерек）	新五山（Новопятигорское）	207	1955—1985 年	逐月流量
	马康奇河（Маканчи）	科克塔尔（Коктал）	2140	1962 年	逐日流量
乌尔贾尔河	楚什卡尔姆河（Чушкалм）	乌尔贾尔（Урджар）	486	1954—1984 年	逐月流量
	乌尔贾尔河（Урджар）	沙雷布拉克（Сарыблак）河口下	4120	1961—1962 年	逐日流量
加曼特河	加曼特河	红十月（Красиый Октябрь）	644	1964 年	逐日流量
伊尔盖特河	伊尔盖特河	尔盖图（Ргайты）	1260	1962 年	逐日流量

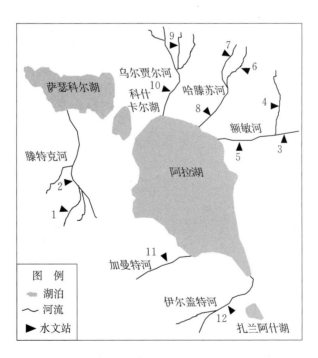

图 3-22　阿拉湖湖群水文站分布

1—加拉西姆芙娜站；2—通古录兹站；3—阿克其站；4—巴克图站；5—切刚托盖河口下站；

6—新五山站；7—克孜勒祖尔杜阿站；8—科克塔尔站；9—乌尔贾尔站；10—沙雷布拉克河口下站；

11—红十月站；12—尔盖图站

（二）滕特克河水文过程变化特征分析

1. 滕特克河上游 Гарасимовна 站

如图 3 - 23（a）所示，通过 Гарасимовна 站 1955—1985 年年径流变化过程可以看出，Гарасимовна 站 31 年来多年平均径流量为 6.24 亿 m³，最大值为 9.82 亿 m³（1958 年），最小值为 4.04 亿 m³（1965 年），变差系数 C_v 为 0.23。由五年滑动平均过程线可看出，年径流五年滑动平均值的变化过程存在明显的阶段性。年径流量整体呈现减少趋势，减少速率仅为 0.43 亿 m³/10a，未通过 95% 显著性检验，趋势减少不明显。

如图 3 - 23（b）所示，由 Гарасимовна 站 1955—1985 年年径流模比系数差积曲线观察年径流的阶段性变化特征，可以看出，1955—1957 年、1961—1965 年、1973—1985 年曲线处于下降阶段，径流处于枯水期，1958—1960 年、1966—1972 年曲线处于上升阶段，径流处于丰水期。

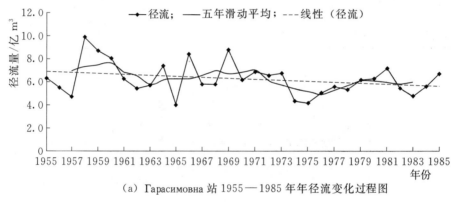

（a）Гарасимовна 站 1955—1985 年年径流变化过程图

（b）Гарасимовна 站 1955—1985 年年径流模比系数差积曲线

图 3 - 23　Гарасимовна 站多年径流变化过程

在 1955—1985 年的 31 年间，Гарасимовна 站的径流主要集中在 4—9 月，占多年平均径流量的 82.8%。1959—1961 年、1965 年、1967 年及 1969 年 5—6 月径流量较大，1966 年、1975—1977 年径流量明显少于其他年份。其他年份年内径流分配也明显表现出了集中性，12月至次年1月（冬季）径流量较少，5—7月（夏季）径流量较大。可见滕特克河多年的年内分配过程主要受其补给来源类型的影响（冰川融雪及降水的混合型补给，其中冰川融化占大部分），且受气温年内变化影响严重。

Гарасимовна站不同年代的径流年内分配指标不同，但是不同年代的径流年内分配均匀性程度相接近。20世纪60年代不均匀系数为0.73，完全调节系数为0.34，集中度为0.49，径流年内分配较其他年代更为均匀，50年代不均匀系数为0.78，完全调节系数为0.37，集中度为0.52，径流年内分配相对其他年代更不均匀。60年代和70年代径流年内分配均匀程度相近，具体指标见表3-25。

表 3-25　　　　　　Гарасимовна站年代径流年内分配特征指标

年代	不均匀系数 C_u	完全调节系数 C_r	集中度 C_n
20世纪50年代	0.78	0.37	0.52
20世纪60年代	0.73	0.34	0.49
20世纪70年代	0.74	0.35	0.49
20世纪80年代	0.77	0.36	0.51

2. 滕特克河下游 Тункуруз站

在1936—1985年51年间，Тункуруз站的多年平均径流量为15.01亿 m³，最大值为23.28亿 m³（1969年），最小值为8.54亿 m³（1945年），变差系数 C_v为0.23。由五年滑动平均过程线可看出，年径流五年滑动平均值的变化过程存在明显的阶段性。51年来，Тункуруз站年径流量呈现微弱的上升趋势，上升速率为0.098亿 m³/10a，上升趋势未通过95%显著性检验，上升趋势不明显。Тункуруз站1936—1985年年径流变化如图3-24（a）所示。

Тункуруз站1936—1985年年径流量模比系数差积曲线如图3-24（b）所示。由图可以看出，1936—1985年间，Тункуруз站年径流量变化主要存在三个丰枯期交替阶段：1936—1951年及1973—1985年，曲线处于下降阶段，径流处于枯水段；1951—1972年，曲线处于上升阶段，径流处于丰水段。

Тункуруз站年内分配与 Гарасимовна站类似，在1936—1985年51年间，径流量主要集中在4—9月，占多年平均径流量的83.4%，径流最大值在5月，存在明显的季节性变化。夏季（5—7月）径流量较大，冬季（12月至次年1月）径流量较小，径流集中情况类似上游站 Гарасимовна站。1943—1945年及1975年后，年径流集中程度小于其他年份。月径流量最大在1969年5月，1945年各月径流量明显较其他年份小，年径流量较小；1969年月径流量较其

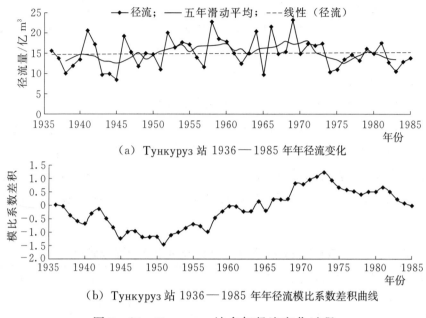

（a）Тункуруз 站 1936—1985 年年径流变化

（b）Тункуруз 站 1936—1985 年年径流模比系数差积曲线

图 3-24　Тункуруз 站多年径流变化过程

他年份更大，年径流量较大，与上游站 Гарасимовна 站相似。

　　Тункуруз 站各年代径流年内分配特征指标见表 3-26。由表可看出，Тункуруз 站 50 年代径流年内分配最不均匀，不均匀系数为 0.86，完全调节系数为 0.38，集中度为 0.55，明显大于其他年代，说明其不均匀程度高于其他年代。其他年代年内分配均匀程度较为接近。80 年代的径流年内分配最为均匀，不均匀系数最小为 0.79，完全调节系数为 0.36，集中度小于其他年代为 0.50。其他年代年内分配均匀程度相接近。

表 3-26　　　　　　　　Тункуруз 站各年代径流年内分配特征指标

年代	不均匀系数 C_u	完全调节系数 C_r	集中度 C_n
20 世纪 30 年代	0.85	0.36	0.52
20 世纪 40 年代	0.82	0.37	0.52
20 世纪 50 年代	0.86	0.38	0.55
20 世纪 60 年代	0.82	0.36	0.53
20 世纪 70 年代	0.82	0.37	0.53
20 世纪 80 年代	0.79	0.36	0.50

（三）额敏河水文过程变化特征分析

1. 额敏河上游阿克其站

1961—1966 年、1980—2009 年阿克其站多年平均径流量为 3.00 亿 m³，

最大值为 7.55 亿 m³（1993 年），最小值为 0.96 亿 m³（1984 年），变差系数为 0.54。多年径流量整体呈现减少趋势，减少速率为 0.168 亿 m³/10a，减少趋势未通过显著性检验，减少趋势不明显。由五年滑动平均过程线可看出，阿克其站年径流存在阶段性变化。具体变化情况如图 3 - 25 （a）所示。

阿克其 1980—2009 年年径流模比系数差积曲线如图 3 - 25 （b）所示。由图可看出，阿克其站 30 年来年径流变化可分为五个阶段：1980—1986 年为下降段（枯水段），1987—1994 年为上升段（丰水段），1995—2000 年为下降段（枯水段），2001—2006 年为平稳段（平水段），2007—2009 年为下降段（枯水段）。

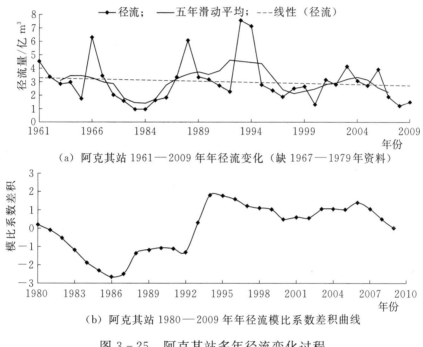

（a）阿克其站 1961—2009 年年径流变化（缺 1967—1979 年资料）

（b）阿克其站 1980—2009 年年径流模比系数差积曲线

图 3 - 25　阿克其站多年径流变化过程

阿克其站径流量主要集中在 3—5 月，占多年平均年径流量的 58.8%，说明阿克其站春季（3—5 月）径流量较大，而夏季（6—9 月）径流量较少。由阿克其站年月径流变化过程图可明显看出，径流在 1966 年及 1993—1994 年的 3—5 月较为集中。1982—1985 年及 2007—2009 年径流分配相比其他年份更为均匀。额敏河的径流补给类型为降水及融雪混合型，冬季降雪期较长，季节性积雪丰富，对径流影响大，故额敏河的径流年内分配出现汛期较短，且春季水量大于夏季。

阿克其站 20 世纪 60 年代径流年内分配最不均匀，不均匀系数为 0.95，完全调节系数为 0.35，集中度为 0.54，各项指标均大于其他年代，见表 3 - 27。其次是 21 世纪初，不均匀系数为 0.91，完全调节系数为 0.36，集中度为

0.53。90年代各项指标均小于其他年代，不均匀系数为0.83，完全调节系数为0.32，集中度为0.45，径流年内分配较其他年代较为均匀。

表3-27 阿克其站年代径流年内分配特征指标

年代	不均匀系数 C_u	完全调节系数 C_r	集中度 C_n
20世纪60年代	0.95	0.35	0.54
20世纪80年代	0.86	0.34	0.49
20世纪90年代	0.83	0.32	0.45
21世纪初	0.91	0.36	0.53

2. 额敏河支流科克图马河（Коктума）Бахты站

Бахты站1961—1985年多年平均径流量为0.13亿m³，最大值为0.22亿m³（1964年），最小值为0.07亿m³（1984年），变差系数C_v为0.29。多年年径流量呈现减少趋势，减少速率为0.042亿m³，通过99%的显著性检验，减少趋势极为明显。1961—1985年年径流变化如图3-26（a）所示。

Бахты站1961—1985年具有明显的丰水枯水交替的阶段性变化，如图3-26（b）所示。1961—1973年，径流模比系数曲线在波动中上升，表明径流主要处于丰水期；1974—1985年，曲线持续下降，表明径流处于枯水期。

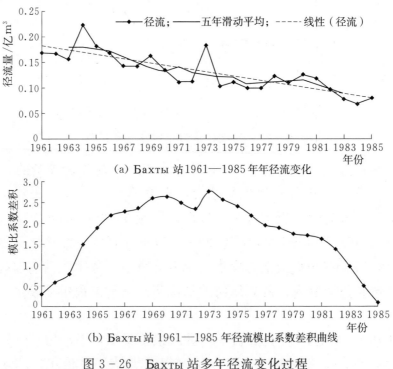

(a) Бахты站1961—1985年年径流变化

(b) Бахты站1961—1985年径流模比系数差积曲线

图3-26 Бахты站多年径流变化过程

在 1961—1985 年间，就 Бахты 站的多年月径流量变化过程而言，1973 年以前年月径流量明显较 1974 年集中，主要集中于 2—5 月及 10—12 月，占多年平均径流量的 65.9%，夏季和秋季的径流量分配较少。1974 年以后各年月径流量较小且较为接近，说明径流在 1974 年以后，年内分配较为平衡。同时可清晰地看出，1973 年以前各月的径流量大于 1974 年后，这与径流模比系数曲线反映的结果相似。

Бахты 站各年代径流年内分配特征指标见表 3-28。由表可看出，Бахты 站不同的年代年内分配情况差距较大。20 世纪 60—70 年代的径流年内分配不均匀程度明显大于 80 年代后，80 年代的不均匀系数为 0.16，完全调节系数为 0.06，集中度为 0.06，均为最小值。60—70 年代各项指标均大于 80 年代。

表 3-28 　　　　　　　Бахты 站各年代径流年内分配特征指标

年代	不均匀系数 C_u	完全调节系数 C_r	集中度 C_n
20 世纪 60 年代	0.35	0.14	0.16
20 世纪 70 年代	0.29	0.12	0.17
20 世纪 80 年代	0.16	0.06	0.06

3. 额敏河入湖站 Чегантогай 河口下水文站

由额敏河干、支流（干流 Чегантогай 河口下站、上游干流阿克其站及上游支流 Бахты 站）1962 年年内分配过程如图 3-27 所示。由图可看出，1962 年额敏河干流年内分配相近，径流主要集中于 2—5 月、6—10 月径流量明显减少。1962 年额敏河入湖站 Чегантогай 河口下站年径流量为 4.68 亿 m³，阿克其站年径流量为 3.41 亿 m³，支流 Бахты 站年径流量 0.53 亿 m³。

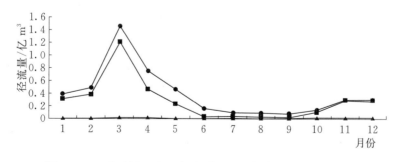

图 3-27　额敏河干、支流站 1962 年年内分配过程图

—●—干流；—■—干流上游；—▲—支流

1962 年，额敏河干流径流年内分配均匀性程度相接近，阿克其站径流年内分配相对于入湖站更不均匀，不均匀系数为 1.11，完全调节系数为 0.37，

集中度为 0.58，见表 3-29。支流 Бахты 站径流年内分配较为均匀，不均匀系数为 0.32，完全调节系数为 0.15，集中度仅为 0.13。

表 3-29 额敏河各站 1962 年径流年内分配特征指标

站名	不均匀系数 C_u	完全调节系数 C_r	集中度 C_n
Чегантогай 河口下站	0.97	0.34	0.53
阿克其站	1.11	0.37	0.58
Бахты 站	0.32	0.15	0.13

（四）哈滕苏河水文过程变化特征分析

1. 哈滕苏河上游 Коктерек 河 Новопятигорское 站

Новопятигорское 站在 1955—1985 年的多年平均径流量为 0.72 亿 m^3，最大值为 1.65 亿 m^3（1972 年），最小值为 0.26 亿 m^3（1967 年），变差系数 C_v 为 0.47。年径流量 31 年来呈现减少趋势，减少速率为 0.067 亿 m^3/10a，未通过 95% 的显著性检验，减少趋势不明显。由五年滑动平均可看出，1955—1985 年 Новопятигорское 站的年径流序列存在明显的阶段性变化。具体变化情况如图 3-28（a）所示。

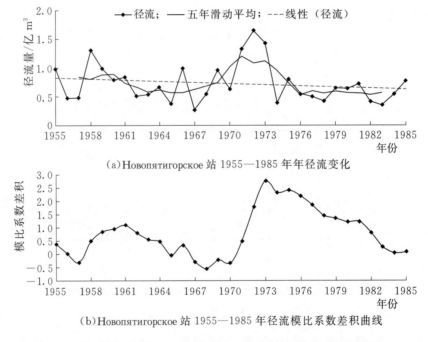

（a）Новопятигорское 站 1955—1985 年年径流变化

（b）Новопятигорское 站 1955—1985 年径流模比系数差积曲线

图 3-28 Новопятигорское 站多年径流变化过程

通过绘制年径流模比系数差积曲线可以分析 Новопятигорское 站 31 年来径流丰枯的阶段性变化，如图 3－28 （b） 所示。1955—1957 年曲线处于下降阶段，径流处于枯水期；1958—1961 年，曲线处于上升阶段，径流处于丰水期；1962—1968 年，曲线在波动中下降，径流以枯水年为主；1969—1973 年，曲线持续上升，径流处于丰水期；1974—1985 年，径流在波动中下降，径流以枯水年为主。

在 1955—1985 年间，就 Новопятигорское 站的多年月径流量变化过程而言，径流量主要集中在 4—7 月，占多年平均径流量的 72.8％，为汛期，其他月份径流量较少，分配较为均匀。5 月的径流量为全年最大，占多年平均径流量的 29.3％。1955 年、1958—1960 年、1966 年、1969 年、1972—1974 年径流量分配较为集中；1965 年、1967 年、1982—1984 年径流量分配相对较为均匀。这与年径流变化过程相对应，可见汛期径流对年径流量贡献最明显。其中 1972 年最为集中，径流集中于 5 月。哈滕苏河径流主要为冰雪及降水补给，径流年内分配主要受到降水影响。

1955—1985 年 Новопятигорское 站各年代径流年内分配特征指标见表 3－30。20 世纪 50 年代及 70 年代，年内分配不均匀性较强，50 年代径流分配最不均匀，60 年代年内分配相对最为均匀。50 年代不均匀系数为 1.19，完全调节系数为 0.46，集中度为 0.63，年内分配集中不均匀。60 年代不均匀系数为 0.87，完全调节系数为 0.36，集中度为 0.46，年内分配最为均匀。

表 3－30　　　　Новопятигорское 站各年代径流年内分配特征指标

年代	不均匀系数 C_u	完全调节系数 C_r	集中度 C_n
20 世纪 50 年代	1.19	0.46	0.63
20 世纪 60 年代	0.87	0.36	0.46
20 世纪 70 年代	1.07	0.43	0.57
20 世纪 80 年代	0.90	0.37	0.49

2. Маканчи 河 Кызылжулдуа 站

1954—1985 年 Кызылжулдуа 站多年平均径流量为 1.45 亿 m³，最大值为 2.60 亿 m³（1985 年），最小值为 0.47 亿 m³（1974 年），变差系数为 0.33。由五年滑动平均变化过程线看出，径流多年变化存在阶段性变化。多年径流变化呈现增加趋势，增加速率为 0.071 亿 m³/10a，增加趋势未通过 95％ 显著性检验，增加趋势不明显。具体变化情况如图 3-29（a）所示。

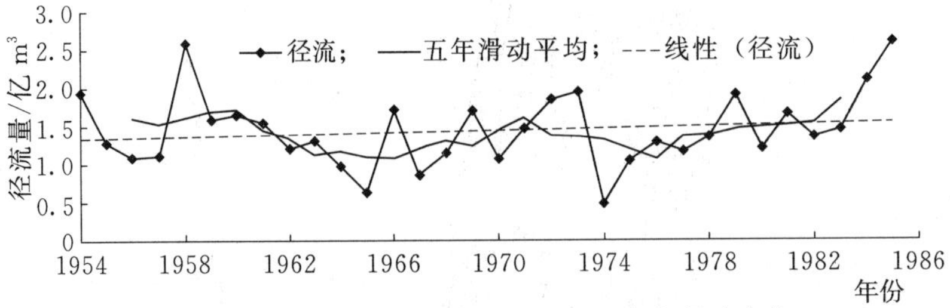

（a）Кызылжулдуа 站 1954—1985 年年径流变化

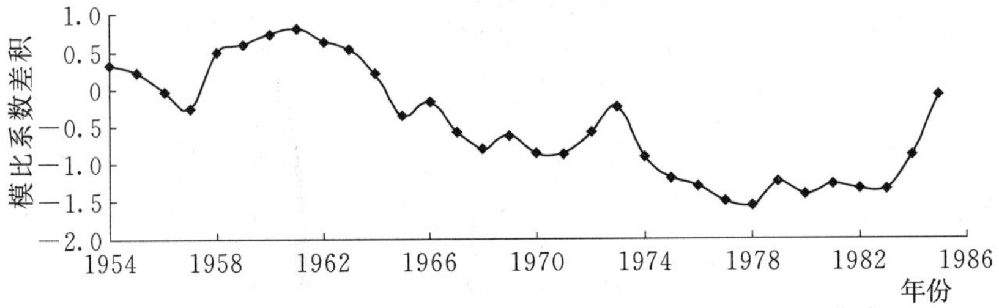

（b）Кызылжулдуа 站 1954—1985 年径流模比差积曲线

图 3-29　Кызылжулдуа 站多年径流变化过程

Кызылжулдуа 站 1954—1985 年径流模比系数差积曲线如图 3-29（b）所示。由图可看出，Кызылжулдуа 站 1954—1985 年径流变化存在六个阶段性变化：1954—1957 年曲线持续下降，径流处于枯水期；1958—1961 年，曲线持续上升，径流处于丰水期；1962—1970 年，曲线在波动中下降，径流主要出于枯水期；曲线经历短时间的上升后，1973—1978 年，曲线持续下降，径流处于枯水期；1979—1983 年曲线变化平稳波动不大，径流处于平水期；1984年后，曲线持续上升，径流处于丰水期。

在 1954—1985 年间，就 Кызылжулдуа 站的多年月径流量变化过程而言，径流主要集中在 4—7 月，占多年平均径流量的 72.4%，其他月份径流分配较为均匀。径流最大值在 5—6 月，汛期径流量较大的年份为 1958 年、1966 年、1969 年、1972—1973 年、1979 年及 1983—1985 年，与多年年径流变化过程相近，可见汛期对于年径流量贡献最大。1955—1956 年、1961—1965 年、1974—1982 年径流量差距较小，径流分配较为均匀。

Кызылжулдуа 站 32 年间不同年代径流年内分配均匀性不同，20 世纪 50—60 年代较为接近，分配不是很均匀，特别是 50 年代径流年内分配最为集中不均匀，不均匀系数为 1.06，完全调节系数为 0.46，集中度为 0.64。80 年代后径流年内分配相对较为均匀，不均匀系数为 0.80，完全调节系数为 0.31，集中度为 0.42。各年代径流年内分配特征指标见表 3-31。

表 3 - 31　　　　　　　　**Қызылжулдуа 站各年代径流年内分配特征指标**

年代	不均匀系数 C_u	完全调节系数 C_r	集中度 C_n
20 世纪 50 年代	1.06	0.46	0.64
20 世纪 60 年代	1.03	0.41	0.57
20 世纪 70 年代	0.93	0.38	0.50
20 世纪 80 年代	0.80	0.31	0.42

3. 哈滕苏河干流 Коктал 站

1962 年哈滕苏河干支流年内分配不同，干流 Коктал 站径流主要集中在 2—6 月，9—10 月径流量对年径流量的贡献也不小；两支流站年内分配相近，主要集中在 3—7 月；其他月份径流量对年径流量的贡献则不是很大。哈滕苏干支流 1962 年哈滕苏河干、支流水文站径流年内分配过程如图 3 - 30 所示。

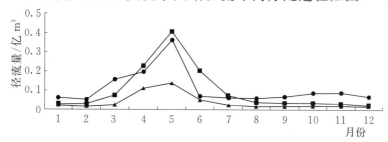

图 3 - 30　1962 年哈滕苏河干、支流径流年内分配过程

→ 干流；■ 支流 1（Коктерек 河）；▲ 支流 2（Маканчи 河）

1962 年，哈滕苏河干支流水文站径流的年内分配均匀性差距较大，见表 3 - 32。干流 Коктал 站径流年内分配最为均匀，不均匀系数为 0.78，完全调节系数为 0.28，集中度为 0.32。支流 Маканчи 河 Қызылжулдуа 站径流年内分配最集中不均匀，集中度为 0.61，不均匀系数为 0.113，完全调节系数为 0.44。

表 3 - 32　**1962 年哈滕苏河干支流水文站径流年内分配特征指标统计**

站点	年份	不均匀系数 C_u	完全调节系数 C_r	集中度 C_n
Коктал 站	1962	0.78	0.28	0.32
Қызылжулдуа 站	1962	1.13	0.44	0.61
Новопятигорское 站	1962	0.94	0.36	0.47

（五）乌尔贾尔河水文过程变化特征分析

1. Чушкалм 河 Урджар 站

Урджар 站 1954—1984 年多年平均径流量为 0.97 亿 m³，最大值为 1.59

亿 m^3（1972 年），最小值为 0.41 亿 m^3（1983 年），变差系数 C_v 为 0.31。31
年来，年径流量呈现减少趋势，减少速率为 0.166 亿 $m^3/10a$，通过 99％显著
性检验，减少趋势明显。由五年滑动平均过程线可看出，Урджар 站年径流存
在明显的阶段性，年径流变化具体如图 3-31（a）所示。

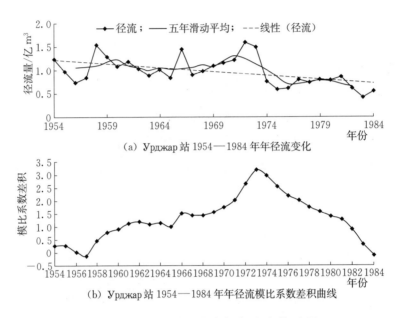

（a）Урджар 站 1954—1984 年年径流变化

（b）Урджар 站 1954—1984 年年径流模比系数差积曲线

图 3-31　Урджар 站多年径流变化过程

　　1954—1984 年 31 年间，Урджар 站年径流模比系数差积曲线如图 3-
31（b）所示。由图可看出，Урджар 站年径流主要表现两个阶段的丰枯期
的交替变化。1954—1973 年，模比系数曲线在波动中上升，表明径流主
要处于丰水期；1974—1984 年，曲线持续下降，表明 1974 年后，径流处
于枯水期。

　　在 1954—1984 年间，就 Урджар 站的多年月径流量变化过程而言，径流
量主要集中在 4—6 月，占多年平均径流量的 41.6％，1974 年 5 月径流量最
大。1954—1974 年，多年月径流量变化过程图中 4—6 月集中情况比较明显，
说明径流主要集中在 4—6 月；1975—1984 年各月径流量比 1974 年前小，这与
年径流模比系数差积曲线情况类似。乌尔贾尔河冰雪和降雨混合补给河流，径
流主要受降水的影响。

　　Урджар 站径流年内分配特征指标各年代相近，不均匀程度呈现递增
趋势，说明 20 世纪 50—80 年代径流年内分配越来越不均匀，集中度也大
体呈现递增趋势，说明径流年内分配越来越集中。50 年代不均匀系数为
0.40，完全调节系数为 0.16，集中度为 0.21。到 80 年代，不均匀系数为

0.53，完全调节系数为 0.19，集中度为 0.25。具体各年代径流年内分配特征指标见表 3 - 33。

表 3 - 33　　　　　　　　Урджар 站各年代径流年内分配特征指标

年代	不均匀系数 C_u	完全调节系数 C_r	集中度 C_n
20 世纪 50 年代	0.40	0.16	0.21
20 世纪 60 年代	0.41	0.16	0.20
20 世纪 70 年代	0.46	0.18	0.22
20 世纪 80 年代	0.53	0.19	0.25

2. 乌尔贾尔河干流 Сарыблак 河口下

1961 年，上游支流 Урджар 站年径流量为 1.18 亿 m³，干流 Сарыблак 河口下水文站年径流量为 5.97 亿 m³，干支流的径流年内分配情况相近，丰水期为 3—6 月，支流 Урджар 站丰水期径流量占年径流量的 49.3%，干流 Сарыблак 河口下水文站丰水期径流量占年径流量的 60.8%。1962 年，上游支流 Урджар 站年径流量为 1.04 亿 m³，干流 Сарыблак 河口下水文站年径流量为 5.18 亿 m³，干支流年内分配相近，丰水期为 3—6 月，支流 Урджар 站丰水期径流量占年径流量的 51.6%，干流 Сарыблак 河口下水文站丰水期径流量占年径流量的 60.3%，如图 3 - 32 所示。

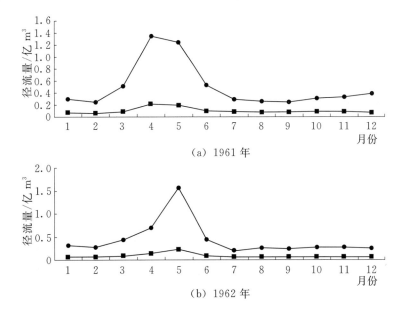

图 3 - 32　乌尔贾尔河干流支流 1961—1962 年径流年内分配过程图
—●— 干流；—■— 支流

乌尔贾尔河干流 Сарыблак 河口下站 1961—1962 年径流年内分配不均匀性及集中度接近，见表 3-34。1962 年不均匀系数为 0.85，1961 年为 0.74，两年的完全调节系数均为 0.27，集中度均为 0.37。上游支流 Урджар 站 1962 年相较于 1961 年不均匀性及集中度有所增加，说明 1962 年径流年内分配更为不均匀、更集中。上游支流站的不均匀系数、完全调节系数及集中度均小于干流，说明干流径流年内分配比支流更不均匀、更集中。

表 3-34　乌尔贾尔河干支流水文站 1961—1962 年径流年内分配特征指标统计

站点	年份	不均匀系数 C_u	完全调节系数 C_r	集中度 C_n
Сарыблак 河口下站	1961	0.74	0.27	0.37
Урджар 站	1961	0.48	0.17	0.21
Сарыблак 河口下站	1962	0.85	0.27	0.37
Урджар 站	1962	0.54	0.18	0.25

（六）加曼特河水文过程变化特征分析

Красиый Октябрь 站 1964 年径流量为 2.32 亿 m^3，丰水期为 4—8 月，流量平均值为 7.34m^3/s，最大值出现在 5 月（31.7m^3/s），最小值出现在 2 月（1.54m^3/s）。丰水期占年径流量的 76.6%，不均匀系数为 0.91，完全调节系数为 0.37，集中度为 0.54。Красиый Октябрь 站 1964 年径流年内分配如图 3-33所示。

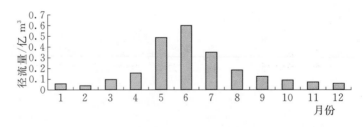

图 3-33　Красиый Октябрь 站 1964 年径流年内分配

（七）伊尔盖特河水文过程变化特征分析

Ргайты 站 1962 年径流量为 2.56 亿 m^3，平均流量为 8.09m^3/s，丰枯情况明显，丰水期为 5—8 月，最大流量为 38.1m^3/s（6 月），最小流量为 2.39m^3/s（11 月），变幅为 35.71m^3/s，为均值的 4.41 倍。丰水期的径流量占年径流量的 69.2%，1962 年不均匀系数为 0.82，完全调节系数为 0.36，集中度为 0.51。1962 年径流年内分配如图 3-34 所示。

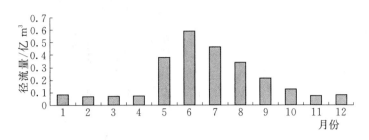

图 3-34 Ргайты 站 1962 年径流年内分配

(八) 阿拉湖流域的水量平衡

阿拉湖流域的补给河流主要包括注入萨瑟科尔湖的滕特克河,注入阿拉湖的哈滕苏河、乌尔贾尔河、额敏河及加曼特河。1961—1964 年流入阿拉湖流域的总径流量见表 3-35。1961—1964 年入湖的年平均径流量为 26.88 亿 m³,1932—1964 年入湖的年平均径流量为 26.24 亿 m³。

表 3-35 1961—1964 年流入阿拉湖流域的总径流量

湖泊	年份	流量 /(m³/s)	径流量 /亿 m³	湖面径流深 /mm
萨瑟科尔湖	1961	35.9	11.31	1536
	1962	27.4	8.64	1174
	1963	30.1	9.48	1288
	1964	37.2	11.72	1592
	1961—1964	32.6	10.29	1398
	1932—1964	31.4	9.89	1343
阿拉湖	1961	63.2	19.90	751
	1962	44.1	13.90	525
	1963	43.8	13.79	520
	1964	59.6	18.76	708
	1961—1964	52.7	16.59	626
	1932—1964	51.9	16.35	688

表 3-36 是阿拉湖多年平均水量平衡,1961—1964 年阿拉湖的地表径流、地下径流、降水量虽然比 1932—1964 年的大,但是相应的 1961—1964 年的蒸发量也大于 1932—1964 年的蒸发量,阿拉湖地区基本上处于入湖水量与湖泊

耗水量平衡的状态，水量变化在 1932—1964 年为 2.14 亿 m³，在 1961—1964 年为 2.98 亿 m³。

表 3 - 36　　　　　　　　　　阿拉湖多年平均水量平衡

项目	单位	收入				支出（蒸发）	蓄水量变化
		地表流入	地下流入	降水	总量		
1932—1964 年均值	mm	688	323	274	1285	1194	90
	亿 m³	16.35	7.70	6.53	30.58	28.44	2.14
	%	53.5	25.2	21.3	100.0	100.0	
可能的平衡	mm	638	301	255	1194	1194	
	亿 m³	15.76	7.42	6.28	29.46	29.46	
	%	53.5	25.2	21.3	100.0	100.0	
1961—1964 年均值	mm	626	588	258	1472	1360	112
	亿 m³	16.59	15.59	6.84	39.02	36.04	2.98
	%	42.5	40.0	17.5	100.0	100.0	

　　表 3 - 37 反映了阿拉湖 1950—1966 年的水量平衡情况。可以得出，1950—1966 年平均年水量变化为 7.11 亿 m³，说明阿拉湖的水量收入大于水量支出。1950—1961 年的平均年水量变化为 8.87 亿 m³，较为接近 1950—1966 年平均年水量变化，1958—1961 年的平均年水量变化为 22.00 亿 m³，是 1950—1966 年平均年水量变化的 3.09 倍，说明 1958—1961 年的水量收入与支出较大，能提供的水量较多。1961—1964 年的平均年水量变化为 2.98 亿 m³，为多年水量变化的 42%，说明 1961—1964 年的水量收入与水量支出相差较小，能够提供的水量较少。

表 3 - 37　　　　　　　　　阿拉湖 1950—1966 年的水量平衡

年份	收入								支出（蒸发）		蓄水量变化	
	地表流入		地下流入		降水		总量					
	mm	亿 m³	mm	亿 m³	mm	亿 m³	mm	亿 m³	mm	亿 m³	mm	亿 m³
1950	737	16.70	296	6.77	271	6.15	1304	29.62	1154	26.22	150	3.40
1951	521	11.84	380	8.63	191	4.34	1092	24.81	1222	27.76	−130	−2.95
1952	1052	24.16	172	3.97	383	8.79	1607	36.92	1067	24.52	540	12.40
1953	724	19.22	403	7.05	287	6.69	1414	32.96	1034	24.10	380	8.86

续表

年份	收入								支出（蒸发）		蓄水量变化	
	地表流入		地下流入		降水		总量					
	mm	亿 m³	mm	亿 m³	mm	亿 m³	mm	亿 m³	mm	亿 m³	mm	亿 m³
1954	892	21.07	182	4.29	267	6.31	1341	31.67	1051	24.82	290	6.85
1955	899	21.39	294	6.98	257	6.11	1450	34.48	1380	32.82	70	1.66
1956	593	14.24	920	22.17	287	6.89	1800	43.20	1550	37.20	250	6.00
1957	571	13.67	497	11.88	220	5.26	1288	30.81	1408	33.68	−120	−2.87
1958	1116	27.28	739	18.06	311	7.60	2166	52.94	1176	28.74	990	24.20
1959	861	21.67	743	18.67	273	6.87	1877	47.21	1227	30.86	650	16.35
1960	743	19.30	1059	27.50	310	8.06	2112	54.86	1133	29.42	979	25.44
1961	751	19.90	607	16.10	274	7.25	1632	43.25	1362	36.09	270	7.16
1962	525	13.90	767	20.34	201	5.32	1493	39.56	1533	40.62	−40	−1.06
1963	520	13.79	419	11.09	332	8.80	1271	33.68	1341	34.74	−70	−1.06
1964	708	18.76	534	14.14	227	6.02	1469	38.92	1209	32.04	260	6.88
1965	446	11.81	669	17.73	209	5.54	1324	35.08	1564	41.44	−240	−6.36
1966	885	23.46	590	15.62	345	9.14	1820	48.22	1220	32.32	600	15.90
1950—1966	738	18.36	545	13.58	273	6.77	1556	38.71	1270	31.60	286	7.11
最大	1116	27.28	1059	27.50	383	8.80	2166	54.86	1564	41.41	990	24.20
最小	446	11.81	172	3.97	191	4.34	1092	24.31	1034	24.10	−240	−6.36
1950—1961	788	19.20	524	12.66	278	6.70	1590	38.56	1230	29.69	360	8.87
1958—1960	907	22.75	847	21.41	298	7.51	2052	51.67	1179	29.67	873	22.00
1961—1964	626	16.59	588	15.59	258	6.84	1472	39.02	1360	36.04	112	2.98

　　阿拉湖流域1991—1999年年径流量变化过程如图3-35所示，1991—1999年多年平均年径流量为38.74亿 m³，1994年的年径流量为57.56亿 m³，为多年均值的1.49倍，1995年的年径流量为28.60亿 m³，为多年均值的74%。

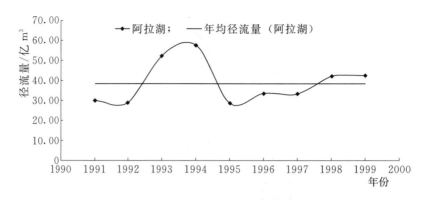

图 3 - 35　阿拉湖流域 1991—1999 年年径流量变化过程

〔注：摘自 Приоритетные проблемы 7 основных речных бассейнов Казахстана Проект финального отчета（哈萨克斯坦 7 个主要河流流域的优先问题报告草案）〕

表 3 - 38 为阿拉湖流域不同来水年水量平衡分析。阿拉湖流域平水年拥有的水资源年水量为 40.00 亿 m³，除去必要的生态用水、蒸发用水以及特殊用水外，可以提供的水量为 12.23 亿 m³。干旱年拥有的水资源年水量为 22.00 亿 m³，除去必要的生态用水、蒸发用水及特殊用水外，只能提供 0.73 亿 m³ 的水量。

表 3 - 38　　　　　　阿拉湖不同来水年水量平衡分析　　　　　　单位：亿 m³

年资源		必要的消耗		拥有的资源		特殊用水	平衡	
多年平均	干旱年	生态	蒸发	平水年	干旱年	定额	平水年	干旱年
40.00	22.00	20.50	3.00	16.50	5.00	4.27	12.23	0.73

第五节　湖泊的水文变化特征

一、巴尔喀什湖水文变化特征

（一）巴尔喀什湖水位变化特征

1. 巴尔喀什湖水位的年际变化特征

巴尔喀什湖的水位变化特征主要用巴尔喀什水位站的资料来反映。巴尔喀什水位站 1810—2011 年的年平均水位变化过程曲线如图 3 - 36 所示，多年平均值为 341.73m，水位变化过程具有明显丰枯交替特征。在 1810—2011 年期间经历了下降—上升—下降—上升—下降—上升—下降—上升等 8 个变化阶段，4 次丰枯周期。

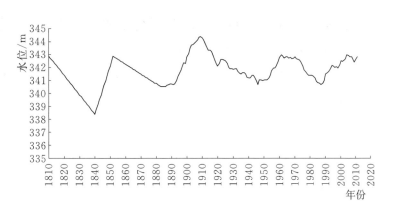

图 3-36　巴尔喀什湖 1810—2011 年的年平均水位变化过程曲线

巴尔喀什湖的水位像其他半干旱带的内陆湖一样，具有大规模的、多年的和世纪尺度的循环变化。这些变化是受气候变化影响的，水位的年内变幅与湖泊年内水平衡要素的变化、同年的气候周期变化以及风的作用有关。

巴尔喀什湖水位用仪器观测是从 1931 年开始的，湖泊水位站数每年是不同的。各站点做出的水位变化分析表明，巴尔喀什城站的最长系列观测资料可以很好地反映巴尔喀什湖的年平均水位过程。

1879—1931 年的水位是近似复原的，是 Г. Р. Юнусоб 根据伊犁河径流伊犁水文站（1911—1931 年）和阿拉木图站大气降水（1879—1910 年）的相关性来做出的。而随后 1970—1931 年期间的数据由 В. В. Гочбуот 和 А. И. шркеъц 进行确认。1978—1970 年的水位由 Р. В. Куряци 利用野外调查和考察的方法来确定。尽管关于水位的恢复资料是近似的，但基本上和根据与巴尔喀什湖处于同一气候区且相邻的阿拉湖的水位过程相似，由此分析确定了 19 世纪巴尔喀什湖的最高、最低水位。

到 1970 年前的年份（卡普恰盖水库蓄水前）可以作为相对天然条件，在这期间不存在流域上人类活动对巴尔喀什湖水位变化的影响。在最近的 1000 年中，巴尔喀什湖的水位变幅为 12~14m，而相邻的阿拉湖（有更大的陡坡）水位变幅为 20~25m；20 世纪内的水位变幅，巴尔喀什湖为 2~4m，而阿拉湖为 6~8m，两湖的世纪变幅和世纪内变幅有相似的特点。

图 3-37 所示为巴尔喀什湖 1879—2011 年的水位距平序列小波变换系数实部等值线图。由图可以看出，其变化主周期为 19 年。从 1970 年开始，巴尔喀什湖的水文特征发生显著变化，1970—1987 年水位从 342.85m 下降到 340.7m，接近历史最低水位，湖面面积和蓄水量亦随之减小。1987 年以后水位开始上升，2005 年达到自有观测资料以来的历史最高水位 343.01m，水面面积一度超过 2.10 万 km²（1961 年为 2.14 万 km²）。根据巴尔喀什湖水位变

化主周期预测，巴尔喀什湖水情目前正值相对稳定的丰水周期；并且根据其水位丰枯交替规律，在经历了 2005 年高水位之后，巴尔喀什湖水情正开始进入枯水周期。但是从图 3-38 可以看出，进入 21 世纪后，巴尔喀什湖的水位已经有不少月份超过 343.00m。

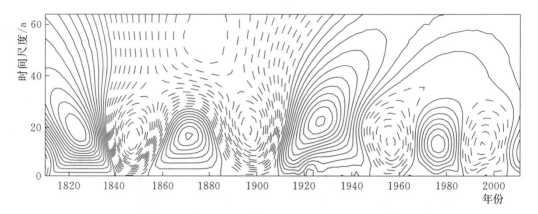

图 3-37　巴尔喀什湖 1879—2011 年的水位距平序列小波变换系数实部等值线

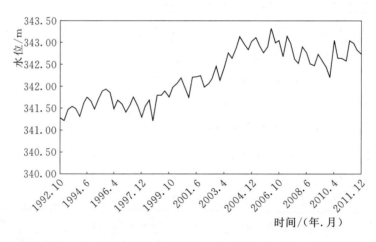

图 3-38　巴尔喀什湖的月平均水位过程（1992—2011 年）

［注：摘自 http://www.legos.obs-mip.fr/soa/hydrologie/hydroweb/index.html(2014-11-11)］

　　图 3-39 所示为巴尔喀什湖 1810—2011 年逐年水位距平及差积曲线。可以看出，年平均水位距平值的波动趋势与其逐年平均水位一致，均可以大致分为 8 个时段。距平曲线可以更直观地看出，逐年平均水位距多年平均水位的偏离值。距平曲线变化情况表现为：偏多—偏少—偏多—偏少—偏多—偏少—偏多—偏少—偏多，9 个变化阶段。

　　2. 巴尔喀什湖水位的年代际变化特征

　　巴尔喀什湖水位变化年代际特征见表 3-39。湖水水位大致经历的 8 个波

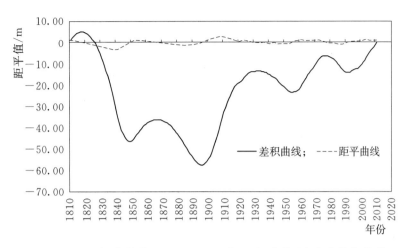

图 3-39　巴尔喀什湖1810—2011年逐年水位距平及差积曲线

动阶段与上述对巴尔喀什湖逐年平均水位分析结果一致。其中，19世纪50年代较40年代湖面水位相对上升速率最快，上升2.47m；19世纪20年代较10年代及30年代较20年代湖面水位相对下降速率最快，下降1.50m。

表 3-39　　　　　　　　巴尔喀什湖水位变化年代际特征

年　代		平均湖水位 /m	较前一年代的变化值 /m	年　代		平均湖水位 /m	较前一年代的变化值 /m
19 世纪	10	342.23		20 世纪	10	343.36	−0.42
	20	340.73	−1.50		20	342.29	−1.06
	30	339.23	−1.50		30	341.64	−0.65
	40	340.08	0.85		40	341.12	−0.52
	50	342.55	2.47		50	341.61	0.49
	60	341.92	−0.63		60	342.80	1.19
	70	341.15	−0.77		70	342.17	−0.63
	80	340.62	−0.53		80	341.04	−1.13
	90	341.45	0.83		90	341.93	0.89
20 世纪	初	343.78	2.33	21 世纪	初	342.69	0.76

3. 巴尔喀什湖水位的年内分配特征

图 3-40所示为巴尔喀什湖周围各水位站点分布图，主要水位站点为：(01)Балхаш（巴尔喀什站）、(03) Мынарал、(04) Сарышаган 和（05）Алгазы 站。利用各站1971—1975年、1978年、1979年、1981年、1982年和1987年的逐月水位资料研究伊犁河卡普恰盖水库建库后对湖泊水位年内分配情况的影响。

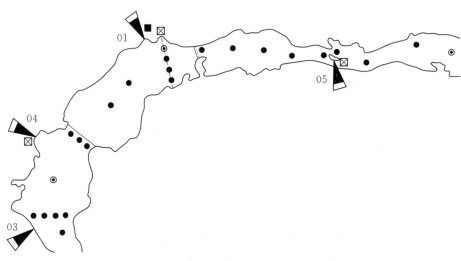

图 3-40　巴尔喀什湖各水位站点分布

图 3-41 所示为巴尔喀什湖各站逐月水位变化过程曲线。由图可以看出，各代表站的丰水期、平水期、枯水期划分为：丰水期为 4—6 月，平水期为 1—3 月、7 月、8 月，枯水期为 9—12 月。各站年均月水位最大值均出现在 5 月；年均月水位最小值除了 Мынарал 站出现在 11 月，其余各站均出现在 10 月。

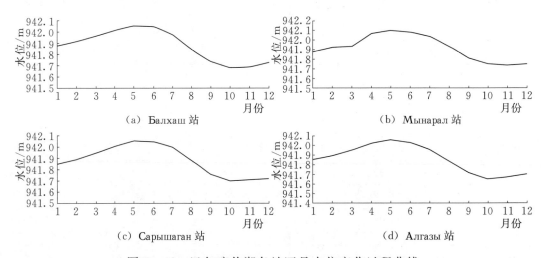

图 3-41　巴尔喀什湖各站逐月水位变化过程曲线

（二）巴尔喀什湖的水量变化特征

1. 巴尔喀什湖的水量平衡

巴尔喀什湖水量变化与入湖径流量、湖泊的降雨量、蒸发量有关。因为是内陆湖泊，其收入的水量几乎为湖面蒸发所消耗掉。表 3-40 显示了巴尔喀什湖逐年水量平衡的收入和支出水量情况。

年份	收入项		支出项 湖面蒸发量	收入项－支出项
	入湖径流量	湖面降水量		
1937	158.10	42.80	170.10	30.80
1938	107.80	32.30	178.60	－38.50
1939	141.80	29.30	177.20	－6.10
1940	128.20	37.90	174.00	－7.90
1941	183.20	36.10	179.00	40.30
1942	175.20	38.40	170.30	43.30
1943	105.40	37.10	173.60	－31.10
1944	124.70	23.90	177.50	－28.90
1945	117.70	27.90	166.50	－20.90
1946	152.30	34.70	141.70	45.30
1947	124.40	27.60	162.30	－10.30
1948	122.60	27.60	176.50	－26.30
1949	140.20	36.00	154.90	21.30
1950	137.40	30.30	166.40	1.30
1951	114.60	35.50	157.70	－7.60
1952	161.60	36.20	166.00	31.80
1953	142.20	45.50	167.10	20.60
1954	157.10	36.80	163.20	30.70
1955	146.60	27.50	184.40	－10.30
1956	169.20	30.10	193.60	5.70
1957	111.20	37.60	183.90	－35.10
1958	201.70	50.30	169.90	82.10
1959	225.90	39.40	190.10	75.20
1960	227.60	40.40	182.20	85.80
1961	148.40	32.20	206.50	－25.90
1962	130.70	47.30	212.70	－34.70
1963	144.70	40.70	204.70	－19.30
1964	182.90	34.90	198.20	19.60
1965	120.60	34.50	212.90	－57.80

表 3－40　　　　　　　　巴尔喀什湖逐年水量平衡　　　　　　　单位：亿 m³

续表

年份	收入项		支出项 湖面蒸发量	收入项－支出项
	入湖径流量	湖面降水量		
1966	180.50	48.80	200.40	28.90
1967	134.50	34.90	189.30	−19.90
1968	125.70	37.00	202.40	−39.70
1969	224.10	36.50	188.30	72.30
1970	139.60	36.40	196.10	−20.10
1971	158.20	39.30	201.40	−3.90
1972	136.10	44.50	177.20	3.40
1973	151.50	38.90	191.60	−1.20
1974	118.70	29.80	193.30	−44.80
1975	112.70	26.00	190.30	−51.60
1976	102.60	42.60	174.10	−28.90
1977	111.00	30.50	184.70	−43.20
1978	97.60	44.00	178.10	−36.50
1979	114.20	35.70	160.80	−10.90
1980	122.50	28.90	178.90	−27.50
1981	125.20	36.00	168.80	−7.60
1982	100.70	24.10	170.20	−45.40
1983	86.90	32.80	175.30	−55.60

将 1937—1983 年巴尔喀什湖逐年水量变化的收入项与支出项的差求和，结果显示，该湖连续 46 年来累积水量变化值为−159.10 亿 m³，说明巴尔喀什湖在这一时段水量减少明显，这与入湖径流量的减少及湖面蒸发量的增加关系显著。

2. 巴尔喀什湖水量更新

要回答巴尔喀什湖是否能够作为该地区重要的农业、渔业基地，是否能够保证当地发电、灌溉、繁衍水生动植物及航运等功能的需求，如何判断其被开发利用的合理程度等问题就需要计算湖泊的换水周期的长度。判断能否引用湖泊水量的一个标准，即换水周期公式为

$$T = \frac{W}{Q \times 86400} \tag{3-7}$$

式中：T 为换水周期，d；W 为湖水蓄量，m³；Q 为年平均入湖流量，m³/s。

表 3-41 为建库前后巴尔喀什湖的水量换水周期。建库前，巴尔喀什湖 1937—1969 年平均换水周期为 2457d（合计 6.7a）；建库后，由于年平均入湖径流量的减少，巴尔喀什湖 1970—2006 年平均换水周期增加到 2684d（合计 7.4a）。

表 3-41 **建库前后巴尔喀什湖水量换水周期**

建库前 （1937—1969 年）	湖泊年平均蓄水量/亿 m^3	1013.90
	年平均入湖流量/（m^3/s）	477.45
	换水周期/d	2457
建库后 （1970—2006 年）	湖泊平均蓄水量/亿 m^3	1050.82
	年平均入湖流量/（m^3/s）	455.09
	换水周期/d	2684

（1）$T<1a$：湖泊的换水周期短，湖泊水量可充分进行利用，这类湖泊是湖泊水资源利用的重点。如我国东部平原湖区的五大淡水湖和镜泊湖等。

（2）$1a<T<3a$：这些湖泊的水量可部分地进行引用。如云南的滇池、洱海、新疆的博斯腾湖。

（3）$T>3a$：这类湖泊大多位于干旱与半干旱地区，湖泊储水量虽大，但来水量却小，故换水周期较长。此类湖泊的水量一般不宜引用，一经利用就难以得到恢复。对此类湖泊水量的引用，应持慎重的态度。如新疆的乌伦古湖需 8.5a，西藏的羊卓雍错需 25.2a，青海湖需 60.4a。

根据以上标准，巴尔喀什湖的水量在卡普恰盖水库修建前、后的换水周期分别为 6.7a 和 7.4a。卡普恰盖水库的修建，使得年平均入湖流量减少，进一步延长了巴尔喀什湖的换水周期，故应对巴尔喀什湖的水量进行合理的开发利用，加强相关的管理措施并制定有效的解决方案，决不能对其进行不适当的引用，加重湖泊水量的损耗和污染。

（三）巴尔喀什湖水面面积变化特征

1. 遥感资料

采用的遥感影像数据为：8 景 1975 年的 Landsat MSS 数据，10 景 1990 年和 2011 年的 Landsat TM 数据，10 景 2000 年的 ETM＋数据。Landsat MSS 数据只有 4～7 波段，空间分辨率为 79m；Landsat TM 数据有 1～7 波段，空间分辨率为 30m。ETM＋数据数据使用 1～5 波段、7 波段，空间分辨率为 30m。考虑到结冰现象会对水面积的提取产生不利影响，因此选用春末、夏以及秋初未结冰时段的云量少、图像清晰无条带的遥感影像数据。

2. 数据处理及图像预处理

采用 ENVI 工具 4.6 遥感图像处理软件，为便于资料的收集、统计和减少计算机的数据运算量，对 1975 年、1990 年、2011 年的原始图像进行切割处理，保留信息提取所需的范围，再进行面积的提取。

对某一地区的遥感影像数据进行水资源信息提取的第一步工作就是要对影像数据进行预处理，即对该地区的遥感数据进行定义坐标系、图像几何校正，以及图像融合、镶嵌、裁剪等。

本书使用遥感图像自带 UTM－WGS84 南极洲极地投影。数据经过系统辐射校正和地面控制点几何校正，并且通过 DEM 进行了地形校正，数据的大地测量校正依赖于精确的地面控制点和高精度的 DEM 数据。图像融合的目的是将低空间分辨率的多光谱图像或高光谱数据与高空间分辨率的单波段图像重采样，生成一幅高分辨率多光谱遥感数据的图像处理技术（只有部分数据有较高分辨率的单波段图像），因此需要做镶嵌和剪裁处理。镶嵌是将多幅多景相邻的遥感图片拼接成一个大范围的图像的过程，使用有地理参考的图像镶嵌方法。裁剪的目的是将研究之外的区域去掉，数据在水体信息提取过程中将各年的数据都做了裁剪处理，以减少计算机的计算量。

图 3-42 所示为 2012 年 8 月 23 日的巴尔喀什湖全景图。图 3-43 所示为 2000 年的 10 景遥感图片拼接的遥感图像。该图像采用 RGB 彩色合成原理，视觉感官判断水体信息从背景中凸显出来的效果，最终选择原始图像波段 4 作为 R（红）波段，波段 3 作为 G（绿）波段，波段 2 作为 B（蓝）波段进行假彩色合成。

图 3-42　2012 年 8 月 23 日的巴尔喀什湖全景图

图 3-43　2000 年的 10 景遥感图片拼接（432 假彩色）遥感图像

3. 巴尔喀什湖湖区的水体演变分析

（1）分类方法。遥感数据信息的提取一般可分为专题类别信息的提取和定量参数的提取两大类。专题类别信息的提取将数据覆盖区域划分出不同的类型，如森林、耕地、城镇等不同的土地利用类型；定量参数的提取利用光谱的相互作用关系，突出某一专题的特征分布，如归一化植被指数、归一化水体指数等。此处对水体信息的提取属于专题信息提取，主要提取水体的轮廓和面积，以确定研究区水体的分布格局和影响范围。

利用 Landsat-7 ETM＋遥感影像进行水体提取，目前存在着很多方法，如对图像进行分类提取水体的方法；利用单波段阈值提取水体的方法；利用 TEM＋第七波段水体的灰度值与其他地物的较大差异进行图像分割提取水体；利用密度分割的方法来提取水体；色度判别法和比率测算法虽然提高了对水体识别的效果，但是方法复杂，因此应用并不广泛。在上述的方法中，分类提取水体的方法适用于平原地区，且分类精度不高，这里不予采用。其余几种方法，即多波段谱间关系法、水体指数法、类植被指数法及决策树法等可以采用。

（2）巴尔喀什湖多年面积信息提取。由于不同年代的遥感图像的传感器、波段数、遥感图像质量以及清晰度等各方面的差异，同一种方法满足不了多年代水体信息提取的要求，因此根据试验结果，采用目视判断结合水位变化属提取效果最好的一种。

1975 年采用决策树法分类。由于 1975 年波段数仅有波段 4～7，使用决策树法。其中 NDVI 的近红外波段 NIR 使用波段 7，红光波段 R 使用波段 6，分类结果如图 3-44 所示。

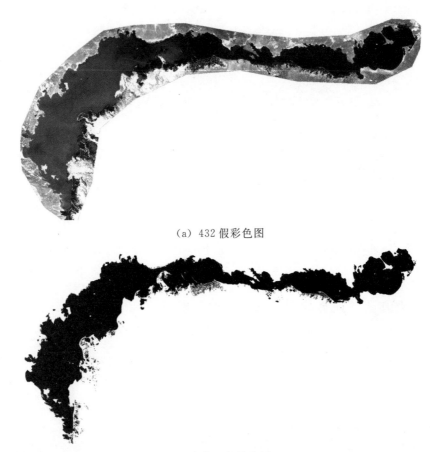

（a）432 假彩色图

（b）水体面积提取图

图 3-44　1975 年巴尔喀什湖 432 假彩色图与水体面积提取图

1990 年采用波段比法分类。试验证明该年代的遥感数据采用决策树法或归一化水体指数法造成水体提取不完整，特别东湖浅水部分难以分类出来，而采用波段 b_5/b_3 效果较好。分类结果如图 3-45 所示。

2000 年、2011 年采用决策树法分类。试验证明 2000 年和 2011 年使用决策树法分类效果很好，边界清晰，面积统计符合实际。分类结果如图 3-46 和图 3-47所示。遥感提取面积的精度受多方面因素的影响，如卫星的空间分辨率、大气状况及提取方法的选择等。因此，巴尔喀什湖水面积的提取允许有一点误差。

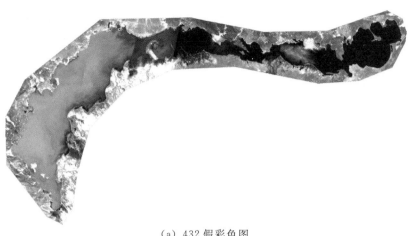

（a）432假彩色图

（b）水体面积提取图

图3-45 1990年巴尔喀什湖432假彩色图与水体面积提取图

（a）432假彩色图

图3-46（一） 2000年巴尔喀什湖432假彩色图与水体面积提取图

（b）水体面积提取图

图 3－46（二） 2000 年巴尔喀什湖 432 假彩色图与水体面积提取图

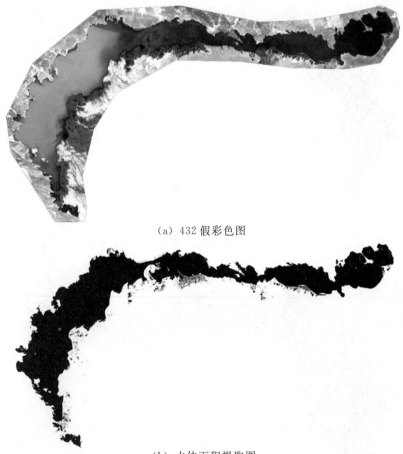

（a）432 假彩色图

（b）水体面积提取图

图 3－47 2011 年巴尔喀什湖 432 假彩色图与水体面积提取图

基于遥感处理的巴尔喀什湖面积见表 3－42。可以看出，巴尔喀什湖的水面变化特征具有减少—减少—增大的变化特征，符合巴尔喀什湖水位的多年变化特征。

表 3-42		基于遥感处理的巴尔喀什湖面积		
年份	1975	1990	2000	2011
总面积/km²	18207	16922	16860	17577

二、阿拉湖湖群水文变化特征

（一）阿拉湖湖群水位变化情况

1. 阿拉湖湖群的水文监测情况

从 20 世纪 50 年代开始，阿拉湖湖群的水位在苏联时期有长期系统的监测资料。苏联解体后，由于缺少资金和技术人员，有些湖泊水文站停止了监测工作，很多湖泊水文站被撤销，像阿拉湖的里巴契也（Рыбачье）水文站、萨瑟科尔湖的 Сагат 水文站、科什卡尔科里湖的阿拉科里（Алаколь）水文站、扎兰阿什湖的扎兰阿什科里（Жаланашколь）水文站等，正常的湖泊水文监测工作受到严重影响。在阿拉湖自然保护区建立后，有关部门提出了恢复上述湖泊水文站的计划。阿拉湖湖群水文监测站见表 3-43。阿拉湖湖群水位站分布如图 3-48 所示。

表 3-43		阿拉湖湖群水文监测站		
湖泊名称	阿拉湖	萨瑟科尔湖	科什卡尔湖	扎兰阿什湖
水位站名	科克图马站（Коктума）、 里巴契也（Рыбачье） （1972—　）、 里巴扎沃达（Рыбазавода） （1948—　）	萨哈特-扎尔苏 阿基站 （Сагат - Жарсуати） （1961—　）	阿拉科里 （Алаколь） （1956—　）	扎兰阿什科里 （Жаланашколь） （1961—　）

2. 阿拉湖水位变化分析

（1）阿拉湖水位多年变化特征。阿拉湖多年水位变化特征具有周期性连续上升和连续下降的特点。通过考古和监测分析历史水位变化研究，1845—1850 年的湖水位达最低水平。到 1940 年湖水上涨了 3.00～4.00m，在上一次水位下降后处于上升的时段。阿拉湖水位多年变化一个完整的周期，从最低水位到最高水位再到最低水位（1885—1946 年）历时 61a，61a 间其中 23 年阿拉湖水位是在持续上升的，连续 38 年的水位是持续下降的。在 1885—1946 年这个周期中，水位第一次下降到最低的年份是 1884—1885 年，水位上升到最高水位时约在 1908—1917 年，然后处于下降期；第二次下降到最低水位约在 1946 年。然后，水位再次呈上升趋势，出现下一次周期性上涨和下降过程，上涨期 1947—1964 年。阿拉湖 1879—1963 年期间科克图马站（Коктума）处的平均水位为 8.94m。最高的平均水位 12.94m（1908年），最低的平均水位 6.65m（1885 年），年平均水位的多年变化幅度 5.58m。

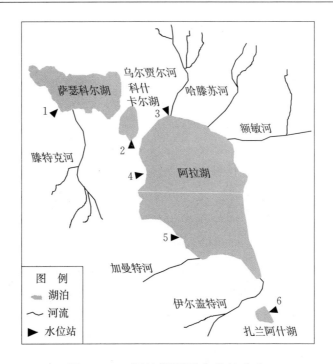

图 3 - 48　阿拉湖湖群水位站分布

1—萨哈特-扎尔苏阿基（Сагат Жарсуати）站；2—阿拉科里（Алаколь）站；

3—里巴契也（Рыбачье）站；4—里巴扎沃达（Рыбазавода）站；

5—科克图马（Коктума）站；6—扎兰阿什科里（Жаланашколь）站

表 3 - 44 是阿拉湖 19—20 世纪水位变化周期特征。阿拉湖在 19 世纪 40 年代到 1885 年水位经历一次最小值，水位最小值周期约为 45 年；由 1885 年水位 342.4m 到 1946 年的 342m，水位最小值周期约为 61 年。在约 1810 年到达水位最大值后，在 1860 年水位为 349.5m，又一次达到最大值，周期约为 50 年，在 1917 年水位达到 348.2m，水位最大值周期约为 57 年，到 1967 年时阿拉湖水位仍未达到最大，周期大于 50 年。

表 3 - 44　阿拉湖 19—20 世纪水位变化周期特征（考虑历史地貌数据）

最小值				最大值				
年份	水位		周期 /a	年份	水位		周期 /a
	cm （测站基面）	m （波罗的海基面）			cm （测站基面）	m （波罗的海基面）	
大约 1840	约 228	约 338.0	约 45	大约 1810			约 50
1885	约 665	约 342.4	约 61	1860	约 1379	约 349.5	约 57
1946	约 628	约 342.0		1917	约 1249	约 348.2	
				1967			>50

图 3-49 所示为 1949—1967 年阿拉湖科克图马站（Коктума）水位变化曲线。由图可以看出，1949—1967 年，阿拉湖的水位一直在上升。水位最小值为 1949 年的 342.97m，最大值的 1967 年的 347.90m，水位年平均变幅最大为 1958 年的 111cm。

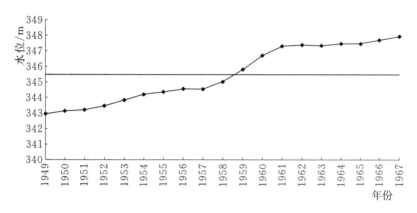

图 3-49　1949—1967 年阿拉湖科克图马站（Коктума）水位变化曲线

◆ 水位；—— 多年均值

由表 3-45 可看出，在 1908—1974 年 67 年间，阿拉湖的水位经历了降低后增加的过程。由 1908 年的 347.30m 到 1946 年的 342.70m，再到 1974 年阿拉湖水位达到 349.70m，水位变化存在明显的交替变化。

表 3-45　　　　　　　　　　1908—1974 年阿拉湖水位多年变化特征

年份	1908	1946	1974
水位/m	347.30	342.70	349.70
面积/km²	2650	2600	2750
水量/亿 m³	580	420	630

阿拉湖在 1974 年后进入水位下降期，这一时期是继 1974 年水位最大值之后到来的。巴尔喀什湖水位由于人类活动的影响而未能在周期性最大值应出现的时候抬升，相反却在 1970 年以后进入人为的湖退期，1986 年达到百年最低值，幸亏及时采取了措施，才把水位维持在 341.00m。对于阿拉湖来说，湖退期仍未结束，这里也有一定的人类活动影响（从它的补给河流取水用于经济活动），但仍未达到它的最低值。令人诧异的是，湖水位在 1991—1992 年出人意料地上升，与 1988 年相比上升约 1.00m。

阿拉湖 2003—2008 年水位变化见表 3-46。阿拉湖在 2003 年 2 月水位最小，为 349.24m，2006 年 6 月水位最大，为 350.23m，水位变幅为 99cm。在 2004 年 10 月之前，水位一直在增加，2005 年 3 月水位减少，之后上升至最大

（2006 年 6 月），2006 年 6 月后水位逐渐减小，到 2008 年 11 月减至 349.74m。

表 3 - 46　　　　　　　　　　　阿拉湖 2003—2008 年水位变化

时间 /(年·月)	水位 /m	时间 /(年·月)	水位 /m	时间 /(年·月)	水位 /m	时间 /(年·月)	水位 /m
2003.2	349.24	2004.2	349.79	2005.6	349.89	2007.10	349.78
2003.3	349.33	2004.3	349.80	2005.11	349.95	2007.10	349.67
2003.3	349.43	2004.6	350.17	2006.3	350.16	2008.2	349.69
2003.9	349.59	2004.10	350.21	2006.6	350.23	2008.3	349.67
2003.10	349.79	2005.3	349.90	2006.11	349.98	2008.10	349.75
2003.11	349.75	2005.3	349.86	2007.3	349.74	2008.11	349.74

　　（2）阿拉湖水位年内变化过程。阿拉湖水位年内各月变化情况如图 3－50～图 3－52 所示，两水位站点测得的水位年内各月变化情况相似。阿拉湖里巴扎沃达站（Рыбзавода）1948—1975 年多年平均水位年内变化月平均过程图表明，丰水期为 5—9 月，平均水位为 346.77m，最大值为 347.06m（6 月），最小值为 346.46m（1 月）；该站在 1961—1964 年、1971—1975 年多年平均水位为 348.48m，明显高于 1948—1975 年的平均水位，最大值为 348.79m（7 月），最小值为 348.17m（1 月）。阿拉湖里巴契也站（Рыбачье）1961—1964 年、1971—1975 年多年平均水位为 348.56m，略高于里巴扎沃达站（Рыбзавода），最大值为 348.78m（7 月），最小值为 348.17m（1 月），与里巴扎沃达站（Рыбзавода）相近。

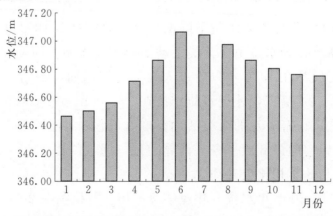

图 3－50　阿拉湖里巴扎沃达站（Рыбзавода）1948—1975 年多年平均水位
年内变化月平均过程

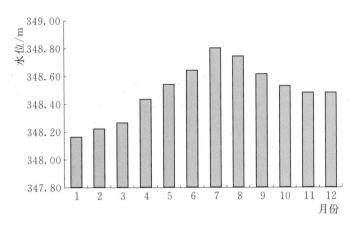

图 3-51 阿拉湖里巴扎沃达站（Рыбзавода）1961—1964 年、1971—1975 年多年平均
水位年内变化月平均过程

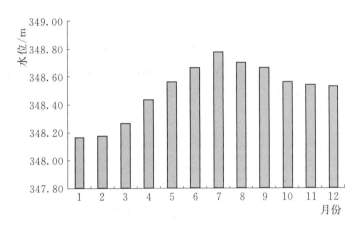

图 3-52 阿拉湖里巴契也站（Рыбачье）1961—1964 年、1971—1975 年多年平均水位
年内变化月平均过程

3. 萨瑟科尔湖水位变化分析

（1）萨瑟科尔湖多年水位变化特征。萨瑟科尔湖 2002—2010 年水位变化
如图 3-53 所示。萨瑟科尔湖多年平均水位为 351.34m，最小水位为 350.72m
（2003 年 1 月），最大水位为 351.96m（2010 年 7 月），水位变幅为 1.24m。萨
瑟科尔湖 2002—2010 年水位整体呈上升趋势，线性倾向率为 0.02m/10a，水
位上升不明显。

（2）萨瑟科尔湖水位年内变化过程。萨瑟科尔湖扎尔苏阿基站
（Жарсуати）1961—1975 年水位年内变化月平均过程图如图 3-54 所示。
1961—1975 年多年平均水位为 350.61m，4—7 月为丰水期。水位变幅为
42cm，水位最大值在 5 月、6 月（水位为 350.83m），水位最小值在 10 月
（水位为 350.43m）。

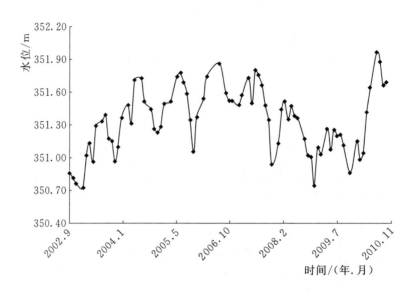

图 3-53　萨瑟科尔湖 2002—2010 年水位变化

〔注：摘自 http://www.legos.obs-mip.fr/soa/hydrologie/hydroweb/StationsVirtuelles/SV
_Lakes/Sasykkol.html(2015-03-03)〕

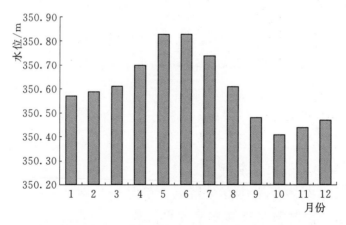

图 3-54　萨瑟科尔湖扎尔苏阿基站（Жарсуати）1961—1975 年水位
年内变化月平均过程

4. 科什卡尔湖水位变化分析

科什卡尔湖 1978 年年平均水位为 348.88m，最小水位为 348.51m，最大水位为 349.13m。1979 年平均水位为 348.70m，最小水位为 348.59m，最大水位为 348.84m。1978 年水位的丰枯情况与 1979 年丰枯情况不同，1978 年水位 1—7 月变化不大，8 月以后水位减小。1979 年 5—8 月水位高于其他月份。

科什卡尔湖阿拉科里站（Алаколь）1956—1975年水位年内变化月平均过程如图3-55所示，科什卡尔湖1956—1975年多年平均水位为349.96m，水位变幅为33cm，丰水期为4—7月，5月水位最大（水位为350.18m），11月水位最小。

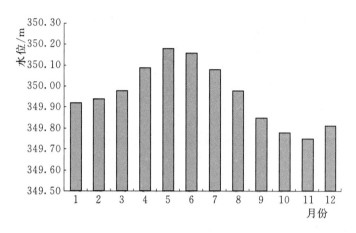

图3-55　科什卡尔湖阿拉科里站1956—1975年水位年内
变化月平均过程

5. 扎兰阿什湖水位变化分析

扎兰阿什湖扎兰阿什科里站（Джаланашколь）1961—1975年水位年内变化月平均过程如图3-56所示。多年平均水位为367.56m，水位变幅为43cm，最大水位为367.76m（4月），最小水位在9月、10月，3—6月为丰水期。

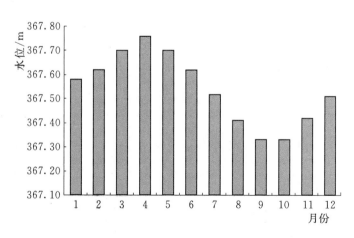

图3-56　扎兰阿什湖扎兰阿什科里站1961—1975年
水位年内变化月平均过程

（二）阿拉湖湖群水面面积变化情况

1. 图像的选取

本节采用的遥感数据为美国地质勘探局（http：//glovis.usgs.gov/）免费提供的 Landsat TM/ETM＋/MSS 产品。阿拉湖湖群以冰川积雪融化和降水为补给来源，入湖水量集中于春末（4 月、5 月），湖群 8—10 月降水量较少，湖泊水位较为稳定，为了有效地提取湖泊面积，使得提取结果具有可靠性及对比性，选用阿拉湖湖群 1977 年 8 月、1990 年 9 月、2000 年 9 月、2006 年 9 月、2010 年 10 月共 5 期遥感影像。

2. 图像的预处理

（1）统一坐标系统。由于下载的遥感图像已经经过系统的辐射校正、几何校正并通过 DEM 进行了地形校正，所以不必再进行辐射校正、几何校正和大气校正。为了方便图像的配准和图像的拼接，将各期的遥感影像统一为 UTM 投影和 WGS84 坐标系统。

（2）图像配准。图像配准是对于同一地区或者相邻地区有重叠区的图像，以其中一幅图像作为基准图像对另一幅图像进行校正，使得重叠区的相同地物重叠。运用 ENVI 软件对各期遥感影像进行配准，便于各期遥感影像的拼接。

（3）图像的拼接。利用 ENVI 软件的 Mosaicking‐Georeferenced 功能对配准好的同期影像进行拼接，将其合并成能够覆盖整个研究区的遥感影像数据。文中选用的阿拉湖湖区 MSS 影像资料涉及多景影像，所以要对其进行拼接。

3. 水体信息提取方法选择及处理

利用 Landsat ETM/TM 影像进行水体信息提取，主要原因在于 Landsat ETM/TM 影像 7 个波段的光谱特征不同，通过明显区别于其他地物的不同波段或通过增强水体的波谱特征来对水体进行提取。常用的湖泊水体信息提取方法有单波段阈值法及多波段增强图阈值法，多波段增强图阈值法又包括谱间关系法以及水体指数法（NDWI）等。

单波段阈值法主要是依据水体在近红外及短波（中）红外上明显区别于土壤和植被的特性，根据影像的灰度特征，通过数据采样进而确定阈值，以提取水体信息。其中，TM 图像的第 4 波段为近红外波段，第 5 波段为中红外波段。水体在第 5 波段上与其他地物能够明显区别出来，单波段阈值法利用其特征确定阈值，进行水体提取。单波段阈值法操作简单，难以将地类复杂、灰度值接近的地物区（山体阴影和水体）分开，水体与非水体见过渡区易被忽略，难以提取细小水体，多适用于地形起伏较小的平原区。

由于水体在近红外和短波热红外范围内吸收性强，故可采用水体在可见光和近红外波段的光谱差异构建视图指数，同时，植被在近红外波段（第 4 波段）的反射率最强，采用绿波和近红外波段的指数法可以有效地抑制植被和土壤信息，水体指数法的公式为

$$NDWI = \frac{GREEN - NIR}{GREEN + NIR}$$

式中：NIR 为 TM 影像中的第 4 波段近红外波段；GREEN 为 TM 影像中的第 2 波段绿光波段。

水体指数法自动消除地形起伏的影响，在地物类型复杂的地区能部分区分山体阴影与水体，但是仍然存在山体阴影和水体混淆在一起的现象。

谱间关系法，根据水体在 TM 影像不同的波段光谱响应特征不同，对波段进行组合运算可以增强水陆反差，从而找出组合图像中水陆分界明显的影像。谱间关系法在山区运用效果较好，湖泊与山体阴影间灰度值差别较大，但是河流和山体阴影仍有部分灰度值接近难以区分。陈华芳等对山区 TM 影像进行水体提取，发现谱间关系法与阈值法结合使用提取水体的方法通过不同波段的组合增加了山体阴影和水体的灰度差异，能够在山体阴影的低干扰下更准确地将水体提取出来。

由于阿拉湖湖群三面环山，为有效区分山体阴影及水体，自动提取水体信息，结合谱间关系法与阈值法对阿拉湖湖群地区的主要湖泊面积进行提取，建立的水体信息提取模型为

$$Th_1 < (TM_2 + TM_3) - (TM_4 + TM_5) < Th_2$$

式中：Th_1 为阈值下限；Th_2 为阈值上限；TM_2 为绿波段；TM_3 为红波段；TM_4 为近红外波段；TM_5 为短波红外波段。

阈值可根据直方图分割确定大体值，然后通过反复实验以确定最佳阈值。湖泊面积即为认定为水体的像元数与单个像元面积的乘积。

湖泊变化强度指数，通过湖泊面积对其时段平均变化量进行了标准化处理，可以对不同时期湖泊面积变化速率进行对比。其值大于 0，则说明湖泊在研究时段内呈扩张趋势，小于 0 则该时段内湖泊呈现萎缩趋势。其计算公式为

$$\eta = \frac{\Delta S_{ab}}{\Delta T_b S} \times 100\%$$

式中：ΔS_{ab} 为 b 时段内 a 湖泊的面积变化值；ΔT_b 为研究时段末与时段初的时段长度值；S 为研究时段初湖泊面积。

水体信息提取流程如图 3-57 所示。

4. 水体信息提取结果

根据上述方法对阿拉湖湖群主要湖泊面积信息进行提取，通过不断的试

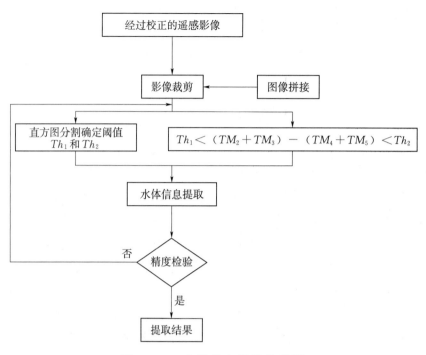

图 3-57 水体信息提取流程图

验，阈值选取见表 3-47。

表 3-47 水 体 面 积 提 取 阈 值

阈值	1977 年	1990 年	2000 年	2006 年	2010 年
Th_1	13	14	25	0	0
Th_2	59	87	97	91	83

由 1977—2010 年间 5 期遥感影像图提取的阿拉湖湖群面积变化如图 3-58 所示。由图可以看出，湖泊变化情况为：近 33 年间，湖群中最大的湖——阿拉湖经历了由萎缩到扩张的过程，其他三个湖均处于扩张状态，但是扩张趋势微弱，湖群整体经历萎缩—扩张的过程。阿拉湖湖群主要湖泊面积变化情况见表 3-48。湖群 1977—1990 年处于萎缩状态，面积由 3844.74km² 减少到 3782.16km²。1990—2000 年，湖群开始进入微弱扩张状态，到 2000 年时湖群面积比 1990 年增加了 49.19km²，之后 6 年间，湖泊微弱扩张，到 2006 年湖泊变化仅为 8.19km²。2006—2010 年 4 年间湖群面积增加到 3911.27km²。湖群中阿拉湖面积的变化对湖群面积变化起到主导作用，湖群状态与阿拉湖状态一致。其他三个湖泊变化趋势虽然与阿拉湖不完全相同，但是 1977—2010 年间总体变化特征与阿拉湖的总体变化特征相同，均表现出了扩张趋势。

由湖泊变化强度指数值也可看出，阿拉湖湖群 1977—1990 年 $\eta < 0$，湖泊

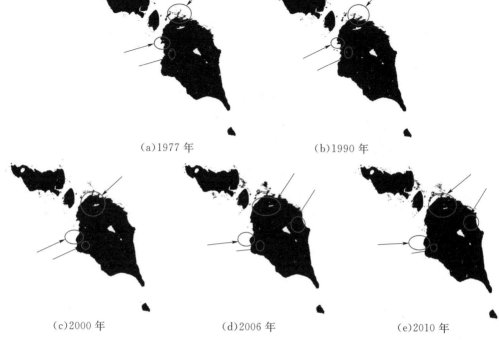

(a)1977 年　　　　　　　　　　(b)1990 年

(c)2000 年　　　　　　　(d)2006 年　　　　　　　(e)2010 年

图 3-58　1977—2010 年阿拉湖湖群面积变化

（图中箭头所指处为面积变化明显地区）

呈萎缩状态；1990—2010 年 $\eta>0$，湖泊处于扩张状态，且 2006—2010 年湖群 η 值最大为 0.467%，为各研究时段最大值，说明 2006—2010 年间湖泊扩张趋势最为显著。阿拉湖 1977—1990 年间 $\eta<0$，为 -0.183%，小于湖群 η 值，其他三个湖泊 $\eta>0$，说明阿拉湖萎缩在湖群中最为严重。阿拉湖 2006—2010 年 $\eta=0.599\%$，高于 1990—2000 年及 2000—2006 年，说明阿拉湖在 2006—2010 年间扩张最明显。其余三个湖泊 $\eta>0$，但是不到 0.1%，说明其余三个湖泊处于扩张状态，但是扩张不明显。具体见表 3-48。

表 3-48　　　　　　　　　阿拉湖湖群主要湖泊面积变化情况

湖泊	面积/km²					η 值				
	1977 年	1990 年	2000 年	2006 年	2010 年	1977—1990 年	1990—2000 年	2000—2006 年	2006—2010 年	1977—2010 年
萨瑟科尔湖	740.91	746.47	749.63	749.71	750.95	0.058	0.042	0.002	0.041	0.041
科什卡尔湖	123.09	124.52	125.16	125.78	126.09	0.089	0.051	0.083	0.062	0.074
阿拉湖	2944.05	2873.97	2919.02	2926.45	2996.58	-0.183	0.157	0.042	0.599	0.054

续表

湖泊	面积/km²					η 值				
	1977 年	1990 年	2000 年	2006 年	2010 年	1977—1990 年	1990—2000 年	2000—2006 年	2006—2010 年	1977—2010 年
扎兰阿什湖	36.90	37.20	37.54	37.60	37.65	0.063	0.091	0.027	0.033	0.062
总和	3844.95	3782.16	3831.35	3839.54	3911.27	−0.126	0.130	0.036	0.467	0.052

(三) 气候变化对阿拉湖水位、水面面积的影响

阿拉湖湖群无径流流出，湖群的面积变化主要受蒸发、入湖径流及降水的影响。湖群入湖径流主要补给来源为冰川融化及降水，气温升高加速冰川融化，同时气温升高可能会增加区域蒸发量，当气温升高导致冰川融化增加量大于蒸发量的增加量时，间接对湖泊面积变化产生"正"效应，反之，对湖泊面积变化产生"负"效应。

1. 蒸发的影响

湖群毗邻中国新疆北疆西部，其中北疆西部塔城盆地为阿拉湖流域的一部分。苏洪超等曾对 1961—2000 年新疆地区蒸发的变化趋势的研究表明，全疆蒸发大致呈现减少趋势，气温变率大的地区蒸发的变率也相对较大。刘波等曾对新疆 1960—2005 年蒸发皿蒸发的变化进行了研究，发现新疆绝大部分地区（塔里木盆地西南部和东疆小部分地区除外）蒸发皿蒸发 1987 年出现转折，呈现明显减少趋势。塔城盆地处于蒸发减少的地区，可见阿拉湖流域近几十年来蒸发量未能呈现增加趋势，蒸发对 20 世纪 90 年代后湖群面积扩张产生部分影响。

2. 气温的影响

近 41 年来，湖群气温不断上升明显，气温升高加速冰川融化，对湖群面积变化产生正效应。湖群的冰川主要分布在南部的外伊犁阿拉套山东北坡滕特克河流域和伊尔盖特河流域，1956—1972 年，滕特克河和伊尔盖特河流域冰川体积减少强度为 0.523%，到 1990 年，冰川体积减少至 32.5 亿 m³，1972—1990 年冰川体积减少强度增加至 0.973%。具体见表 3-49。随着气温的上升，加速的冰川的融化，加大了对入湖河流的补给，对湖群面积变化产生较大的影响。

表 3-49　　　　滕特克-伊尔盖特流域冰川体积变化动态

项目	体积变化/亿 m³			年平均冰川体积减少强度/%	
年份	1956	1972	1990	1956—1972	1972—1990
变化量	43.0	39.4	32.5	0.523	0.973

3. 降水的影响

降水量的增加可对湖泊面积变化产生正效应。近 41 年来，湖群降水量经历了减小—增加的过程，降水量虽然整体呈现微弱减小趋势，但在 20 世纪 90 年代开始有所增加，研究区由暖干向暖湿转变，在 21 世纪初气温及降水量均增加趋势仍未结束。20 世纪 90 年代至 21 世纪初，湖群面积逐渐增加，湖群扩张趋势相近，可见降水变化对湖群面积变化有一定的影响。

第四章

流域的社会经济发展及水资源开发利用特征

第一节 流域行政区划及社会经济状况

一、巴尔喀什湖流域

流域上的行政主体有哈萨克斯坦东南部巴尔喀什湖流域的阿拉木图州（阿拉木图市、塔尔迪库尔干、卡普恰盖、特克利市等16个区）、江布尔州（库尔代、莫因湖和苏伊区）、卡拉干达州（阿克托盖、谢次基区、巴尔喀什市）和东哈萨克斯坦州（阿亚古兹、乌尔加区）等四个主要行政区，以及中国新疆维吾尔自治区的西北部。到20世纪末，流域内的人口，哈萨克斯坦境内约328.57万人（占该国人口的1/5），中国境内约200万人。

（一）中国境内巴尔喀什湖流域行政区划及社会经济状况

1. 中国境内伊犁河流域行政区划及人口现状

伊犁河流域在中国新疆维吾尔自治区伊犁哈萨克自治州境内，流域内有伊犁哈萨克自治州的伊宁市、伊宁县、霍城县、巩留县、新源县、昭苏县、特克斯县、尼勒克县、察布查尔县等8县1市，2002年人口247.79万人，2012年常住人口291.72万人（包括奎屯市），人口密度较大的地区主要集中在伊宁市及周边县。中国新疆伊犁河流域行政区划及2007年的人口状况见表4-1。

表4-1　　中国新疆伊犁河流域行政区划及 **2007年的人口状况**

行政区	2007年人口/万人	面积/km²	2007年人口密度/（人/km²）	2012年GDP/亿元
伊宁市	44.59	525	849	133
伊宁县	38.83	4682	83	58
霍城县	38.45	5430	71	75
巩留县	17.82	4327	41	28

续表

行政区	2007年人口/万人	面积/km²	2007年人口密度/(人/km²)	2012年GDP/亿元
新源县	30.95	6814	45	79
昭苏县	16.95	11128	15	31
特克斯县	16.31	7764	21	17
尼勒克县	17.16	10130	17	33
察布查尔县	18.41	4472	41	33

2. 中国境内伊犁河流域社会经济发展现状及趋势

巴尔喀什湖流域幅员辽阔，资源充裕，有着得天独厚的优势。水土光热资源丰富。流域水土资源开发具有巨大潜力。矿产资源种类齐全。目前已发现的矿种多达9类86种，其中28种具有工业储量，煤、金、铜、铁等的储量在新疆占有重要份额。流域内的生物资源十分珍贵，是世界上少有的生物多样性天然基因库，具有很高的科学研究和开发利用价值。旅游资源独特，地理、水体、生物景观、文物古迹、民俗风情、休闲健身等六大旅游资源类型一应俱全。有美丽的草原风光，浓郁的民俗风情，独特的草原文化，悠久的历史古迹，是中国西部最理想的旅游目的地。与哈萨克斯坦国接壤，沿边有霍尔果斯国家一类口岸，霍尔果斯口岸是西北地区最大的公路口岸，霍尔果斯所依托的伊宁市是沿边开放城市，在霍尔果斯口岸设有中哈边境经济合作区。霍城县设有省级清水河经济技术开发区。

进入21世纪后，伊犁河流域的社会经济快速发展。到2012年，流域内国内生产总值（GDP）已由2002年的101亿元发展到602亿元，人均国内生产总值达22281元。

从经济结构及发展趋势来看，伊犁河流域的经济发展速度很快，从GDP总量来看，同2002年相比，2012年GDP总量已翻了6番，从产业结构来看，第二、第三产业占有主导地位，第二、第三产业的比重逐年增加，第二产业的增加速度很快。2002年，伊犁河流域第一产业GDP占总GDP的35%，第二产业为30%，第三产业为35%；到2012年，第一产业占GDP比重为22.7%，第二产业占GDP比重为37.3%，第三产业占GDP比重为40%。到2012年伊犁河流域的人均GDP已达22281元，几乎是2006年的三倍。

表4-2是伊犁哈萨克自治州州直行政单位社会经济发展统计。可以看出，伊犁哈萨克自治州伊犁河流域的GDP增速自2010年以来连续三年每年均超过15%。

表 4-2　　　　伊犁哈萨克自治州州直行政单位社会经济发展统计

年份	GDP /亿元	人口 /万人	人均 GDP /(元/人)	GDP 增长率 /%	第一产业 GDP/亿元	第二产业 GDP/亿元	第三产业 GDP/亿元
2002	101	247.79	4076	8.3	35.10	30.53	35.68
2003	115	251.73	4568	11.0	37.50	37.10	40.20
2004	134	255.65	5241	13.8	42.16	47.35	44.80
2005	165	259.61	6356	14.2	43.45	61.43	60.28
2006	197	263.11	7487	13.7	49.27	64.17	83.27
2007	236	270.23	8733	13.8	58.88	81.42	95.33
2008	291	274.77	10591	14.5	69.21	107.60	114.27
2009	340	276.30	12305	14.5	81.40	120.73	137.91
2010	410	281.50	14565	16.0	97.20	150.14	163.09
2011	508	288.47	17610	15.5	117.40	191.30	199.30
2012	602	291.72	20636	15.5	137.20	225.20	239.60

表 4-3 是 2001—2013 年伊犁州❶、州直❷及伊宁市❸GDP 变化情况。从 GDP 增速来看，伊犁州增速最快的是在 2012 年，达到 15.0%，州直增速最快是在 2010 年和 2013 年，达到 16.0%，伊宁市增速最快的是在 2008 年，达到 16.2%。

表 4-3　　　　2001—2013 年伊犁州、州直及伊宁市 GDP 变化情况

年份	伊犁州		州直		伊宁市	
	GDP/亿元	增速/%	GDP/亿元	增速/%	GDP/亿元	增速/%
2001	219	7.7				
2002	243	8.6	101	8.3		
2003	277	11.6	115	11.0		
2004	313	12.6	134	13.8		
2005	374	13.4	165	14.2	41	14.4
2006	440	14.0	197	13.7	48	14.1
2007	527	13.6	236	13.8	57	15.0

---

❶ 伊犁州是伊犁哈萨克自治州的简称。
❷ 州直是指伊犁哈萨克自治州直属的 3 个县级市、7 个县、1 个自治县。
❸ 伊宁市是伊犁哈萨克自治州的首府城市。

年份	伊犁州		州直		伊宁市	
	GDP/亿元	增速/%	GDP/亿元	增速/%	GDP/亿元	增速/%
2008	664	13.9	292	14.4	69	16.2
2009	755	14.0	340	14.5	82	15.5
2010	891	14.9	410	16.0	94	15.0
2011	1092	14.6	508	15.5	116	16.1
2012	1200	15.0	602	15.5	133	13.1
2013	1481	13.5	722	16.0	158	16.0

（二）哈萨克斯坦境内巴尔喀什湖流域行政区划及社会经济状况

1. 哈萨克斯坦境内巴尔喀什湖流域行政区划及人口现状

伊犁河流域位于哈萨克斯坦东南部，域内有哈萨克斯坦阿拉木图州、阿拉木图直辖市及江布尔州的一部分。哈境内伊犁河两岸居民点很少，主要的居民点有 Баканас、Капчагай、Кульджа、Гукюрэ、Тамукун、Салакун、Дудоу、Калатуох、Куолакун、Текес Нижний、Туоби Эркун、Текес Верхний，在历史上，伊犁河两岸几乎没有定居的居民点。

（1）阿拉木图州。阿拉木图州 2013 年人口为 194.66 万人，面积 22.39 万 km²，人口密度 8.7 人/km²。2001 年 4 月，根据总统的命令将州首府由阿拉木图迁入塔尔迪库尔干市，阿拉木图州有 16 个县和 3 个州直辖市。位于伊犁河流域的有 7 县 1 市，伊犁河流域内人口约 84 万人。人口主要集中在伊犁河左岸阿拉木图市周围的县。

阿拉木图州的总人口在 1939 年只有 57.6 万人，城市人口只有 7.5 万人，农村人口有 50.1 万人，城市人口占 13%，农村人口占 87%。到 1991 年苏联解体前，阿拉木图州人口已发展到 165.6 万人，城市人口近 55 万人，农村人口 110.6 万人，城市人口占 33.2%，农村人口占 66.8%。苏联解体后，阿拉木图州人口减少，到 1999 年州人口减少到 155.6 万人，城市人口由于俄罗斯族人迁往俄罗斯境内人口大量减少，城市人口只有 46.4 万人，此后总人口开始恢复增长。到 2012 年人口增加到 190.9 万人，而城市人口持续减少到 44.35 万人，农村人口增加到 146.6 万人，城市人口占 23.2%，农村人口占 76.8%。

哈萨克斯坦阿拉木图州行政区划及面积、人口变化动态情况见表 4-4 和表 4-5。

表 4 - 4　　　　　　　　　哈萨克斯坦阿拉木图州行政区划及面积

县（市）	首府	人口/万人	面积/km²	流域
阿拉湖县	Ушарал	7.67	23700	阿拉湖
巴尔喀什县	Баканас	3.00	37400	伊犁河
卡拉塔尔县	Уштобе	4.87	24200	卡拉塔尔河
阿克苏县	Жансугуров	3.66	12600	阿克苏河
萨尔坎特县	Сарканд	4.18	24400	列普西河
可克苏县	Балпык	4.03	7100	卡拉塔尔河
叶什克尔金县	Карабулак	5.04	4300	卡拉塔尔河
科尔布拉克县	Сарыозек	5.19	11500	卡拉塔尔河
潘菲洛夫县	Жаркент	12.06	10600	伊犁河
江布尔县	Узынагаш	12.61	19300	伊犁河
塔尔加尔县	Талгар	15.69	3700	伊犁河
安别克什哈萨克县	Есик	21.94	8300	伊犁河
维吾尔县	Чунджа	6.48	8700	伊犁河
莱茵别克县	Кеген	7.67	14200	伊犁河
卡拉塞县	Каскелен	16.37		伊犁河
伊犁县	Отеген - Батыр	15.41	7800	伊犁河
州直辖市	卡普恰盖市	4.24		伊犁河
州直辖市	塔尔迪库尔干市	15.63	74	卡拉塔尔河
州直辖市	特克利市	2.94	174	卡拉塔尔河
国家直辖市	阿拉木图市	147.29	451	伊犁河流域

表 4 - 5　　　　　　　　　哈萨克斯坦阿拉木图州人口变化动态

年份	总人口/万人	其中		居民人口比例/%	
		城市人口/万人	农村人口/万人	城市	农村
1939	57.65	7.51	50.14	13.0	87.0
1959	94.01	19.79	74.82	20.9	79.1
1960	100.44	22.92	77.52	22.8	77.2
1961	106.06	25.16	80.87	23.8	76.2
1962	109.78	25.62	84.16	23.3	76.7
1963	115.49	25.93	89.56	22.5	77.5
1964	116.03	28.82	87.21	24.8	75.2
1965	122.99	31.52	91.47	25.6	74.4

续表

年份	总人口/万人	其中		居民人口比例/%	
		城市人口/万人	农村人口/万人	城市	农村
1966	124.05	32.04	92.01	25.8	74.2
1967	127.97	34.66	93.31	27.1	72.9
1970	131.22	36.01	95.21	27.4	72.6
1980	153.57	42.61	110.96	27.7	72.3
1990	165.08	54.51	110.57	33.0	67.0
1991	165.53	54.94	110.59	33.2	66.8
1992	166.22	54.67	111.55	32.9	67.1
1993	164.77	53.61	111.16	32.5	67.5
1994	164.39	53.40	110.99	32.5	67.5
1995	161.61	50.82	110.79	31.4	68.6
1996	159.69	49.45	110.24	31.0	69.0
1997	158.46	48.60	109.86	30.7	69.3
1998	156.91	47.50	109.41	30.3	69.7
1999	155.65	46.47	109.18	29.9	70.1
2000	155.71	46.27	109.44	29.7	70.3
2003	156.03	45.92	110.11	29.4	70.6
2004	157.12	46.47	110.65	29.6	70.4
2005	158.98	47.40	111.58	29.8	70.2
2006	160.38	48.00	112.38	29.9	70.1
2007	162.07	48.82	113.25	30.1	69.9
2008	164.33	38.30	126.03	23.3	76.7
2009	180.40	42.35	138.05	23.5	76.5
2010	183.66	43.05	140.61	23.4	76.6
2011	187.34	43.74	143.60	23.3	76.7
2012	190.94	44.35	146.59	23.2	76.8

（2）阿拉木图市。阿拉木图市位于哈萨克斯坦南部，是哈萨克斯坦最大的城市。阿拉木图市建于1854年，1927—1936年为苏联哈萨克苏维埃社会主义自治共和国第二首都，1936—1991年为苏联哈萨克苏维埃社会主义共和国首都，1991—1997年为哈萨克斯坦第一首都，1997年首都迁入阿斯塔纳后为哈萨克斯坦的南方首都。它两面环天山，气候宜人、环境优美。多年平均气温为

10℃，多年平均降水量为 684mm。

阿拉木图市人口近 150 万人，面积为 451km²，阿拉木图是哈萨克斯坦乃至整个中亚的金融、科技和教育文化等中心，中亚第一大城市，是一座风景独特的旅游城市和中亚最大的贸易中心，其各方面影响力、竞争力在世界举足轻重，世界城市综合排名中与圣彼得堡并列全球 100 位。

阿拉木图市人口在哈萨克斯坦独立后发展很快，人口的民族结构发生了重大变化。阿拉木图市的历年人口变化动态见表 4-6，主要民族组成及人口变化动态见表 4-7。1989 年，阿拉木图总人口近 100 万人，俄罗斯族人口占 60%，哈萨克族占 25%，其他族群占 15% 左右。到 2010 年，阿拉木图人口达 140 万人，哈萨克族占 51% 左右，俄罗斯族占 33%，其他族群占 16%。哈萨克族人口是 1989 年的两倍，俄罗斯人口较 1989 年减少了 15 万多人。

表 4-6　　　　　　　　　阿拉木图市历年人口变化动态　　　　　　　　单位：万人

年份	人口	年份	人口
1854	0.05	2003	114.96
1859	0.50	2004	117.52
1879	1.84	2005	120.95
1913	4.00	2006	124.79
1926	4.54	2007	128.72
1939	22.20	2008	132.47
1959	45.60	2009	136.19
1970	66.50	2010	140.43
1979	89.97	2011	141.40
1982	100.00	2012	145.03
1989	107.19	2013	147.56
1999	112.94		

表 4-7　　　　　　　阿拉木图市主要民族组成及人口变化动态

民族	1989 年		1999 年		2010 年	
	人口/万人	比例/%	人口/万人	比例/%	人口/万人	比例/%
合计	107.19	100.00	112.94	100.00	140.43	100.00
哈萨克	25.51	23.80	43.44	38.46	71.71	51.06
俄罗斯	61.54	57.41	51.04	45.19	46.37	33.02
维吾尔	4.34	4.04	6.04	5.35	8.05	5.73
朝鲜	1.49	1.39	1.91	1.69	2.66	1.90

民族	1989 年		1999 年		2010 年	
	人口/万人	比例/%	人口/万人	比例/%	人口/万人	比例/%
鞑靼	2.53	2.36	2.48	2.19	2.56	1.82
乌克兰	4.22	3.94	2.28	2.02	1.74	1.24
阿塞拜疆	0.55	0.51	0.65	0.58	0.98	0.70
日耳曼	2.08	1.94	0.94	0.83	0.79	0.57
乌兹别克	0.47	0.44	0.43	0.38	0.69	0.49
东干（回）	0.23	0.21	0.46	0.40	0.65	0.47
土耳其	0.17	0.16	0.31	0.28	0.52	0.37
吉尔吉斯	0.14	0.13	0.10	0.09	0.40	0.28
车臣	0.22	0.20	0.23	0.20	0.31	0.22
印古什	0.26	0.24	0.27	0.24	0.30	0.21
白俄罗斯	0.69	0.64	0.34	0.30	0.28	0.20
亚美尼亚	0.23	0.22	0.21	0.19	0.23	0.16
库尔德	0.09	0.08	0.14	0.12	0.23	0.16
其他	2.43	2.27	1.66	1.47	1.97	1.40

2. 哈萨克斯坦伊犁河流域经济发展现状及趋势

（1）阿拉木图州经济现状及发展趋势。哈萨克斯坦境内的伊犁河流域完全位于阿拉木图州的范围内。哈萨克斯坦伊犁河流域在历史上是哈经济最发达的区域，是中西商旅的交通枢纽和货物集散地，同时是中亚地区农业最发达的区域之一。阿拉木图州 1932 年建州，2013 年总人口为 190.9 万人，占哈萨克斯坦全国人口的 11.5%，人口仅少于南哈州，在哈萨克斯坦排第二位。由于阿拉木图直辖市在阿拉木图州境内，流域经济中心主要集中于阿拉木图市，阿拉木图州的经济在哈萨克斯坦 17 个州市中不属于经济发达的州，而区域国民经济总产值在哈萨克斯坦占第 13 位，区域经济总产值不到哈萨克斯坦全国的 5%。

阿拉木图州是哈萨克斯坦主要的农业州之一。1999 年为 913.761 亿坚戈，1998 年为 869.753 亿坚戈，1997 年为 945.049 亿坚戈。2000 年该州总产值为 1094.586 亿坚戈，同比增长 19.8%，人均 7.01 万坚戈，在哈萨克斯坦全国排在第十四位。2001 年州总产值为 1125.339 亿坚戈，同比增长 2.8%；2007 年区域国民经济总产值急剧增加到 5507.08 亿坚戈，人均 33.7 万坚戈。到 2011

年，区域国民经济总产值增加到 12863.60 亿坚戈，人均 68.01 万坚戈，区域国民经济总产值占哈萨克斯坦全国的 4.7%。

阿拉木图州国民经济结构在近年来发生了很大的变化。2007 年，其工业总产值占国民经济总产值的 23.9%，农业占 18.1%；到 2011 年，工业占国民经济总产值的 19.6%，农业占 13.5%，而其他的服务行业的比重从 25.4% 增加到 40.0% 左右，相对于中国的分类来说，第一、第二产业的比重在减少，而第三产业的比重在急剧增加。2012 年，阿拉木图州的国民经济总产值达 13820 亿坚戈，占哈萨克斯坦全国的 4.6%，人均产值达 49.55 万坚戈，在全国占第 15 位。

哈萨克斯坦阿拉木图州区域生产总值动态（2007—2011 年）见表 4-8。哈萨克斯坦阿拉木图州区域生产总值（GDP）结构见表 4-9。

表 4-8　　哈萨克斯坦阿拉木图州区域生产总值动态（2007—2011 年）

项　目	2007 年	2008 年	2009 年	2010 年	2011 年[①]
现行价格总产值/亿坚戈	5507	6773	7732	9977	1286
人均总产值/万坚戈	33.74	40.92	42.48	53.79	68.01
占哈萨克斯坦全国比重/%	4.3	4.2	4.5	4.6	4.7

① Алдын ала деректер. Предварительные данные（预估数据）。

表 4-9　　　　哈萨克斯坦阿拉木图州区域生产总值（GDP）结构　　　　%

部门	2007 年	2008 年	2009 年	2010 年	2011 年[①]
工业	23.9	19.8	20.5	20.0	19.6
农业	18.1	17.5	16.4	15.3	13.5
建筑	10.8	8.5	12.0	12.7	11.4
交通、通信	12.8	11.1	9.5	9.0	8.1
商业	9.0	9.3	9.1	9.0	9.7
其他	25.4	33.8	32.5	34.0	37.7
合计	100.0	100.0	100.0	100.0	100.0

① Алдын ала деректер. Предварительные данные（预估数据）。

（2）阿拉木图市经济及发展趋势。阿拉木图位于哈萨克斯坦的南部，外伊犁阿拉套山的北麓，为哈萨克斯坦的直辖市。阿拉木图市奠基于 1854 年，1927—1997 年是哈萨克斯坦的首都，原名维尔内。1921 年改称今名，哈萨克语意为"苹果城"，因其城郊盛产苹果得名。1930 年随铁路通车而迅速发展，成为哈萨克斯坦的主要工业中心。食品和轻工业都占很大比重，以面粉、肉类、纺织、毛皮、制鞋为主，还有机械制造、建筑材料和木材加工工业等。铁路通西伯利亚、乌拉尔、中亚和中国新疆，为重要公路运输中心和国内国际航空港。设有几十所高等院校和研究院，建有现代化的图书馆、剧院、博物馆和植物园。城市布局整齐，具有东方特色。市内的东正教大教堂为世界现存第二高木结构建筑。

哈萨克斯坦独立后，于1994年7月6日通过迁都决议，1997年12月10日，哈萨克斯坦总统纳扎尔巴耶夫在阿克莫拉郑重宣布，阿克莫拉市正式成为哈萨克斯坦"永久性首都"。从此，阿克莫拉取代阿拉木图成为哈萨克斯坦新的政治中心。

阿拉木图尽管失去了首都的地位，但仍然是哈萨克斯坦最大的经济、文化和科技中心，在国家政治、经济和文化生活中占有重要地位，哈萨克斯坦科学院、科学部、教育部、文化部和卫生部以及国家银行将长期留在阿拉木图市。

阿拉木图市分为七个区。阿拉木图经济很发达，2012年GDP为52180亿坚戈，在哈萨克斯坦占据第一位，占哈萨克斯坦全国的17.3%，人均GDP为252.7万坚戈，在全国仅次于石油经济发达的阿特劳州，在全国排第二位。在城市GDP结构上，工业占6.0%，建筑占4.0%，贸易占32.0%，交通仓储、通信信息产业占16.0%，房地产交易11.0%，服务和其他31.0%。阿拉木图属于具有发达工业基础的城市，占GDP总量85.4%的制造业的发达决定了其工业总量和水平。

哈萨克斯坦、阿拉木图州、阿拉木图市GDP、人均GDP变化动态分别见表4-10、表4-11。哈萨克斯坦伊犁河流域GDP结构及发展动态见表4-12，2008年哈萨克斯坦各州（市）区域国民经济总产值及排名见表4-13。

表4-10　　哈萨克斯坦、阿拉木图州、阿拉木图市GDP变化动态　单位：亿坚戈

年份	哈萨克斯坦	阿拉木图州	阿拉木图市
1998	17333	925	3109
1999	201653	993	3613
2000	25999	1246	4152
2001	32506	1587	5709
2002	37763	1856	6884

续表

年份	哈萨克斯坦	阿拉木图州	阿拉木图市
2003	46120	2306	8088
2004	58701	2584	11022
2005	75906	3227	14974
2006	102137	4086	22727
2007	128498	5507	26759
2008	160529	6773	29496
2009	170076	7732	39234
2010	218155	9977	39234

表 4 - 11　哈萨克斯坦、阿拉木图州、阿拉木图市人均 GDP 变化动态

单位：万坚戈

年份	哈萨克斯坦	阿拉木图州	阿拉木图市
1998	10.88	5.57	26.51
1999	13.51	6.38	31.98
2000	17.47	8.01	36.75
2001	21.88	10.21	50.49
2002	25.41	11.92	60.33
2003	30.93	14.73	69.58
2004	39.10	16.35	92.44
2005	50.11	20.21	121.86
2006	66.72	25.35	179.29
2007	82.99	33.74	204.89
2008	102.42	40.92	219.32
2009	105.68	42.48	230.68
2010	133.65	53.79	279.73

表 4 - 12　　　哈萨克斯坦伊犁河流域 GDP 结构及发展动态　　单位：亿坚戈

国家及地区	年份	合计	农业	工业	建筑	商业	交通电信	其他
哈萨克斯坦	1998	17333	1485	4225	856	2627	2394	5747
	1999	20165	1993	5691	957	2739	2432	6353
	2000	25999	2109	8476	1346	3235	2985	7849
	2001	32506	2836	9971	1778	3929	3626	10367
	2002	37763	3019	11130	2394	4595	4378	12248
	2003	46120	3626	13415	2762	5369	5708	15240
	2004	58701	4181	17194	3558	7316	6912	19540
	2005	75906	4835	22612	5950	8979	8968	24562
	2006	102137	5613	30185	10012	11647	11788	32891
	2007	128498	7273	36351	12132	15877	14816	42047
	2008	160529	8533	51626	12987	19657	17691	50035
	2009	170076	10454	51948	13415	20760	18744	54755
阿拉木图州	1998	925	249	162	32	82	156	243
	1999	993	262	202	67	60	140	261
	2000	1246	319	335	29	92	152	317
	2001	1587	363	427	75	135	207	380
	2002	1856	446	498	73	126	245	468
	2003	2306	506	599	99	148	292	663
	2004	2584	581	674	179	174	344	632
	2005	3227	652	772	304	221	465	814
	2006	4086	740	975	442	369	525	1036
	2007	5507	966	109	468	513	609	1861
	2008	6773	1109	1391	812	616	645	2200
	2009	7732	1436	1518	835	749	685	2509
阿拉木图市	1998	3109	0	262	77	984	366	1421
	1999	3613	8	398	70	1116	436	1584
	2000	4152	9	475	81	1215	455	1916
	2001	5709	4	609	125	1560	629	2782
	2002	6884	2	704	234	1802	831	3310
	2003	8088	10	804	249	2104	1019	3901

续表

国家及地区	年份	合计	农业	工业	建筑	商业	交通电信	其他
阿拉木图市	2004	11022	13	946	514	2987	1223	5339
	2005	14974	21	1134	966	3861	1860	7130
	2006	22727	22	1452	2374	5412	2970	10497
	2007	267590	23	1805	3074	7018	3719	11120
	2008	29496	29	1812	1973	8151	4518	13014
	2009	31753	7	1829	1653	8683	5093	14487

表 4-13 2008 年哈萨克斯坦各州（市）区域国民经济总产值及排名

州（市）	GDP/亿坚戈	排名	人口/万人	排名	人均GDP/（万坚戈/人）	排名
阿克莫拉州	4777	14	74.74	8	64	11
阿克纠宾斯克州	8715	7	70.37	10	124	6
阿拉木图州	6773	13	164.33	2	414	14
阿特劳州	17985	2	49.04	14	367	1
西哈州	8266	9	61.53	15	134	5
江布尔州	3248	16	101.88	6	32	15
卡拉干达州	14630	3	134.21	4	109	8
科斯塔奈州	7043	11	89.42	7	79	10
克孜勒奥尔金州	6852	12	63.22	12	108	9
曼吉斯套州	10958	5	40.74	16	269	2
南哈州	7314	10	233.15	1	31	16
巴甫洛达尔州	8624	8	74.65	9	116	7
北哈州	4030	15	65.39	11	62	13
东哈州	8900	6	141.74	3	63	12
阿拉木图市	29496	1	132.47	5	223	3
阿斯塔纳市	12918	4	60.27	14	214	4
全国	160529		1557.15		103	

二、阿拉湖流域

（一）行政区划

阿拉湖湖群（主要包括萨瑟科尔湖、科什卡尔湖、阿拉湖及扎兰阿什湖）位于哈萨克斯坦东南部，在阿拉木图州阿拉湖县及东哈萨克斯坦州的乌尔贾尔县境内，距巴尔喀什湖东 180km，邻近中国新疆维吾尔自治区。流域包括境外两个县，阿拉木图州阿拉湖县、东哈萨克斯坦州的乌尔贾尔县及中国境内新疆塔城地区。流域面积为 687km²，其中哈萨克斯坦境内面积为 486km²。

（二）人口和民族

阿拉木图州阿拉湖县首府乌恰拉尔，面积 2.37 万 km²，占阿拉木图州第四位，到 2010 年年初，总人口达到 76662 人，占阿拉木图州的第八位。其中，哈萨克族人占 80.73％，俄罗斯人占 16.77％，其他种族占 2.5％。东哈萨克斯坦州乌尔贾尔县，首府乌尔贾尔，面积 2.34 万 km²，到 2010 年年初人口达到 81414 人。其中哈萨克族人占 89.83％，俄罗斯人占 8.34％，其他民族占 1.83％。

第二节　流域水利工程概况

一、巴尔喀什湖流域的水利工程

（一）阿拉木图运河

卡普恰盖水库左岸有七条大的入库河流，均发源于外伊犁山北坡，有丰富的冰雪融水和降水径流的补给，其总径流量达 45 亿 m³，其入库水量占卡普恰盖水库入库水量的 30％，为了发展外伊犁山北坡山前平原的灌溉和解决阿拉木图市的供水问题，苏联在 1982—1985 年间建成了大阿拉木图运河。

大阿拉木图运河从奇利克河向西穿过图尔根河、伊塞克河、塔尔加尔河、卡斯克林河、切马尔干河等众多的河流。在渠首奇利克河上建有巴尔托盖水库，库容为 3.5 亿 m³。该运河的灌溉能力达 26.7 万 hm²，使得外伊犁北坡山前平原的所有径流被拦截。该工程的建成大大减少了卡普恰盖水库左岸河流的入库水量，进而也造成了巴尔喀什湖水位的持续下降。

（二）库尔特水库及卡普恰盖水库下游水利工程

库尔特河是伊犁河最后一条支流，从伊犁河左岸卡普恰盖水库下游流入伊犁河，该河流域面积为 $9500km^3$，总径流量为 2.78 亿 m^3。河上建有库尔特水库，库容为 1.2 亿 m^3，灌区农田面积为 2.34 万 hm^2，牧场面积为 10 万 hm^2。

在伊犁河卡普恰盖下站至乌斯热尔玛水文站之间建有两处引水工程，引水向阿克达拉灌区，灌溉面积 3.0 万 hm^2（1985 年），引水量 10.0 亿 m^3。从苏联提供的资料来看（1982 年）该区间总的农田灌溉面积 5.93 万 hm^2，占整个伊犁河哈萨克斯坦灌溉面积的 16%，且该地区地下水埋深浅，土壤含盐量高，灌溉用水量是一般地区的 2~3 倍。该地区的用水量是影响伊犁河入湖径流量的第三大因素。从卡普恰盖下水文站和乌斯热尔玛水文站的年径流过程（图 4-1）来看，其影响是非常明显的，1972 年前，上游卡普恰盖下站的年水量比下游乌斯热尔玛站小，到 1972 年后，上游站水量反而比下游站水量大，说明此期间不仅是区间径流完全被用光，而且还大量从伊犁河引水。事实上，库尔特河下游已完全消失在沙漠中，没有径流入伊犁河。除了阿克达拉灌区的 10.0 亿 m^3 的引水外，还可能有其他的引水工程。今后应当重视卡普恰盖下游水利工程对入湖水量的影响。

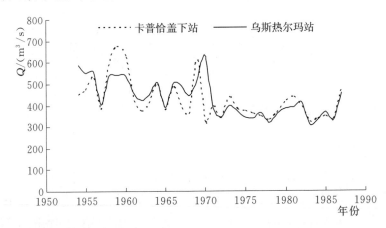

图 4-1　卡普恰盖下水文站和乌斯热尔玛水文站的年径流过程

（三）伊犁河流域水利工程概况

1. 中国在伊犁河流域的水利工程建设

中国境内的伊犁河段地形地质条件相对优越，适于发展农牧业、防洪、发电机及水产养殖等综合开发利用。伊犁河流域水能资源丰富，水能蕴藏量为 705 万 kW，占整个新疆地区的 21%，但是目前仅开发了 1.25%，开发利用程度处于较低水平，开发条件较好的坝址有 30 余处，装机总容量为 263.82 万 kW，占新疆地区可开发装机容量的 30.9%。

在中国境内，伊犁河流域治理开发的布局为：伊犁河水资源首先要满足流域内城乡生活工业、农牧业发展及河道生态环境用水要求，保证合理的出境水量，按照水资源区域优化配置的要求，将部分水量调往邻近流域缺水地区，缓解经济社会发展和生态环境用水矛盾。

我国在伊犁河流域上的水资源开发仅限于伊犁河的主要支流上，现已建成的水利工程主要有特克斯河上的恰甫其海水利枢纽和喀什河上的吉林台一级水电站。

特克斯河是伊犁河的最大支流，年径流量为 80.74 亿 m³，流域治理开发任务是以灌溉为主，兼顾发电、防洪、水土保持等，并根据需要考虑向南疆调水，2003 年的灌溉面积为 208 万亩。喀什河是伊犁河流域内第二大支流，年径流量为 40.77 亿 m³。流域治理开发任务是灌溉、发电、水土保持，并向天山北侧的艾比湖流域调水。巩乃斯河是伊犁河流域内第三大支流，年径流量为 22.95 亿 m³。流域治理开发任务是以灌溉为主，兼顾生态保护、防洪、水土保持和发电，2003 年的灌溉面积为 78 万亩。

伊犁河干流的治理开发任务是灌溉、河道防洪和水土保持，2003 年的灌溉面积为 238 万亩，规划 2010 年、2030 年分别发展到 320 万亩、446 万亩；规划 1 座拦河枢纽（伊犁河拦河引水枢纽），引水灌溉南岸察布查尔灌区和北岸干渠灌区，灌溉设计引水流量为 146m³/s，灌溉面积为 123 万亩。中国境内伊犁河干流主要水利工程情况见表 4-14。

表 4-14　　　　　中国境内伊犁河干流主要水利工程情况

河流	水利工程	总库容/亿 m³	有效库容/亿 m³	年发电量/（亿 kW·h）	装机容量/亿 kW	多年平均水量/亿 m³
特克斯河	恰甫其海	20.60	18.42	9.34	30.00	80.74
喀什河	吉林台一级	23.87	15.12	10.64	46.00	40.77
巩乃斯河	巩乃斯一级	3.62	3.12	1.42	3.50	22.95

虽然伊犁河流域的农业生产历史悠久，并且到目前为止灌区面积已得到很大的发展，但是多年来，水利投入严重不足，水利工程设施落后，已远不能适应现代化农业生产的需求。

伊犁河流域具有降水充沛、水系发达、径流量大、泥沙含量少、水质好等一系列的资源优势。但是受到产业化水平和产业结构等因素的限制，伊犁河流域的水资源开发总体上仍处于初级开发阶段，在流域水土资源综合开发、水资源开发与调控、灌区规划与水资源产出、水能水电开发与水利工程建设、跨流域调水与生态建设等方面存在巨大优势和潜力。

2. 哈萨克斯坦在伊犁河流域的水利工程建设

哈萨克斯坦在伊犁河流域农业开发历史悠久，大规模的开发却是在 20 世纪

50 年代以后。在规划的指导下，哈萨克斯坦逐步开发伊犁河流域水资源，并以发电、灌溉、航运为目标，在干流和主要支流上安排了一系列梯级开发枢纽。20 世纪 70 年代前，侧重各支流的梯级开发，在恰林河上先后建成 4 级电站，在奇利克河和卡斯克连河上也建有多级电站。20 世纪 70 年代后，开始进行全流域的水资源开发利用，包括发电、灌溉、航运综合利用。1970 年建成的卡普恰盖水库是伊犁河干流上规划的七座水利枢纽之一，它承担着控制卡普恰盖以上伊犁河全部来水的重任。阿拉木图引水干渠在 1982—1985 年开凿，与伊犁河南岸七条主要支流的灌溉系统连在一起，进行水资源利用的统一调配。

哈萨克斯坦境内伊犁河流域主要水库特征见表 4－15。

表 4－15 哈萨克斯坦境内伊犁河流域主要水库特征

水　库	设计水位（波罗的海）/m		水面面积 /km²	设计容量/亿 m³	
	设计洪水位	正常高水位		总库容	兴利库容
卡普恰盖水库		485.00	1843.0	281.40	103.00
		479.00	1370.0	184.50①	66.40
巴尔托盖水库	1069.90	1067.20	3.0	3.20	2.70
别斯纠宾斯克水库	1776.00	1772.18	10.0	2.88	2.28
库尔特水库		558.40	8.5	1.20	1.15

① 现在正常高水位下的总库容。

（1）卡普恰盖水库。卡普恰盖水库 1965 年开始兴建，1970 年下闸蓄水，1980 年完全建成，位于哈萨克斯坦阿拉木图州境内。按照设计，水库在正常水位为 485.00m 时，水库面积为 1843.0km²，总蓄水量 281.40 亿 m³，水库长度为 187km，平均水面宽 10～12km，最大宽度为 22km，最大深度为 45m。主坝长 470m，坝高 50m，水电站有 4 台机组，单机容量为 10.85 万 kW。总装机容量为 43.4 万 kW。大坝断面多年平均径流为 148 亿 m³。

卡普恰盖水库是伊犁河上最大的控制工程，水库建成后大大地改变了水库下游伊犁河干流、伊犁河三角洲和巴尔喀什湖的水文特征。伊犁河是卡普恰盖水库的主要补给水源，承担入库水量的 70%，水库左岸接纳有很多河流，其中大的河流有恰林河、奇利克河、图尔根河、伊塞克河、塔尔加尔河、卡斯克连河等直接流入水库，这些河流有稳定的冰川融雪径流补给，水量丰富，占卡普恰盖水库入库水量的 30%。卡普恰盖水库控制着巴尔喀什湖 78% 的入湖水量。

卡普恰盖水库建成后，由于正常高水位 485.00m 条件下水库蓄水量达

281.40 亿 m³，对巴尔喀什湖的蓄水量影响很大，需要改变水库的运行管理特征。哈萨克斯坦政府 1992 年 5 月 12 日发文，决定将卡普恰盖水库正常高水位改为 479.00m，相应的水库水面面积为 1370.0km²，蓄水量为 184.50 亿 m³，兴利库容为 66.40 亿 m³。同时，为了保护沿岸的旅游休闲设施，水库的危机水位改为 479.00m。水库水位大于 479.00m 时，两岸的旅游休闲设施被淹没。

　　表 4-16 和表 4-17 分别为卡普恰盖水库的形态特征及水位-面积-蓄量关系。图 4-2 和图 4-3 所示分别为卡普恰盖水库的水位-蓄量关系和水位-面积关系曲线。

表 4-16　　　　　　　　　卡普恰盖水库的形态特征

自最高水面以下 深度/m	面积变化 /km²	占最大面积的 比例/%	蓄量变化 /亿 m³	占最大蓄水量的 比例/%
0～2	180	9.8	34.8	12.4
2～5	225	12.2	46.9	16.7
5～10	281	15.2	64.5	22.9
10～20	563	30.4	88.4	31.5
20～30	406	22.0	39.6	13.7
大于 30	192	10.4	7.2	2.8

表 4-17　　　　　　　　卡普恰盖水库水位-面积-蓄量关系

水位 /m	面积 /m²	占最大面积的 比例/%	蓄量 /亿 m³	占最大蓄水量的 比例/%
435	0	0.0	0	0.0
455	192	10.4	7.2	2.8
465	598	32.4	46.8	16.5
475	1161	62.8	135.2	48.0
480	1442	78.0	199.7	70.9
483	1667	90.2	246.6	87.6
485	1847	100.0	281.4	100.0

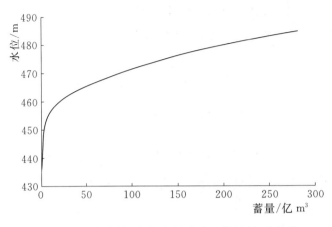

图 4-2 卡普恰盖水库的水位-蓄量关系曲线

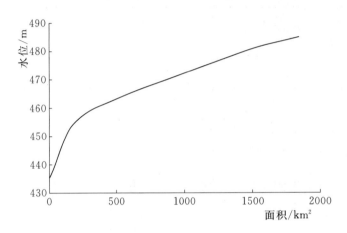

图 4-3 卡普恰盖水库水位-面积关系曲线

（2）大阿拉木图运河。大阿拉木图运河建于苏联时期，在 1982—1985 年间建成，位于伊犁河流域阿拉木图州和阿拉木图市境内，该运河的起点在奇利克河的巴尔托盖水库，终点是位于库尔特河上的库尔特水库，全长 168km，主要拦截和调用伊犁河右岸支流的水，以满足阿拉木图州和阿拉木图市的农业灌溉、大型工业、中小企业、商业和娱乐的用水需求。

卡普恰盖水库左岸有七条大的入库河流（表 4-18），均发源于外伊犁山北坡，有丰富的冰雪融水和降水径流的补给，其总径流量达 45 亿 m^3，其入库水量占卡普恰盖水库入库水量的 30%。为了发展外伊犁山北坡山前平原的灌溉和解决阿拉木图市的供水问题，建成了大阿拉木图运河。该运河从奇利克河向西穿过图尔根河、伊塞克河、塔尔加尔河、卡斯克林河、切马尔干河等众多的河流，最终达库尔特河。该运河的灌溉能力达 26.7 万 hm^2，使得外伊犁北坡山前平原的所有径流被拦截，其径流的利用系数从 0.45 提高到 0.8。1985 年其引水量达 16.85 亿 m^3（表 4-19）占总径流量的 73%，该工程的建成大大减少了卡普恰盖水库左岸河流的入库水量，使得卡普恰盖水库尽管保持低水位运行，其出库水量仍然比正常年份偏小，巴尔喀什湖水位持续下降，是巴尔喀什湖水位在1987年逼近历史实测最低水位的第二大影响要素。

表4-18　　　　　　　　卡普恰盖水库左岸入库河流及水量情况

河流名称	集水面积/km²	年径流量/亿 m³	河流名称	集水面积/km²	年径流量/亿 m³
恰林河	3370	11.16	塔尔加尔河	444	3.14
奇利克河	4300	10.15	卡斯克连河	3800	4.64
阿克塞河	488	0.95	大阿拉木图河	280	1.67
图尔根河	614	2.24	各小河合计	—	2.18
伊塞克河	256	1.58	合计		37.71

表4-19　　　　　哈萨克斯坦伊犁河流域引水情况（1985年）

灌区名	面积/万 hm²	引水量/亿 m³	灌区名	面积/万 hm²	引水量/亿 m³
潘菲洛夫	4.0	4.44	钦基里德	1.7	1.70
克特缅山北坡	3.0	3.33	阿克达拉	3.0	10.00
恰林河	2.0	2.23	库尔特河	2.3	2.55
阿拉木图	18.0	16.85	特克斯河	2.0	2.10

表4-20是哈萨克斯坦境内伊犁河流域地下水埋深大、非盐碱土地不同保证率条件下的各种作物净灌溉定额。

表4-20　地下水埋深大、非盐碱土地不同保证率条件下各种作物净灌溉定额

单位：mm

测站	秋播作物			春播作物			玉米			甜菜			苜蓿		
	5%	25%	50%	5%	25%	50%	5%	25%	50%	5%	25%	50%	5%	25%	50%
阿克申格尔	301	247	196	335	261	189	571	501	435	690	616	545	596	503	412
阿拉木图	237	170	106	282	211	144	448	368	298	567	483	402	368	306	246
巴夫那斯	436	371	309	456	420	382	668	620	573	797	739	681	791	721	652
伊塞克	207	144	85	230	186	141	454	390	323	572	504	430	486	407	330
库加里	308	237	168	378	305	235	434	357	283	543	464	384	407	324	244
库尔特	368	328	289	414	269	329	649	586	531	716	666	619	744	685	626

续表

测站	秋播作物			春播作物			玉米			甜菜			苜蓿		
	5%	25%	50%	5%	25%	50%	5%	25%	50%	5%	25%	50%	5%	25%	50%
列普申斯克	211	153	99	269	195	128	296	235	179	392	305	226	255	193	134
潘菲洛夫	393	341	292	513	447	287	740	685	631	771	707	647	691	627	562
波得哥尔诺耶	330	273	221	420	246	277	593	515	439	738	639	549	527	437	353
普鲁得克	235	182	136	258	195	142	454	396	341	329	284	239	366	316	270
萨尔康迪	308	249	192	376	307	242	524	452	382	901	522	447	520	428	343
塔尔迪-库尔甘	318	260	206	401	332	268	560	520	479	713	637	565	536	483	430
乌斯托别	392	342	295	412	372	335	610	571	533	737	683	632	690	624	562
奇利克	376	322	272	459	413	366	666	608	552	753	689	628	759	687	615

（3）阿克达拉运河。在伊犁河卡普恰盖下站至乌斯热尔玛水文站之间建有两处引水工程，即塔斯木林大渠和巴卡纳斯大渠，引水向阿克达拉灌区，引水量为 12.0 亿 m^3。从苏联提供的资料来看（1982 年）该区间总的农田灌溉面积为 5.93 万 hm^2，占整个伊犁河哈萨克斯坦灌溉面积的 16%，且该地区地下水埋深浅，土壤含盐量高，灌溉用水量是一般地区的 2～3 倍。该地区的用水量是影响伊犁河入湖径流量的第三大原因。从卡普恰盖下水文站和乌斯热尔玛水文站的年径流过程来看（图 4-1），其影响是非常明显的。1972 年以前，上游卡普恰盖下站的年水量比下游乌斯热尔玛站小，1972 年以后，上游站水量反而比下游站水量大，说明此期间不光是区间径流完全被用光，而且还大量从伊犁河引水。事实上，库尔特河下游已完全消失在沙漠中，没有径流入伊犁河。该地区的用水量应当引起注意，在以前的分析中没有注意卡普恰盖下游的水利工程对入湖水量的影响，事实上从河流径流的变化来看，该区用水也是造成 1970 年以来巴尔喀什湖水位下降的主要原因之一。

（4）伊犁河支流水利工程。在哈萨克斯坦境内的伊犁河支流上建有大量的中小水力发电工程和农业灌溉工程，比较大的工程有恰林河的莫伊纳克水电站和别斯纠宾斯克水库，奇利克河的巴尔托盖水库和库尔特河上的库尔特水库。

1）恰林河水利工程。在恰林河上最大的水利工程是莫伊纳克水电站和别斯纠宾斯克水库，莫伊纳克水电站位于恰林河流域，电站设计功率为 30 万 kW，平均年发电量为 12.7 亿 kW·h，水电站安装 2 台 15 万 kW 的水力发电机组，工作水头为 500m，水轮机组由奥地利 Andritz 公司提供，发电机组由中国哈尔滨电机厂提供。该水电站在恰林河上建有别斯纠宾斯克水库，水库水面面积为 10km²，水库长度为 16km，宽度为 500m，总库容为 2.88 亿 m³，有效库容为 2.28 亿 m³。水库下游计划再建一座水库和电站，作为莫伊纳克水电站的反调节水库。

2）奇利克河水利工程。奇利克河干流上建有巴尔托盖水库，是大阿拉木图运河的起点。水库设计洪水位为 1069.90m，正常高水位为 1067.2m，库容为 3.2 亿 m³，兴利库容为 2.7 亿 m³。水面面积为 3.0km²，阿拉木图运河的取水枢纽位于巴尔托盖水库下游。

3）库尔特河水利工程。库尔特河是伊犁河最后一条支流，从伊犁河左岸卡普恰盖水库下游流入伊犁河，该河流域面积为 9500km²，总径流量为 2.78 亿 m³。河上建有库尔特水库，库容为 1.20 亿 m³，拦蓄河流的径流和阿拉木图运河的尾水，以用于库尔特灌区的灌溉，库尔特灌区农田面积为 2.34 万 hm²，牧场灌溉面积为 10.00 万 hm²。

二、阿拉湖流域的水利工程

哈萨克斯坦阿拉湖流域人口稀少，经济落后，东哈州的乌尔贾尔县和阿拉木图州的阿拉湖县在本州是经济落后地区，缺少现代化工业和发达的商业，经济主体是农牧业。水资源利用程度不高，主要是农业灌溉，域内有两个大型灌区，即乌尔贾尔灌区和阿拉湖县的滕特克-加曼特灌区，水利工程主要是中小水库和灌溉引水工程。

（一）阿拉湖县的水利工程概况

在阿拉木图州的阿拉湖县，没有大型的水库和蓄水工程，主要的水利工程是滕特克河下游及加曼特河的引水灌溉工程，由于滕特克河的引水，已没有天然河道直通萨瑟科尔湖，滕特克河水是通过灌溉渠道流入和补给萨瑟科尔湖的。

滕特克河设有滕特克河取水枢纽和滕特克河右岸灌溉干渠及配套的灌溉系统。在滕特克河左岸支流 Шинжылы 河上建有引水灌溉工程。加曼特河上设有取水工程和建有灌溉系统，主要取加曼特河水用于灌区的灌溉。

阿拉湖县在滕特克河下游建立了完善的灌溉系统，把滕特克河、加曼特河和滕特克支流申瑞立河的灌溉系统连接在一起，构成了统一的乌恰拉尔灌溉系统。

（二）滕特克河取水枢纽

滕特克河取水枢纽 1975 年交付使用，其渠首工程如图 4-4 所示。其主要功能是为滕特克河左岸和右岸灌区提供灌溉用水，该枢纽没有蓄水水库，依靠滕特克河丰富的径流直接供给两岸用水。滕特克河上游来多少水，就向下游供多少水。取水枢纽工程共四扇闸门，最大泄水流量为 45m³/s。

图 4-4　滕特克河取水枢纽渠首工程

（三）乌尔贾尔县的水利工程概况

东哈州乌尔贾尔县灌溉土地面积有 4.32 万 hm²，2010 年实际利用的灌溉土地为 1.93 万 hm²。在苏联解体后，由于水利工程和农业灌溉工程的年久失修，大部分灌溉系统被废弃，有效灌溉面积大大减少。为了恢复灌溉系统和增加灌溉耕地，2011 年哈萨克斯坦东哈州政府计划修复叶根苏水库和卡拉科里水库，叶根苏水库蓄水量为 3150 万 m³，卡拉科里水库蓄水量为 5530 万 m³，同时计划修复的有 5 个水利工程枢纽，11 条灌溉渠道，渠道总长度为 188.6km，需要维修和修复的长度达 106km，大部分农业灌溉工程处于废弃和待修状态。

乌尔贾尔县水库及维修计划见表 4-21，各水利枢纽的运行情况见表 4-22。乌尔贾尔县各渠道总长为 188.6km，已修复渠道总长为 106.66km，各渠道及维修计划见表 4-23。

表 4 - 21   乌尔贾尔县水库及维修计划

水库	河流	蓄水量/万 m³	运行状况
Eгинсу	Eгинсу	3150	运行
Караколь	Караколь	5530	修复
Қандысу	Қандысу	—	修复

表 4 - 22   乌尔贾尔县水利枢纽运行情况

水利枢纽	河流	流域	运行状况
Қарабута	Қарабута	额敏河	运行
Коктерек	Коктерек	哈滕苏河	修复
Кельды Мурат	Кельды Мурат	阿拉湖	修复
Қусак	Қусак	阿拉湖	修复
Қаракол	Қаракол	萨瑟科尔湖	修复

表 4 - 23   阿拉湖湖群乌尔贾尔县渠道及维修计划

渠道	长度/km	维修长度/km	渠道	长度/km	维修长度/km
Правобережный	37.50	7.50	Жамбас	7.50	
Левобережный	10.00	5.00	Бургон	3.66	3.66
Каска	19.60	7.50	Актоган	38.00	38.00
Актоган	8.50	8.50	Бургон	8.00	8.00
Татарский	7.50	2.50	Тас тоган	29.00	11.00
Бельбастау	29.00	15.00	合计	188.60	106.66

（四）滕特克河水利工程规划

滕特克河水能资源非常丰富，由于所处区域人口稀少，经济不发达，水能资源没有开发。随着哈萨克斯坦经济发展，近年来哈萨克斯坦政府准备开发滕特克河流域的水能资源，计划在流域建设两个梯级水电站，即滕特克河中上游建设准噶尔梯级水电站和图古鲁斯梯级水电站，在中下游建设康斯坦丁诺夫水电站。滕特克河规划水电工程概况见表 4 - 24。

表 4 - 24   滕特克河规划水电工程概况

水电站名	装机容量/MW	年发电量/(亿 kW·h)	河流
Джунгарская	68	2.10	滕特克河上游
Тунгурузская	32	1.15	滕特克河中游
Константиновскяа	100	3.40	滕特克河中下游

第三节　流域农业灌溉及发展趋势

一、哈萨克斯坦伊犁河灌区

哈萨克斯坦伊犁河流域的灌区分布见图 4 - 5，主要包括：恰林河流域灌区、特克斯河流域灌区、克特缅山北坡河流灌区、准噶尔阿拉套山南坡河流灌区、大阿拉木图运河沿线灌区、申格尔金灌区、库尔特河流域灌区、阿克达拉水稻灌区。

（一）恰林河流域灌区

恰林河流域有七个独立的灌区，其中六个灌区是利用恰林河上游支流的水量来灌溉的，最大的有萨尔库迪苏灌区、克根灌区、萨雷加兹灌区、卡尔卡拉灌区等。具体分布如图 4 - 5 所示。

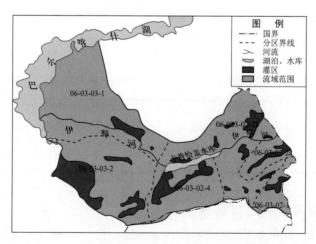

图 4 - 5　哈萨克斯坦伊犁河流域的灌区分布

萨尔古金灌区位于阿拉木图州莱茵别克县萨尔库迪苏河河谷上。1982 年，在萨尔库迪苏河上建坝取水，取水流量为 6m³/s，以保障萨尔古金和撒克里木拜两个干渠向灌区供水。两个干渠均为土渠，供水效益很低，有效供水系数不到 0.7。计划对两干渠进行修建，改为混凝土衬砌。

萨雷加兹灌区位于克根河上游萨雷加兹河谷地，在阿拉木图州莱茵别克县境内，灌溉土地面积 1200hm²，灌区的灌溉系统落后，供水效益低，缺乏蓄水和排水系统。

别斯纠宾斯克灌区位于莱茵别克县克根河左岸库莱伊河河谷上，灌区现有灌溉面积为 200hm²，灌区的灌溉面积计划将增加。灌区的灌溉系统和设施陈旧落后，缺乏排水系统。

卡尔卡拉灌区位于恰林河上游莱茵别克县克根河-卡尔卡拉河间的洼地上，灌溉系统和设施水平很低。灌溉用水取于卡尔-卡里河，由库姆切克伊渠道供水，土渠，无坝取水，自流灌溉。渠首取水流量为 7m³/s，灌区没有扩展计划，不需要排水和蓄水系统。

乌宗布拉克灌区位于恰林河和杰米厄尔里克河间乌宗布拉克谷地上，在莱茵别克县境内，灌区面积只有 110hm²。

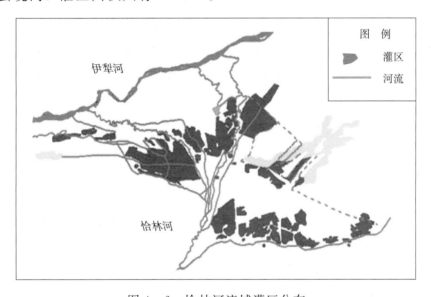

图 4-6　恰林河流域灌区分布

恰林河下游灌区位于维吾尔县境内，有恰林、阿克纠宾斯克、下丘得任斯克三个独立取水和供水的灌溉系统。这些灌区位于山前区和恰林河下游卡拉达林河谷。灌溉用水在恰林河取水。

恰林河灌区的主干渠有右岸干渠、阿克纠宾斯克干渠和左岸干渠，今后将建设有坝取水枢纽，把所有的大型灌溉系统连接起来，并实现输水渠道混凝土硬化工程措施，把内外供水网延伸 491km，对所有的土渠进行改造。工程计划在 2020 年完成。

恰林河流域灌区的总面积为 29080hm²，现在的实际灌溉面积为 27795hm^2。

恰林河流域灌区大部分处于不正常的状态，输水渠道大多数是土渠，输水损失很大。特别是在山前平原区和洪积扇上。

（二）特克斯河流域灌区

特克斯河是伊犁河的左岸支流，是伊犁河的源头之一，上游位于阿拉木图州莱茵别克县境内，域内由高山区和山间平原区构成，由克特缅山和其支脉构成山间盆地，其东南为杰尔斯克伊阿拉套山，盆地地面海拔为 1700.00～200.00m，山前和山间平原的宽度为 5～8km，主要是过渡到山间平原的洪积扇和一些起伏不大的缓坡形成的被一些干沟切割的山前平原地貌。区域不大的特克斯洼地山间冲积平原区，具有平原地貌，河系水网、沼泽和闭合洼地发育。

流域区内农牧业经济为主，灌溉土地主要由不大的灌溉系统构成，主要由小的水源和支流来供水，如纳林克尔河、巴彦科尔、苏木拜河等。哈萨克斯坦特克斯河流域灌区分布如图 4-7 所示。最大的灌区是由干渠加纳-杰蔑斯供水的灌溉系统，在特克斯河干流上建有取水设施，灌溉面积为 4000hm^2，供水干渠长度为 37km，特克斯河流域干渠和支渠总长度为 158km。灌区不需要蓄水和排水系统。20 世纪 90 年代总灌溉面积为 31000hm^2，现在的（2009 年）灌溉面积为 19910hm^2，实际灌溉面积为 18134hm^2。

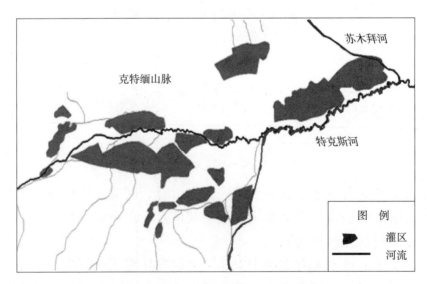

图 4-7 哈萨克斯坦特克斯河流域灌区分布

特克斯河的灌溉系统设施落后，灌溉效益很低，有效利用系数只有 0.43。现在的灌溉取水量为 6907 万 m^3。

（三）克特缅山北坡河流灌区

克特缅山北坡河流灌区（图 4-8）位于伊犁河左岸不太高的纬向延伸的克特缅山北部地区，在阿拉木图州维吾尔县境内，最高的高度为 3500m，山前区是微起伏的平原地貌，山间谷地有大量的冲沟和小型河流，河径流主要为雨雪补给，多年平均径流量为 0.3 亿～0.4 亿 m³。小河出山后，在洪积扇上径流大量下渗补给地下水。在稍低的平原区地下水出露，形成泉水、小河沟、泡沼和沼泽区，然后重新消失，没有水流流入伊犁河。该流域区气候干燥炎热，昼夜温差很大，山前区年降水量 280mm，平原区 150mm。

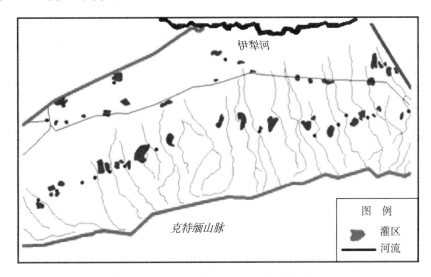

图 4-8 克特缅山北坡河流灌区分布

山前平原区地下水丰富，埋深小于 20m，对土壤的演变过程没有影响。

该区域地下水资源丰富，是伊犁河流域最大的自流地下水区，克特缅山北坡的河径流、雨洪径流和融雪径流及灌区下渗水补给地下水。这里有卡拉达林地下水水源地，被建议利用地下水来灌溉。现有的利用河径流灌溉的面积不大，面积为 200～1000hm²，这些灌溉土地位于山区河流的山前平原区。克特缅山脉北坡灌区中用地表水灌溉的土地灌溉面积在 2006 年有 1.76 万 hm²，除此之外，还有 2000hm² 土地是地下水灌溉的。到 2009 年，实际的地表水灌溉的面积只有 1.69 万 hm²，地下水灌溉的面积只有 500hm²。

克特缅山脉北坡灌区的地表水灌溉系统是开敞式的灌溉渠网，而地下水灌溉是封闭式的灌溉网。以土床修建的毛渠灌溉网有很大的不足，距离远，弯曲度大，起伏不平及漂砾碎石床质，有效灌溉系数很低，克特缅山北坡灌区的有效灌溉系数只有 0.52。在 2009 年调控灌溉取水量达 4109.5 万 m³，为提高供水效益，该区域计划建立钢筋混凝土管和钢管供水系统。

（四）准噶尔阿拉套山南坡河流灌区

准噶尔阿拉套山南坡河流灌区位于伊犁河右岸流域，在阿拉木图州潘菲洛夫县境内，灌区的供水水源为境内最大的河流乌谢克河、中哈界河霍尔果斯河，还有一些山区流到山前平原区的河流如奇蒙、迪斯坎、布尔汗、巴罗呼吉尔河等。这些河流均发源于准噶尔阿拉套山南坡海拔为 3400～3600m 的高山区，为冰川和融雪混合补给河流。流域区按照地貌可分为山区、山前区和平原区。准噶尔阿拉套山南坡河流流域灌区分布如图 4-9 所示。

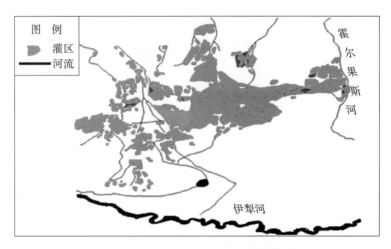

图 4-9　准噶尔阿拉套山南坡河流流域灌区分布

最有利于灌溉的是山前区和平原区，主要位于伊犁山间盆地的右岸地区，具有向南倾斜的坡度，海拔为 1400.00～600.00m，气候和土壤地貌具有明显的垂向地带分布。在河流的出山口以下具有很大的洪积扇，如霍尔果斯河和乌谢克河，而在区域西部断断续续的小河和山间小溪，其洪积扇更为发育。这些地方径流损失强烈，山前平原区下切的沟网和灌溉渠系密布，在洪积扇堆积地貌上下切的深度 0.5～1.5m。洪积扇表面逐渐汇合成具有缓坡的山前平原，该区域地下水丰富，区域最南边的部分为伊犁河古河道形成的区域及山区河流下游尾闾区形成的洼地。

准噶尔阿拉套山南坡河流流域区具有非常好的灌溉条件，最好的灌区位于山前带的洪积扇上，灌溉取水在当地的出山河流上。而平原地区的灌区面积很小，主要位于平原区的北部，在平原北部的边缘，主要利用引水、排水和地下水作为灌溉水源。

准噶尔阿拉套山南坡灌区控制灌溉土地面积 2006 年为 5.67 万 hm²，其中实际灌溉面积为 5.3 万 hm²，依赖地表径流灌溉，最大的灌区集中在乌谢克河流域和霍尔果斯河流域，乌谢克河灌区面积为 1.564 万 hm²，霍尔果斯河灌区面积为 1.453 万 hm²。灌区灌溉系统的状况很好，大多数为钢筋混凝土衬砌。灌溉有效利用系数为 0.54，田间灌溉系统的技术状况也很好，主要是土床，灌溉有效系数达 0.6～0.69。主要的灌溉方式是地表漫灌。灌溉系统在 2006 年的取水量为 3.2 亿 m³。

（五）大阿拉木图运河沿线灌区

大阿拉木图运河带灌区是伊犁河流域最大的灌区系统，在哈萨克斯坦境内卡普恰盖水库左岸流域区内，起始于奇利克河流域，终于撒马尔干河流域，在阿拉木图州莱茵别克、伊犁、卡拉赛、安克别什哈萨克、塔尔加尔五个县境内，哈萨克斯坦最大的城市阿拉木图也位于该区域内，是哈萨克斯坦人口最多，经济最发达的区域。大阿拉木图运河沿线灌区如图 4-10 所示。灌溉区域的北边是卡普恰盖水库，东边是奇利克河，西边是撒马尔干河，南边是外伊犁阿拉套山。

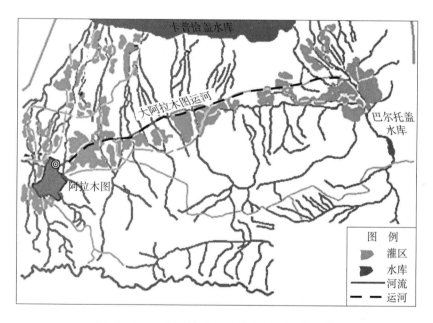

图 4-10　大阿拉木图运河沿线灌区分布

大阿拉木图运河沿线灌区整个区域的面积 13795km²，灌溉区域的水源是在外伊犁阿拉套山形成的径流，包括冰川径流、卡拉苏水、地下水和阿拉木图市的排水。该区域的河流径流补给融雪和冰川径流占优势。河流补给特征决定了其洪水特征，存在两种类型的洪水，即春汛和夏汛洪水，形成灌区供水水源的河流有奇利克、图尔根、伊塞克、塔尔加尔、大阿拉木图河、小阿拉木图河、阿克塞、卡斯克连和萨尔玛干河等。

地下水出露带在洪积扇以下出现，这些水的补给源是河道和灌区下渗的水，地下水的出露形成二次径流，这些地下水出流不光是在主要河流的河床上而且在大量的小溪和河沟里存在，这种现象称之为"卡拉苏"。

溪流间的区域占据了中央-伊犁地下水水源地的大部分，该地区为地下水自流区，其补给水源在山区。近年来，由于阿拉木图地区地下水过量开采，在卡斯克连、伊塞克、塔尔加尔河流域地下水位显著下降，导致卡拉苏径流和北部地下水浸出带消失。

现在，阿拉木图市的年废水量达 1.6 亿 m^3。其中，生物和化学净化处理并用于灌溉的水量为 2424 万 m^3，2279 万 m^3 被排入伊犁河，其他被排入淤泥塘、下渗场，以及苏尔布拉克湖和伊犁河左岸的苏尔布拉克渠道。

该区域的自然地理和地貌可分为山前区、伊犁-阿拉套低山区。地面坡度为 0.003～0.05，方向由南到北延伸，气候年和日变幅很大，平均年气温为 7.2～10.0℃，年降水量平原区为 234mm，低山区为 755mm，持续无霜期为 160～180 天。

区域的地质结构复杂，地层从前古生代到现代都有分布。从水文地质关系来看，伊犁盆地是很大的地下水丰富的区域。在疏松的洪积层中蕴藏着大量的地下水。地下水的运动方向从两侧向盆地轴线集中。地表水和地下水之间的交换很复杂，在山区地下水补给发生在河径流损失区，占河流径流量的 50%～80%。在平原区渗出带积累，河流间的流域可分成草原带、荒漠草原带、荒漠带等三个土壤-气候带。

在区域上以前的河流间的灌区是零零散散的，供水水源也是独立的，在奇利克河上建设了巴尔托盖水库和大阿拉木图运河后使得在奇利克河和撒马尔干河之间的零散的灌溉系统连成了统一的水利系统。大阿拉木图运河起到了流域间径流调配及灌区供水的干渠的作用，把大大小小的山区河流和灌溉系统取水水源建成了统一的水利枢纽。

在塔尔加尔河和卡斯克连河间的平原带建有很多水库和池塘，有效蓄水量达 9700 万 m^3。主要汇集山区径流和卡拉苏区出露的地下水。这些水主要用于农业灌溉和渔业养殖。

大阿拉木图运河从东到西穿越了奇利克河到卡斯克连河之间的流域，渠首流量为 87m^3/s，运河长度为 168.2km，其中钢筋混凝土衬砌部分为 155.5km，沿途有 506 个水工建筑物，131 个水文站，427 个其他建筑。每年为阿拉木图运河调拨了大量的物质和经费用以维护和维修，运河的总的情况是令人满意的，只有个别的区段还需要修缮和建设，阿拉木图运河的建设大大增加了灌溉面积和灌区的水资源保障。

2009 年，大阿拉木图运河灌溉区域的总灌溉面积为 18.75 万 hm^2，其中实际灌溉面积为 11.069 万 hm² 。2006 年取水量为 8.23 亿 m³ ，其中地表径流为 8.11 亿 m³ ，地下水为 4100 万 m³ ，集中抽排水为 1145 万 m³ 。灌区的排水系统的建设还不令人满意。

（六）申格尔金灌区

申格尔金灌区位于卡普恰盖水库右岸，在阿拉木图州卡普恰盖市境内，灌区属于巴尔喀什湖沿岸荒漠平原带区。属于极端干旱的大陆气候区，年降水量为 144～394mm ，多年平均降水量为 306mm ，年平均温度为 8.5℃ ，作物生长期平均温度为 18.4℃ 。

灌区地貌属于山前缓坡平原，坡度为 0.01～0.005 ，地层由松散碎屑层和冲积洪积层组成，厚度为 1～10m ，地面为第四纪碎屑层覆盖，厚度为 0.3～1.0m ，土壤为砂黏土质。

申格尔金灌区平面图如图 4-11 所示。灌区开发始于 1977 年，灌区在灌溉影响下水文地质条件发生了很大变化。灌溉前，灌区地下水埋深超过 10.00m ，而现在地下水埋深为 3～10m ，地下水的化学成分和矿化度发生了改变。整个区域地下水矿化度由 3.00g/L 增加到 8.00g/L ，土壤水矿化度升高引起严重的次生盐碱化，主要的原因是违规灌溉和错误的运行方式造成的。灌区的土壤状况需要进行土壤改良和建立专门的排水系统。灌溉系统需要管道化。

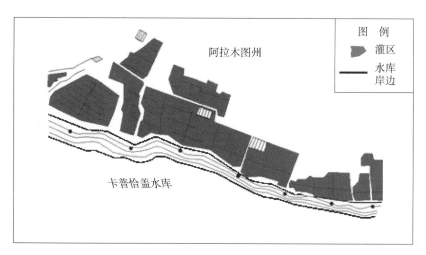

图 4-11 申格尔金灌区平面图

灌区的取水水源是卡普恰盖水库，在水库岸建有一级提水泵站，在灌溉网中建有二级提水泵站，建有喷灌系统，1990 年喷灌面积达 6800hm² 。而现在只有地面灌溉。喷灌系统已不存在。

由于卡普恰盖水库改变了运营方式，正常高水位为 479.0m ，灌溉系统需要增加一级提水泵站。

申格尔金灌区 1990 年灌溉面积为 1.53 万 hm^2，2006 年灌溉面积为 1.26 万 hm^2，面积减少 4.0%。

申格尔金灌区 1990 年取水量为 1.63 亿 m^3，2006 年取水量为 3220 万 m^3。1990 年的有效灌溉系数为 0.88，2006 年的有效灌溉系数为 0.7。

（七）库尔特河流域灌区

库尔特河是伊犁河下游唯一的支流，发源于外伊犁阿拉套山脉西部支脉，在肯迪克塔舍山和楚-伊犁山区，流域面积 1.25 万 km^2，河流流域内由于缺少冰川和积雪，河流的径流情势同外伊犁阿拉套山的径流情势有很大的区别。不能直接利用河径流灌溉，需要对河径流进行调节。

库尔特河流域的 1/3 位于塔乌库姆沙漠，1970 年前，库尔特河的水流只有在丰水年才能流入伊犁河。而近 40 多年，在建设库尔特水库后，流入伊犁河的水量实际上已为零。流域地貌可以分成两个不同特征的区域，即由楚-伊犁山分割的库尔特河上游区和下游区。

库尔特河上游区的灌区主要利用外伊犁阿拉套山区河流的径流作为水源，下游区的灌区（巴佐伊灌区）利用库尔特水库调节的径流来灌溉。主要是地下水渗出的水量和上游灌溉剩余的水量。下游灌区的灌溉水量得不到足够的保障。

上游区由外伊犁阿拉套山西坡山前平原和楚伊-犁山东南坡山前平原组成。灌区的南部是乌宗卡拉加里、乌宗阿卡奇、喀斯特克、黑喀斯特克山区河流的洪积扇，其宽度 6～12km，北部是复杂的上、中、下第四纪沉积平原区。

库尔特流域区可以划分成三个区域：第一区域是径流形成区位于外伊犁阿拉套山区；第二区域是径流散失区，位于山前谷地和洪积扇上，这个区域由于河床下渗损失和灌溉取水导致径流散失；第三区域是地表径流二次形成区，主要地貌为微起伏的平原区，在这个区域，河径流和灌溉下渗的水分从地下水渗出形成地表径流。区域气候是变化剧烈的内陆气候，随高度而变化，最有利的气候条件在山前区和河流洪积扇区，气候温和，降水集中在暖季，降水量由山前区的 400mm 到平原区的 150mm，冷季的降水量由山区的 225mm 到平原区的 120mm。从气候、水文地质条件和地貌条件来看，库尔特河上游具有发展灌溉农业的非常有利的条件。

巴佐伊灌区的水源来自库尔特水库，库尔特水库建于 1968 年，其下游有塔斯库坦水利枢纽，水由干渠引入灌区。

右岸干渠，长为14km，引水流量为2m³/s；渠道供水有效利用系数0.45。

左岸干渠，引水至巴佐伊灌区；长为72km，引水流量为12m³/s。渠道下渗损失大，供水有效利用系数为0.35。

1990年库尔特河灌区的灌溉面积为3.2万hm²，到2006年灌溉面积减少到1.443万hm²，减少了50%。库尔特河灌区分布情况如图4-12所示。

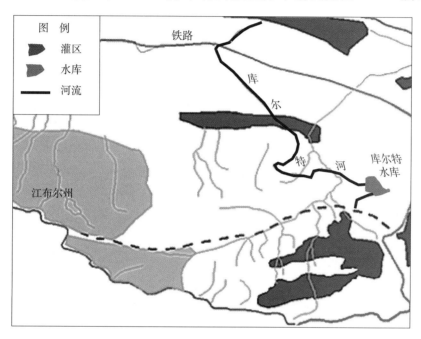

图4-12 库尔特河灌区分布情况

(八) 阿克达拉水稻灌区

阿克达拉灌区位于伊犁河下游伊犁河三角洲的顶部，开发前该地为荒漠地貌，是各种不同盐碱化程度的草原和荒漠化地带，土壤盐碱化程度很高。在灌区运行期间，根据土壤的质地、岩性结构对土壤进行了改良。土壤可以分为两类：第一类为轻壤土，第二类为中壤土。土壤具有很大的渗透率，所以地下水的矿化度低。阿克达拉灌区属平原地貌，极其有利于发展灌溉农业。该灌区由塔斯木林和巴卡纳斯两个灌溉系统组成，为哈萨克斯坦最大的水稻灌区。

现在，阿克达拉灌区的灌溉面积为3.1万hm²。其中塔斯木林灌区面积为1.62万hm²，巴卡纳斯灌区灌溉面积为1.48万hm²。塔斯木林灌区由伊犁河无坝自流取水，渠首设计取水流量为107m³/s。塔斯木林灌区有两条供水干渠，即塔斯木林干渠和阿克达拉干渠。塔斯木林干渠渠首取水流量为70m³/s，长度为20km。阿克达拉干渠渠首取水流量为50m³/s，长度为21.5km，支斗渠灌溉网长度为 734.7km，渠系的情况很差，渠道中灌木和芦苇丛生，需要维修和疏浚。

巴卡纳斯灌区是在伊犁河无坝自流取水的，渠首设计取水流量为 98m³/s，巴卡纳斯灌区供水是由巴卡纳斯干渠输水的，巴卡纳斯干渠渠首引水流量为 80m³/s，长度为 14km，支斗渠长度为 781km，渠系的情况同塔斯木林干渠一样，需要修缮和疏浚。阿克达拉水稻灌区位置如图 4-13 所示。

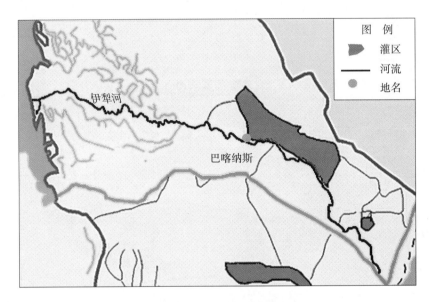

图 4-13　阿克达拉水稻灌区位置

二、哈萨克斯坦伊犁河流域灌溉面积变化动态及发展规划

（一）哈萨克斯坦伊犁河流域灌溉面积的变化及现状

哈萨克斯坦伊犁河流域灌溉面积发展速度最快的时期是 20 世纪 70—90 年代，在 1990 年，伊犁河流域哈萨克斯坦的灌溉面积有 38.34 万 hm²，在 20 世纪 80 年代巴尔喀什湖发生水位快速下降后，农牧业灌溉的发展速度减缓，在苏联解体后，由于哈萨克斯坦的政体和所有制发生变化，国营农场和集体农庄解体，农业管理体制崩溃，农业和水利投资渠道丧失，农村和农业经济遭受重大的破坏。灌溉系统年久失修，灌溉面积在 1991 年后急剧减少，在哈萨克斯坦经济恢复后，近年来，灌溉面积逐渐恢复，但还没有恢复到苏联时期的水平，1990 年哈萨克斯坦伊犁河流域大型灌区的灌溉面积达 38.34 万 hm²，到 2006 年灌区面积只有 27.0 万 hm²，整个伊犁河流域大型灌区的灌溉面积减少了 30%，其中库尔特河流域灌区的灌溉面积减少了 55%，特克斯河灌区的灌

溉面积减少了 42%，大阿拉木图运河沿岸灌区灌溉面积减少了 39%。只有阿克达拉水稻灌区和申格尔金灌区的灌溉面积变化较小。哈萨克斯坦伊犁河流域灌溉面积变化动态见表 4-25。

表 4-25 哈萨克斯坦伊犁河流域灌溉面积变化动态

灌区名	1990 年灌溉面积 /万 hm²	2006 年灌溉面积 /万 hm²	减少比例 /%
阿克达拉	3.17	3.10	2
申格尔金	1.42	1.38	3
恰林河流域灌区	3.26	2.89	11
准噶尔阿拉套南坡	6.05	5.30	12
大阿拉木图运河灌区	18.14	11.07	39
特克斯河灌区	3.10	1.81	42
库尔特河灌区	3.20	1.44	55
克特缅北坡灌区			
合计	38.34	26.99	30

表 4-26 为 1990 年和 2009 年伊犁河流域农业播种面积和种植结构。从表中可以看出，1990 年伊犁河流域总播种面积达 86.75 万 hm²，其中灌溉面积为 39.71 万 hm²，到 2009 年总播种面积减少到 39.21 万 hm²，灌溉面积减少到 25.88 万 hm²。

表 4-26 1990 年和 2009 年伊犁河流域农业播种面积和种植结构

编号	作物名称	1990 年播种总面积 /万 hm²	占比 /%	2009 年播种总面积 /万 hm²	占比 /%	1990 年灌溉总面积 /万 hm²	占比 /%	2009 年灌溉总面积 /万 hm²	占比 /%
1	谷物（杂粮）	47.18	54.4	20.09	51.2	13.83	34.8	10.78	41.7
	小麦	13.36	15.4	8.37	21.4	4.63	11.7	4.00	15.5
	粮食玉米	7.66	8.8	3.65	9.3	7.66	19.3	3.65	14.1
	水稻	1.54	1.8	0.96	2.5	1.54	3.9	0.96	3.7
2	经济作物	2.14	2.5	2.95	7.5	1.22	3.1	2.50	9.7
	甜菜	0.37	0.4	0.13	0.3	0.37	0.9	0.13	0.5

编号	作物名称	1990年播种总面积/万hm²	占比/%	2009年播种总面积/万hm²	占比/%	1990年灌溉总面积/万hm²	占比/%	2009年灌溉总面积/万hm²	占比/%
3	土豆、蔬果	2.91	3.4	4.07	10.4	2.91	7.3	3.80	14.7
4	饲料、牧草	34.52	39.8	12.1	30.9	21.76	54.8	8.80	34.0
5	合计	86.75	100.0	39.21	100.0	39.71	100.0	25.88	100.0

注　摘自 Мпдоос по Или－Балхащу отчет задачи 6 и－сельское хозяйство（伊犁-巴尔喀什湖项目第6报告——农业），2010年。

表4－27为阿拉木图州2001—2004年灌溉取用水情况，阿拉木图州在2001年的灌溉供水效率不足0.6，在2002年达到0.8，2003年和2004年供水效率为0.74左右。

表4－27　阿拉木图州2001—2004年灌溉取用水情况

年份	已有面积/万hm²	实际灌溉面积/万hm²	取水量/万m³	供水量/万m³	供水效率/%
2001	58.10	45.49	270.19	159.65	59.1
2002	58.30	32.62	204.62	164.50	80.4
2003	59.64	34.24	268.98	200.44	74.5
2004	59.63	51.55	255.10	188.10	73.7

（二）哈萨克斯坦伊犁河流域灌溉面积发展计划

伊犁河流域灌区和旱作土地上的农作物播种面积预测见表4－28。

表4－28　哈萨克斯坦伊犁河流域灌区和旱作土地上的农作物播种面积预测

单位：万hm²

作物区域	年份	总播种面积	粮食作物用地	小麦	水稻	玉米	经济作物用地	糖甜菜	油料作物	土豆瓜果蔬菜用地	饲料作物用地
灌区	2009	25.47	10.37	4.00	0.96	3.65	2.50	0.13	2.37	3.80	8.80
	2010	26.88	10.41	2.69	0.94	5.61	3.00	0.34	2.17	4.34	9.13
	2015	27.77	10.75	2.78	0.97	5.79	3.39	0.58	2.30	4.48	9.14
	2020	29.77	11.53	2.98	1.04	6.21	3.64	0.63	2.47	4.80	9.80
	2020年各项指标占2009年对应指标的百分比/%	117	112	75	108	170	145	481	104	126	111

续表

| 作物区域 | 年份 | 总播种面积 | 粮食作物用地 | 部分粮食作物用地 | | | 经济作物用地 | 部分经济作物用地 | | 土豆、瓜果、蔬菜用地 | 饲料作物用地 |
				小麦	水稻	玉米		糖甜菜	油料作物		
旱作土地	2009	13.74	9.31	4.37	—	—	0.45	—	0.45	0.27	3.30
	2010	30.29	23.65	14.29	—	—	1.38	—	1.38	—	5.26
	2015	31.41	24.08	14.30	—	—	1.33	—	1.33	—	6.00
	2020	32.41	23.18	14.58	—	—	1.07	—	1.07	—	8.16
	2020年各项指标占2009年对应指标的百分比/%	236	249	337	—	—	238	—	238	—	247

从表 4-28 中可以看出，2009 年伊犁河灌区播种面积为 25.47 万 hm²，伊犁河流域灌区的播种面积到 2020 年将持续增加到 29.77 万 hm²，2020 年的灌区播种面积只比 2009 年增加了 4.30 万 hm²，为 2009 年的 117%。各种作物的播种面积变化不大，其主要原因为灌区所处的地理位置所致，灌区的土地资源大部分已开发。在旱作农业方面，哈萨克斯坦伊犁河流域的土地开发计划很大，2009 年总播种面积为 13.74 万 hm²，到 2020 年旱作播种面积将达到 32.41 万 hm²，2020 年的总播种面积比 2009 年将增加 18.67 万 hm²，增加了 135.88%，主要表现在粮食作物用地上的增长，小麦的播种面积增长幅度较大，其他作物的播种面积变化不大，在旱作土地主要种植小麦、经济作物、油料和饲料。土豆、瓜果、蔬菜等作物在 2009 年之后全部实施灌溉。从土地开发计划来看，未来伊犁河流域的灌溉面积将会持续增长。

三、阿拉湖流域灌区情况

阿拉湖流域灌区主要包括乌尔贾尔灌区及乌恰拉尔灌区。乌尔贾尔灌区在东哈萨克斯坦乌尔贾尔县，主要利用乌尔贾尔河和哈滕苏河水进行灌溉，属阿拉湖流域。乌恰拉尔灌区在东哈萨克斯坦阿拉湖县，主要利用滕特克河水进行灌溉，属萨瑟科尔湖流域。阿拉湖流域灌区实际灌溉面积变化动态见表 4-29。

表 4 - 29　　　　　　　阿拉湖流域灌区实际灌溉面积变化动态

灌区	1990 年实际灌溉面积/万 hm²	2006	2006 年比 1990 年实际减少灌溉面积/万 hm²	2006 年比 1990 年实际灌溉面积减少比例/%
阿拉湖流域	1.631	0.465	1.166	71
萨瑟科尔湖流域	4.187	2.248	1.939	46

（一）东哈州乌尔贾尔灌区

乌尔贾尔灌区主要位于东哈州乌尔贾尔县，在阿拉湖东北侧，属阿拉湖流域，主要依赖于乌尔贾尔河和哈滕苏河水量进行供水。苏联时期，阿拉湖乌尔贾尔灌区 1990 年灌溉面积有 1.63 万 hm²。在苏联解体后，由于所有制的变化和经济衰退，灌溉农业遭受重大打击，灌区设备老化，灌溉系统年久失修，灌溉面积急剧减少，到 2006 年阿拉湖乌尔贾尔灌区的灌溉面积只有 0.465 万 hm²，减少了灌溉面积 1.166 万 hm²，灌溉面积减少了 71%。

乌尔贾尔县在近几年进行了小农场向大农场的扩展。截至 2010 年 1 月 1 日，农场数量为 3595 个，比 2008 年减少了 507 个。

乌尔贾尔县通过 2008—2009 年的实际播种面积结构对未来五年的播种结构进行了规划（表 4 - 30），始终保持耕地面积在 17.03 万 hm²，总种植面积由 2008 年的 12.52 万 hm²，到 2009 年的 13.62 万 hm²，以后五年以逐渐减少增长量的趋势进行增长。在 2010—2014 年间，逐渐增加粮食作物——谷物的种植面积并增加其产量，以满足居民的生产生活需求。油料作物——向日葵的种植面积则在 2009 年的基础上逐年减少，但大大提高向日葵的单位面积产量，以使油料作物总产量上升。薯类作物——土豆、蔬菜及瓜果类作物在增加种植面积的同时增加其产量，使各类作物总产量在 2014 年时增加。

表 4 - 30　　　　　　　乌尔贾尔县 2008—2014 年播种面积结构

序号	指标	单位	2008 年	2009 年	2010 年	2011 年	2012 年	2013 年	2014 年
1	耕地	万 hm²	17.03	17.03	17.03	17.03	17.03	17.03	17.03
2	总种植面积	万 hm²	12.52	13.62	13.92	13.95	13.99	14.01	14.04
3	谷物	万 hm²	5.94	4.29	5.00	5.03	5.06	5.09	5.12
	产量	俄担/hm²	3.2	10.7	11.5	12.0	12.5	13.0	13.5
	总产量	t	9850	45470	57444	60372	63294	66118	69134

序号	指标	单位	2008 年	2009 年	2010 年	2011 年	2012 年	2013 年	2014 年
4	向日葵	万 hm²	3.96	6.99	6.41	6.40	6.39	6.38	6.37
	产量	俄担/hm²	2.1	2.2	4.0	4.5	5.0	5.5	5.5
	总产量	t	4047	14048	25628	28791	31950	35090	35035
5	土豆	万 hm²	0.22	0.28	0.28	0.28	0.28	0.28	0.28
	产量	俄担/hm²	220.6	221.0	230.0	232.0	235.0	235.0	235.0
	总产量	t	49440	61108	64193	64960	65800	66035	66270
6	蔬菜	万 hm²	0.15	0.19	0.19	0.19	0.19	0.19	0.19
	产量	俄担/hm²	243.8	244.6	246.0	250.0	250.0	250.0	252.0
	总产量	t	36322	45576	46740	47750	48000	48250	48636
7	瓜果类	万 hm²	0.06	0.07	0.07	0.07	0.07	0.07	0.07
	产量	俄担/hm²	238.5	231.7	240.0	245.0	248.0	248.0	248.0
	总产量	t	14264	16392	17112	17518	17732	17856	17856

注　摘自 Стратегический План отдела сельского хозяйства и ветеринарии Урджарского района ВКО на 2010—2014 г（2010—2014 年乌尔加尔地区农业及畜牧业的战略发展计划）。

（二）阿拉木图州阿拉湖县乌恰拉尔灌区

乌恰拉尔灌区位于阿拉木图州阿拉湖县，属于萨瑟科尔湖流域，主要依靠滕特克河水灌溉。萨瑟科尔湖流域灌区 1990 年的灌溉面积达 4.187 万 hm²，在哈萨克斯坦属于较大的大型灌区；在苏联解体后，灌溉面积急剧下降，到 2006 年灌溉面积只剩下 2.254 万 hm²，减少灌溉面积 1.939 万 hm²，减少了 46%。

2009 年，阿拉湖县灌溉区水量为 1.29 亿 m³，灌溉供水量 0.96 亿 m³，供水效益达 74%。2009 年阿拉湖县用水户取用水量及效益见表 4 - 31，阿拉木图州阿拉湖县供水量及水价和供水补贴见表 4 - 32。

表 4 - 31　　　　　　　2009 年阿拉湖县用水户取用水量及效益

区域	取水/亿 m³	用水/亿 m³	用水效益/%
阿拉湖县	1.290	0.957	74

表 4 - 32　　　　阿拉木图州阿拉湖县供水量及水价和供水补贴

供水 /亿 m³			水价 /(坚戈/m³)	服务支出 /万坚戈		补贴 /万坚戈		补贴比 /%	支付 /万坚戈	支付单价 /(坚戈/m³)
计划	实际	/%		计划	实际	计划	实际			
0.570	0.808	142	0.198	1129	1600	636	640	40	960	0.119

　　阿拉湖县 2004 年土地灌溉面积共 3.57 万 hm²，按照盐碱化程度灌溉面积可以分为严重盐化土地（7.0%）、中等盐化土地（25.2%）及未盐化土地（67.8%），按照土地质量分类可分为差（11.2%）、满意（39.2%）及良好（49.6%）。阿拉湖县 2004 年灌溉面积及土地退化情况见表 4 - 33。

表 4 - 33　　　　阿拉湖县 2004 年灌溉面积及土地退化情况　　　　单位：万 hm²

灌溉面积	按盐碱化程度分类			按土地质量分类		
	未盐化及弱盐化土地	中等盐化土地	严重盐化土地	良好	满意	差
3.57	2.42	0.90	0.25	1.77	1.40	0.40

第四节　流域水资源利用及发展趋势

一、哈萨克斯坦伊犁河流域水资源利用

（一）主要用水单位及用水结构

　　哈萨克斯坦伊犁河流域用水主要有阿拉木图州和阿拉木图市两个用水主体。其中，阿拉木图州占总用水的 90% 左右。从用水结构来看，农业用水在总用水中占主导地位。2005 年阿拉木图州总用水量为 20.42 亿 m³，见表 4 - 34。在阿拉木图州，农业用水占总用水量 94.3%，工业用水占 3.5%，市政生活用水占 1.5%，其他用水占不到 1.0%。

表 4 - 34　　　　伊犁-巴尔喀什流域 2001—2005 年用水情况　　　　单位：亿 m³

州（市）	年份	总用水量	市政生活用水	工业用水	农业用水	渔业用水	变化趋势
阿拉木图州	2005	20.42	0.31	0.71	19.26	0.14	跳跃增长
	2004	22.77	0.29	0.72	21.61	0.15	
	2003	18.93	0.33	0.68	17.81	0.11	
	2002	19.05	0.33	0.55	18.07	0.10	
	2001	19.27	0.34	0.45	18.24	0.24	

续表

州（市）	年份	总用水量	市政生活用水	工业用水	农业用水	渔业用水	变化趋势
阿拉木图市	2005	1.93	1.59	0.29	0.03	0.02	稳定增长
	2004	1.91	1.60	0.26	0.03	0.02	
	2003	1.72	1.25	0.43	0.03	0.01	
	2002	1.71	1.40	0.25	0.05	0.01	
	2001	1.74	1.37	0.32	0.05	0.002	

阿拉木图市总用水中主要用水部门为市政用水。2005 年阿拉木图市总用水量为 1.93 亿 m^3，市政生活用水占 82.4%，工业用水占 15.0%，农业用水占 1.6%，其他用水占 1.0%。

（二）哈萨克斯坦伊犁河流域供水水源结构及取水动态

伊犁河流域水资源利用在 20 世纪 90 年代达到高峰，伊犁河 1990 年总取水量达 48.37 亿 m^3。在苏联解体后，哈萨克斯坦独立后国家的政治经济体制发生了根本性的变化，原有的经济体制解体，国家的经济衰退，用水量急剧减少，到 2000 年左右达到低谷，2000 年后，国家经济恢复，用水量又恢复增长，到 2006 年伊犁河流域哈萨克斯坦的取水量达到 26.08 亿 m^3。

在耗水方面，伊犁河由于主要是农业灌溉用水，流域的耗水量很大。从表 4-35 中可看出：①1990 年流域无返还用水量为 41.46 亿 m^3，占总取水量的 85.7%；回归水量（排水）为 6.9 亿 m^3，占总取水量的 14.3%。②2006 年流域无返还用水为 23.12 亿 m^3，占总取水量的 88.6%；回归水量（排水）为 2.96 亿 m^3，占总取水量的 11.4%。

在水源结构方面有地表水、地下水、矿井水、中水、排出水等。1990 年地表水取水量达 43.3 亿 m^3，占总取水量的 89.5%；地下水取水量达 4.6 亿 m^3，占总取水量不到 10%。到 2006 年地表水利用达 22.96 亿 m^3，占总取水量的 88%；地下水利用量达 2.38 亿 m^3，占总取水量的 9%。

表 4-35　　　　　伊犁河流域经济部门用水水源结构及需水动态　　　单位：亿 m^3

年份	总量	规划区取水					无返还用水	排水
		地表水	地下水	矿井水	中水	集中抽排水		
1990	48.3701	43.2784	4.6135	0	0.0732	0.0405	41.4636	6.9065
2006	26.0828	22.9612	2.3821	0.0002	0.3135	0.0426	23.1169	2.9659

哈萨克斯坦伊犁河流域水资源利用在 1990 年达到的高峰，由于苏联解体后农业经济体制发生了很大的变化，从集体和国有经济改变为私有经济，大量的集体农庄和国营农场解体，农业和水利的基础实施和设备失去投资渠道从而

无法维修和更新，供水和灌溉系统遭受严重破坏，区域经济衰退，经济用水急剧减少。以 1990 年为基础，1990 年哈伊犁河流域总取水量为 48.37 亿 m³，2006 年总取水量为 26.08 亿 m³，2006 年总取水量只有 1990 年的 54.8%。其中地表水取水量只有 1990 年的 53.7%，地下水取水只有 1990 年的 50.6%。

（三）区域用水结构及变化动态

在用水结构方面，哈萨克斯坦伊犁河流域用水中农业用水占主要部分，见表 4-36。1990 年农业用水占总用水的 89.7%，城市市政和生活用水占8.0%，工业用水占 1.9%。2006 年农业用水占总用水的 86.0%，比 1990 年的比重有所下降，城市市政生活用水占总用水的 9.4%，工业用水占总用水的3.7%，同 1990 年相比均有所上升。

表 4-36　　　伊犁河流域经济部门水资源利用动态和用水结构

编号	名　称		1990 年为基准 用水量 /(×10⁶m³)	2006 年状态	
				用水量 /(×10⁶m³)	2006 年用水量占 1990 年用水量的比例/%
1	考虑回归用水的总用水量（包括回水）		5302.01	2916.91	54.8
2	各种水源总取水量		4837.01	2608.28	53.7
	地表水		4327.84	2296.12	53.7
	地下水		461.35	238.21	50.6
	废水		7.32	31.35	35.6
	排水		40.50	42.60	250.6
	矿井水		0.00	0.02	0.0
3	回用和循环供水		465.00	308.63	66.4
	其中循环水		450.00	304.83	67.6
4	所有经济部门总用水量		4837.01	2608.28	53.7
	城市生活市政用水		346.80	245.88	70.9
	工业和火力发电		90.54	96.17	106.2
	农业	用水总量	4341.67	2244.30	51.7
		常规灌溉	4248.85	2228.82	52.5
		滴漫灌溉	0.00	0.00	0.0
		农业用水	60.91	14.26	22.9
		灌溉草场	31.91	1.22	4.0
	渔业和娱乐		58.00	21.93	29.2

续表

编号	名 称	1990年为基准	2006年状态	
		用水量/(×10⁶ m³)	用水量/(×10⁶ m³)	2006年用水量占1990年用水量的比例/%
5	无回归用水	4146.36	2311.69	55.7
6	排水（总）	690.65	296.59	42.0
	其中排入水体	218.27	118.02	52.9

注 摘自 Мпдоос по Или－Балхашу отчет задачи 3 и－гидрология（伊犁-巴尔喀什湖项目第3报告——水文），2010年。

（四）伊犁河流域各县取水及供水效率

表4-37为阿拉木图州2001—2004年灌溉取用水情况，给出了已有灌溉面积和实际灌溉面积的变化动态及取水量和供水量的变化动态。2001年，该区域的供水效率不足0.6，在2002年达到0.8，2003年和2004年供水效率为74%左右。表4-38为2009年伊犁-巴尔喀什流域灌溉取水及供水效益情况，其中供水效率最低的是位于伊犁河畔的伊犁县，供水效率只有65%，供水效率最高的是维吾尔县，供水效率达91%。

表4-37   阿拉木图州2001—2004年灌溉取用水情况

年份	已有面积/hm²	实际灌溉面积/hm²	取水量/亿 m³	供水量/亿 m³	供水效率/%
2001	581.6	454.9	27.019	15.965	59.1
2002	583.0	326.2	20.462	16.450	80.4
2003	596.4	342.4	26.898	20.044	74.5
2004	596.3	515.5	25.510	18.810	73.7

表4-38   2009年伊犁-巴尔喀什湖流域灌溉取水及供水效益情况

序号	区 域	取水量/亿 m³	供水量/亿 m³	供水效率/%
1	阿克苏县	1.142	0.901	79
2	阿拉湖县	1.290	0.967	75
3	巴尔喀什县	6.300	5.184	82
4	叶斯克里金县	0.965	0.707	73
5	江布尔县	0.934	0.631	68
6	伊犁县	0.980	0.635	65

序号	区　域	取水量/亿 m³	供水量/亿 m³	供水效率/%
7	卡拉赛县	0.584	0.468	80
8	卡拉达尔县	2.380	2.070	87
9	科尔布拉克县	0.116	0.096	83
10	柯克苏县	0.916	0.726	79
11	潘菲洛夫县	3.228	2.623	81
12	莱因别克县	0.817	0.649	79
13	萨尔干县	1.461	0.877	60
14	塔尔加尔县	0.991	0.798	81
15	维吾尔县	1.458	1.334	91
16	P. 塔尔迪库尔干	0.563	0.421	75
17	АПЕВО	0.871	0.841	97
18	特克利河			
	合计	24.996	19.928	80

注　摘自 Мпдоос По Или-Балхашу отчет задачи 7，8 и-Ирригация，Т3-1（伊犁-巴尔喀什湖项目第 7 和第 8 报告——灌溉，表 3-1），2010 年。

(五) 伊犁河三角洲的耗水分析

根据中哈交换资料（哈萨克斯坦提供）的巴尔喀什湖水量平衡情况（表 4-39），可以看出不同时期伊犁河三角洲的来水量及耗水量以及在不同时期的湖水量平衡情况。

表 4-39　　　　　　　　　巴尔喀什湖水量平衡　　　　　　单位：亿 m³

时段	西巴尔喀什湖			东巴尔喀什湖	入流量			支出			湖的水量平衡
	流入三角洲	三角洲生态耗水	流入巴尔喀什湖	入流	入湖的地表径流量	大气降水	总计	蒸发量	下渗量 V_φ	合计	
1953—1969 年	149.0	26.7	123.0	35.7	158.0	38.5	197.0	191.0	0.38	195	1.8
1970—1987 年	117.0	24.7	92.7	28.9	122.0	32.1	154.0	174.0	0.38	178	−24.5

续表

时段	西巴尔喀什湖			东巴尔喀什湖	入流量			支出			湖的水量平衡
	流入三角洲	三角洲生态耗水	流入巴尔喀什湖	入流	入湖的地表径流量	大气降水	总计	蒸发量	下渗量 V_φ	合计	
1988—2009 年	155.0	37.7	117.0	31.4	148.0	32.9	181.0	171.0	0.38	175	6.3
1953—2009 年	141.0	30.3	111.0	31.9	143.0	34.3	177.0	178.0	0.38	182	−5.0
1970—2009 年	138.0	31.8	106.0	30.3	136.0	32.6	169.0	173.0	0.38	176	−7.5
1953—1959 年	160.0	29.4	130.0	37.2	168.0	38.1	206.0	179.0	0.38	183	22.9
1960—1969 年	142.0	24.7	117.0	34.7	152.0	38.7	191.0	200.0	0.38	204	−12.9
1970—1979 年	112.0	20.1	92.0	30.3	123.0	36.8	159.0	185.0	0.38	189	−29.2
1980—1989 年	133.0	31.0	102.0	29.7	131.0	27.6	159.0	161.0	0.38	164	−5.5
1990—1999 年	140.0	29.3	111.0	28.2	139.0	30.9	170.0	162.0	0.38	166	3.6
2000—2009 年	166.0	46.8	119.0	32.9	152.0	35.0	187.0	183.0	0.38	186	1.0

注　摘自哈萨克斯坦提供的资料。

　　由表 4-39 可以看出，1953—1969 年为天然期，伊犁河三角洲顶端的来水量为 149.0 亿 m³，三角洲的耗水量为 26.7 亿 m³。1970—1987 年为卡普恰盖水库的蓄水期和灌溉引水期，伊犁河三角洲顶端的来水量为 117.0 亿 m³，三角洲的耗水量为 24.7 亿 m³，耗水量比 1953—1969 年天然时期少 2.0 亿 m³。1990—1999 年，伊犁河三角洲耗水量有所增加，比 1953—1969 年天然时期高出 2.6 亿 m³。与 1953—1969 年的天然时期相比，1970—1987 年和 1990—1999 年两段时间的三角洲耗水量与天然时期耗水量相差值均在 3.0 亿 m³ 以内。

　　2000—2009 年为人类活动和气候变化的共同作用时期，伊犁河三角洲顶端的来水量为 166 亿 m³，三角洲耗水量为 46.8 亿 m³。在此期间的伊犁河三角洲耗水量比 1953—1969 年天然时期高出 20.1 亿 m³，比 1970—1987 年也高出 22.1 亿 m³。这就说明进入 21 世纪后，伊犁河三角洲的生态环境状态比之前所有改善。

二、巴尔喀什湖流域水资源供需平衡分析

（一）区域河径流资源及供需平衡分析

表 4-40 为伊犁-巴尔喀什湖流域的水资源及供需平衡分析。巴尔喀什湖流域的河流水资源量多年平均为 278 亿 m³，干旱年河流水资源总量为 178 亿 m³，必要的水量消耗包括生态需水和蒸发，其中每年生态需水为 169 亿 m³，蒸发耗水为 23 亿 m³；在平水年可以利用的水资源量为 86 亿 m³，枯水年拥有的水资源量为 54 亿 m³。而哈萨克斯坦境内年用水定额为 54.57 亿 m³，整个巴尔喀什湖流域在枯水年缺水为 0.57 亿 m³。

表 4-40　　　　　伊犁-巴尔喀什湖流域的水资源及供需平衡分析　　　　　单位：亿 m³

水体		年资源		必要的消耗		拥有的资源		用水	平衡	
		多年平均	干旱年	生态	蒸发	平水年	干旱年	定额	平水年	干旱年
河流	总量	278.00	178.00	169.00	23.00	86.00	54.00	54.57	31.43	-0.57
	伊犁河	178.00	123.00	118.00	10.00	50.00	34.00	38.00	12.00	-4.00
	巴湖河流	60.00	33.00	30.50	10.00	19.50	15.00	12.30	7.20	2.70
	阿拉湖河流	40.00	22.00	20.50	3.00	16.50	5.00	4.27	12.23	0.73
湖泊		1156.00	977.88		180.00	976.00	797.88	3.31	972.69	794.57
地下水		59.51	59.51			59.51	59.51	5.89	53.62	53.62
合计		1493.51	1215.39	169.00	203.00	1121.51	843.39 (911.39)	63.77	1057.74	779.62 (847.62)

注　摘自 Всемирный банк, Комитет по водным ресурсам МСХ РК, Приоритетные проблемы 7 основных речных бассейнов Казахстана, Проект финального отчета（世界银行，哈萨克斯坦水资源委员会，七大河流流域主要问题），2007 年。

从伊犁河流域来看，多年平均径流资源为 178 亿 m³，干旱年径流资源为 123 亿 m³，流域必要的水量消耗包括生态和蒸发，其生态需水为 118 亿 m³，蒸发耗水为 10 亿 m³；在平水年可以利用的径流资源量为 50 亿 m³，枯水年拥有的径流资源量为 34 亿 m³。而哈萨克斯坦境内伊犁河流域的年用水定额为

38 亿 m³，整个伊犁河流域在枯水年缺水达 4 亿 m³。而巴尔喀什湖流域的其他流域区和阿拉湖流域区的河流在平水年和干旱年均能保障经济用水需求。

（二）湖泊蓄水资源量及供需平衡分析

巴尔喀什湖流域的湖泊水资源量由巴尔喀什湖、阿拉湖湖群的蓄水量组成，多年平均湖泊蓄水量为 1156 亿 m³，干旱年为 976 亿 m³，年蒸发损失为 180 亿 m³，从湖泊的角度来看平水年拥有水资源量为 976 亿 m³，枯水年拥有水资源量 797.88 亿 m³。湖泊的用水定额很小，只有 3.31 亿 m³。湖泊蓄水是伊犁-巴尔喀什湖流域巨大的水资源保障。

（三）地下水资源供需平衡分析

伊犁-巴尔喀什湖流域具有丰富的地下水资源，据哈萨克斯坦地理研究院估计，流域中可以更新和可以利用的地下水资源量达 59.51 亿 m³，目前地下水的利用量很小，每年利用量为 5.89 亿 m³，不足地下水资源量的 1/10。

三、流域水资源总量及供需平衡分析

（一）总水资源量及变化特征

伊犁-巴尔喀什湖流域总水资源量包括河流水资源、湖泊水资源、地下水资源等，多年平均水资源总量达 1493.51 亿 m³，干旱年水资源总量达 1215.39 亿 m³，除去生态用水 169.00 亿 m³ 和蒸发损失 203.00 亿 m³，多年平均拥有的水资源量达 1121.51 亿 m³，干旱年拥有的水资源量达 843.39 亿 m³。

（二）总水资源供需平衡分析

根据哈萨克斯坦专家的分析，巴尔喀什湖生态需水量为 169.00 亿 m³，年蒸发损失 203.00 亿 m³，总耗水量为 372.00 亿 m³，多年平均拥有的水资源量达 1121.51 亿 m³，干旱年拥有的水资源量达 843.39 亿 m³，流域总用水定额为 63.77 亿 m³。据平衡分析，剩余的水资源量多年平均为 1057.74 亿 m³，干旱年为 779.62 亿 m³。从总的水资源量来看，伊犁-巴尔喀什湖流域的水资源量是世界最丰富的地区之一，为该区域的社会经济发展的水资源需求提供了确切的保障。

四、阿拉湖流域水资源利用

阿拉湖流域以牧业为主，农业分布面积很小，人民以牧渔业为生。水资源利用率较低，但是水力资源得到一定程度的开发利用。表 4-41 及表 4-42 为阿拉湖流域 1990 年及 2000 年各部门用水量及取水量。

表 4-41　　　　　　　　　　阿拉湖流域各部门的用水量　　　　　　　　单位：亿 m³

行业（用户）	1990 年	2000 年
市政用水	0.017	0.010
工业（能源）	0.015	0.003
农业用水	0.243	0.037
灌溉用水	2.980	0.755
渔业	0.270	0.042
总计	3.525	0.847

表 4-42　　　　　　　　　　阿拉湖流域内的取水量　　　　　　　　　　单位：亿 m³

行业（用户）	1990 年	2000 年
市政取水	0.017	0.013
工业（能源）	0.015	0.005
农业取水	0.253	0.051
灌溉取水	3.036	0.936
渔业	0.270	0.047
总计	3.591	1.052
取用地表水量	3.400	0.984
取用地下水量	0.191	0.068

可以看出，1990 年灌溉用水量 2.98 亿 m³ 小于取水量 3.036 亿 m³，农业供水用水量 0.243 亿 m³ 小于取水量 0.253 亿 m³，市政用水、工业（能源）用水、渔业用水量和取水量相持平，总用水量为 3.525 亿 m³，仅比总取水量 3.591 亿 m³ 小 0.066 亿 m³。而到了 2000 年市政供水、工业（能源）用水、农业供水、灌溉用水及渔业用水的取水量均大于用水量，总用水量为 0.847 亿 m³，总取水量为 1.052 亿 m³，用水量与取水量之间差距变大为 0.205 亿 m³，而且用水量和取水量与 1990 年相比明显减少，地表水取水量与地下水取水量 2000 年均小于 1990 年，分别占 1990 年的 29.84%、35.60%，阿拉湖地区的水资源利用整体表现为良性循环趋势。

表 4-43 为 2000 年阿拉湖流域的水量平衡表，2000 年阿拉湖流域收入项主要包括天然河道径流、地下水及回归水，其中收入项主要来自于天然河道径流量（33.71 亿 m³），总收入量为 33.80 亿 m³。2000 年阿拉湖支出项主要包

括经济用水量、流域内供水及流入湖泊水量，其中占最大部分的是流入湖泊的水量（31.44 亿 m³），收入项总量（33.80 亿 m³）与支出项总量（33.80 亿 m³）持平，用水处于平衡状态。

表 4－43　　　　　　　　2000 年阿拉湖流域的水量平衡　　　　　　单位：亿 m³

收入项				支出项			
天然河道径流量	回归水	地下水	总计	经济用水量	流域内供水	流入湖泊	总计
33.71	0.01	0.08	33.80	1.20	1.16	31.44	33.80

2002 年阿拉湖及萨瑟科尔湖地区入流项主要包括天然河流径流和地下水入流，总水量为 43.6 亿 m³，出流耗水项主要包括地表水源取水、地下水边界取水、湖泊需水量及支流，湖泊需水量占大部分（39.9 亿 m³），总出流耗水量为 43.6 亿 m³，阿拉湖及萨瑟科尔湖流域 2002 年整体处于用水量平衡状态，见表 4－44。

表 4－44　　　　　　　　2002 年阿拉湖流域水量平衡　　　　　　单位：亿 m³

流域	入出情况	项目	水量	总计
阿拉湖及萨瑟科尔湖	入流进水	天然河流径流	43.5	43.6
		地下水流入	0.1	
	出流耗水	地表水源取水	1.4	43.6
		地下水水力边界取水	0.1	
		三角洲及湖泊需求的水	39.9	
		支流	2.2	

注　摘自 Water resources of Kazakhstan in the new millennium A series of UNDP publication in Kazakhstan（新千年哈萨克斯坦的水资源），UNDPKAZ 07。

2003 年萨瑟科尔湖生态卫生放入水量为 17.4 亿 m³，主要由滕特克河放入。阿拉湖生态卫生放水量为 18.8 亿 m³，主要由乌尔贾尔河和其他河流放入。2003 年阿拉湖湖群生态卫生放水情况见表 4－45。

表 4－45　　　　　　　2003 年阿拉湖湖群生态卫生放水情况　　　　　单位：亿 m³

湖泊（河流）	实际放入	计划
萨瑟科尔湖	17.4	未确定
其中滕特克河	17.4	4.0
阿拉湖	18.8	未确定
其中乌尔贾尔河和其他河流	18.4	1.5（乌尔贾尔）

第五节　流域水土开发利用现状及规划

一、中国境内的水土开发利用现状及规划

（一）水土资源的开发利用现状

中国境内的伊犁河段地形地质条件优越，适于灌溉、防洪、发电及水产养殖等综合开发利用。伊犁河流域水能资源丰富，水能蕴藏量为 705 万 kW，占新疆的 21%，目前仅开发了 1.25%。开发条件较好的坝址有 30 多处，装机总容量为 263.82 万 kW，占新疆可开发装机容量的 30.9%。

伊犁河流域丰富的水资源及优越的农牧业发展条件，使其成为新疆重要的商品粮、油料、甜菜、畜产品、用材林基地。据史料记载，1760 年（清乾隆二十五年）以后，伊犁河两岸开始大兴水利工程，完成了三棵树、红柳泉的垦地工程（新建耕地 2.2 万 hm²）以及伊犁河阿勒卡斯垦地工程（新建耕地 1.09 万 hm²），还修建了阿齐乌苏大渠龙口工程，使惠远以东 0.67 万 hm² 废地得以灌溉，农业生产迅速发展。但是我国境内的水资源地域分布不均匀，水热组成不平衡，形成了区域之间河川径流利用率差异较大的状况。东部五县（昭苏、特克斯、巩留、新源、尼勒克）山地面积广大，占产水量的 87%。由于天然降水较多，气温又较低，灌溉需水量也相对较少，河川径流利用率较低；西部各县（市）（伊宁、霍城、察布查尔）占总产水量的 13%，但灌溉需水量大，河川径流利用率较高。巩乃斯河下游及伊犁河水资源开发引用率在 70% 以上，而特克斯河流域仅为 20%。

我国在伊犁河的水电工程开发还仅限于伊犁河的主要支流上，已建成水利工程主要有特克斯河上的恰甫其海水利枢纽和喀什河上的吉林台一级水电站等（表 4-46）。支流上所建的这些水利工程，不但不会对干流水量造成直接影响，反而能对干流的流量起到合理分配和有效调控作用，而且所建工程多以发电为主，兼顾灌溉和防洪，对泥沙、营养物下泄及水生生物正常繁衍的影响不大，属于开发与治理并重、利用与保护并举、引水与排水配套的控制性工程，大大提高了伊犁河水能资源的开发利用程度。

由于现有水利工程的调蓄能力低，灌区渠系工程不配套，目前实际引水能力仅为 54.0 亿 m³，而其中的实际耗水量为 42.76 亿 m³，回归到伊犁河的水量约为 11.24 亿 m³。现有的引水能力仅占伊犁河总径流量（228.36 亿 m³）的 24%，占我国境内实际控制径流量（164.59 亿 m³）的 33%，占我国境内产水

量（158.65亿m³）的34%。大部分水量（126.4亿m³）都流入哈萨克斯坦境内，形成了上下游用水极不平衡的状况。

表4-46   伊犁河支流主要控制工程的主要指标

河流	电站名称	总库容/亿m³	有效库容/亿m³	年发电量/（万kW·h）	装机容量/万kW	多年平均水量/亿m³	利用落差/m
特克斯河	恰甫其海	20.60	18.42	9.340	30.0	74.12	91
喀什河	吉林台一级	23.87	15.12	10.638	46.0	35.32	137
巩乃斯河	巩乃斯一级	3.62	3.12	1.422	3.5	4.59	158

1950年，伊犁河两岸的灌溉面积为11.68万hm²，用水量达30.0亿m³。

1985年，伊犁河流域中国境内总人口为161.53万人，净灌溉面积为40.31万hm²，年引水总量为50.24亿m³。其中农林牧灌溉用水48.17亿m³，占总引水量的95.88%。渠系综合有效利用系数为0.39；渔业耗水0.35亿m³，工业用水0.11亿m³，生态及其他用水量为0.55亿m³。

1993年，实际灌溉面积为44.43万hm²（666.5万亩），总引水量为50.17亿m³。其中农林牧灌溉用水47.58亿m³，占总引水量的94.84%。渠系综合有效利用系数为0.42；工业用水0.41亿m³，生态及其他用水量0.98亿m³。

2003年，流域总人口211.55万人，灌溉面积45.23万hm²（678.47万亩），全区总引水量为54.0亿m³，灌溉用水量为49.31亿m³。总引水量中，引地表水52.31亿m³，占地表水资源量的31.3%；实际耗水量约为42.5亿m³左右，仅占地表水资源量的25%左右；开采地下水1.80亿m³，占地下水可开采量的12.23%。三道河子水文站出境水量为122.66亿m³（实测多年平均出境水量为126.4亿m³），约占中国境内实控地表水资源量的75%。

目前，伊犁河流域95%以上的水资源用于农牧业生产，其中灌溉用水占90%以上。但由于农业基础设施建设投入不足，农牧业生产经营方式落后，农业生产仍停留在大水漫灌的粗放阶段，畜牧业仍以天然草原放牧的游牧业为主，伊犁河流域的水土资源开发利用程度低下，开发潜力较大。

（二）水土资源的开发利用规划

虽然伊犁河流域的农业生产历史悠久，目前灌区面积也已达到相当规模，但多年来，水利投入严重不足，水利工程落后且不配套，远不能适应现代化农业生产的需求。作为新疆水土开发优势和潜力最大的区域，中国应该适当扩大在伊犁河流域的水土资源开发。根据文献，围绕满足本区用水、跨区调水、出境水量三方面的需要，提出了伊犁河流域水资源综合开发和合理配置规划方案。伊犁河流域未来不但要新增 221 万～621 万亩灌溉用地，引水率从目前的 25％提高到 45％以上，而且还要向南北疆核心区调水，支撑新疆国土开发及能源基地建设。从而实现全疆水资源的合理配置和实现最大的经济效益、社会效益和环境效益。

伊犁河流域具有降水丰沛、径流补给充分，径流量大、水系发达、河川密布，水量变化较小、泥沙含量较少、水质较好等一系列的资源优势。但受产业化水平及产业结构层次的局限，伊犁河流域水资源开发总体上仍处于扩张性初级开发阶段，在流域水土资源综合开发、水资源开发与调控、灌区规划与水资源产出、水能水电开发与水利工程建设、跨流域调水与生态建设等方面存在巨大优势和潜力。通过科学系统的流域统筹规划和水资源合理配置及优化，伊犁河流域水资源将在充分满足本区用水、跨区调水、出境水量的同时，为国家及新疆 21 世纪开发发挥应有的资源优势。

二、哈萨克斯坦境内的水土开发利用现状及规划

(一) 水土资源的开发利用

哈萨克斯坦境内伊犁河-巴尔喀什湖流域的水资源丰富，实际地表水资源量约为 255.41 亿 m^3（包括中国流入的 126.4 亿 m^3，哈萨克斯坦境内伊犁河流域产流为 69.71 亿 m^3，阿拉套山西北坡产流为 49.3 亿 m^3，巴尔喀什湖北部产流为 10.0 亿 m^3），其中哈萨克斯坦境内伊犁河流域的可控水资源总量为 187.11 亿 m^3。哈萨克斯坦巴尔喀什湖流域的农业灌溉、城市供水和工业供水以及渔业发展等都有赖于巴尔喀什湖及其入湖河流的水资源，因而伊犁河-巴尔喀什湖流域的开发利用对哈萨克斯坦十分重要。伊犁河-巴尔喀什湖流域的灌溉面积发展过程如图 4-14 所示。

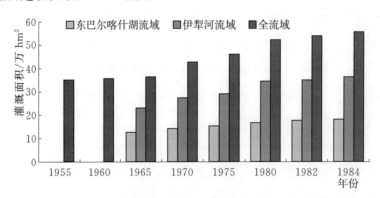

图 4-14 伊犁河-巴尔喀什湖流域的灌溉面积发展过程

哈萨克斯坦境内的巴尔喀什湖流域总面积为 35.3 万 km^2，总人口为

328.57 万人（截至 20 世纪末），其中城市人口为 193 万人，占总人口的 61.2％。流域内有 12 个州、区级城市，78 个乡镇。根据 1986 年的统计资料，流域内有宜农地面积为 250 万 hm²，其中宜种植地为 18.6 万 hm²（占宜农地面积的 7.4％），宜牧地为 224.8 万 hm²（占宜农地面积的 90％），宜林地为 0.76 万 hm²（占宜农地面积的 0.2％），宜作割草地面积为 5.84 万 hm²（占宜农地面积的 2.4％）。

哈萨克斯坦伊犁河-巴尔喀什湖流域的农业开发历史悠久，但水土资源的大规模开发利用始于 20 世纪 50 年代，66％的灌溉土地分布在伊犁河流域，34％集中在准噶尔阿拉套山北坡诸河流流域。十月革命（1917 年）之时，这里仅有灌溉面积 29.0 万 hm²。由于 20 世纪 60—70 年代流域上水利工程的兴建及大型灌区的建设，伊犁河流域灌溉面积从 1965 年到 1984 年几乎呈线性增长，而东巴尔喀什湖流域的灌溉土地面积变化不大，从而造成了整个伊犁河-巴尔喀什湖流域灌溉面积的大幅度增长，从 1965 年到 1984 年净增灌溉面积 19.48 万 hm²。1984 年哈萨克斯坦境内伊犁河-巴尔喀什湖流域的灌溉面积已经达到 56.0 万 hm²。

从 20 世纪 80 年代以来，由于苏联解体和经济衰退，哈萨克斯坦的灌区面积基本上没有发展，现在也没有发展农业灌溉的计划，老的灌区由于设备和工程年久失修，灌溉效益低下，实际灌溉面积大大减少，到现在还没有恢复到 20 世纪 80 年代的水平。就伊犁河流域而言，灌溉土地面积主要分布在中游地区，占伊犁河流域总灌溉面积的一半。东巴尔喀什湖流域的灌溉土地主要分布在卡拉塔尔河流域。1982 年巴尔喀什湖流域灌溉耕地的分布情况见表 4-47。

表 4-47   1982 年巴尔喀什湖流域灌溉耕地的分布情况

河流流域	灌溉面积/万 hm²	所占比例/%
上游（卡普恰盖水库上 171km 站以上）	11.71	32.9
中游（卡普恰盖水库上 171km 站到卡普恰盖下站）	17.99	50.5
下游（卡普恰盖水库下站到乌斯热尔玛站）	5.93	16.6
伊犁河流域合计	35.63	100.0
卡拉塔尔河	9.75	52.8
比因、卡巴尔等	1.17	6.4
阿克苏河	3.36	18.2
列普西河	4.17	22.6
东巴尔喀什流域合计	18.45	100.0

伊犁河-巴尔喀什湖流域的总灌溉面积逐年扩大，到 1991 年，加上阿拉湖

流域后总的灌溉面积达到 63.34 万 hm² （图 4-15 和表 4-48）。其中农业 56.2 万 hm²（占 88.8%），农业中粮食作物占 35.4%，饲草饲料作物占 45.5%，经济作物占 11%，蔬菜、果园占 8.2%。农业灌溉总面积中 47.4 万 hm² 采用地灌法，16.0 万 hm² 采用喷灌法。前者分布在阿拉木图大渠灌区，钦基利德、巴组依、恰林河下游和阿克达拉水稻灌区，以及塔尔迪库尔干州的阿克苏、萨尔坎德，别因-克孜勒阿加什河、塔尔迪库尔干、卡拉塔阿尔水稻灌区和科克苏河、乌谢克河等流域。

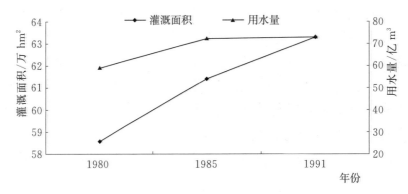

图 4-15　哈萨克斯坦巴尔喀什湖-阿拉湖流域的灌溉面积和用水量变化过程

表 4-48　哈萨克斯坦伊犁河-巴尔喀什湖-阿拉湖流域各州的灌溉面积

单位：万 hm²

行政（州）区名	1980 年	1985 年	1991 年
阿拉木图州	31.98	34.56	35.77
塔尔迪库尔干州	25.86	26.05	26.76
塞米巴拉金斯克州	0.58	0.53	0.53
杰兹卡兹甘州	0.23	0.27	2.80
合计	58.65	61.41	63.34

1985 年，哈萨克斯坦伊犁河流域引水量为 43.2 亿 m³（表 4-49），灌溉实际消耗水量为 17.7 亿 m³，河谷、水库、三角洲总消耗 59.6 亿 m³（含水库蓄存），流入三角洲 115.3 亿 m³，最后注入巴尔喀什湖的径流量为 90.0 亿 m³。

1991 年，巴尔喀什湖-阿拉湖流域国民经济各领域的用水量为 73.07 亿 m³，其中，巴尔喀什湖流域内国民经济各领域用水量为 70.439 亿 m³，这其中农业灌溉用水最多，占到总用水量的 86%。由表 4-50 可以看出，在改革和经济危机时期的 1990—2000 年间，区域用水量大幅度下降：总取用水量减少了 40.908 亿 m³，下降了一半多，这对巴尔喀什湖本身的水量平衡来说是有利的。

表 4 - 49 　　　　1985 年哈萨克斯坦伊犁河流域主要灌区及其引水情况

灌区名称	面积/万 hm²	引水量/亿 m³
霍尔果斯河-潘菲洛夫	4.0	4.44
克特绵山北坡	3.0	3.33
恰林河	2.0	2.23
阿拉木图（卡斯克连河-奇利克河）	18.0	16.85
钦基利德	1.7	1.70
阿克达拉	3.0	10.00
库尔特河	2.3	2.55
特克斯河	2.0	2.10
合计	36.0	43.20

表 4 - 50　　　　哈萨克斯坦伊犁河-巴尔喀什湖流域的用水状况　　　　单位：亿 m³

用水部门	1980 年	1985 年	1990 年	1991 年	2000 年
市政用水	2.092	3.215	4.258	3.592	2.427
工业用水	4.570	5.133	5.492	4.756	2.186
农业生活用水	0.618	0.735	1.119	0.812	0.308
农业灌溉用水	48.870	60.173	64.769	60.577	31.092
渔业用水	0.753	0.779	1.505	0.679	0.222
合计	56.946	70.057	77.143	70.439	36.235

（二）水土资源的开发利用规划

十月革命将整个中亚地区由游牧部落社会带进了现代化国家的行列，在不到 100 年的时间里，使其社会经济体制发生了根本性变化，从原始的游牧社会很快过渡到农业社会和现代的工业化社会。同样，巴尔喀什湖流域的用水方式也随之发生着根本性的改变，从逐水草而居的游牧方式发展到用水量非常大的灌溉农业，再到对水体造成危害的工业经济，对水资源的依赖程度和干扰破坏程度不断加强，使得流域的水资源短缺变成了影响区域社会经济持续发展的关键因素。

虽然流域上的人口密度较小，经济不很发达，进行大规模经济建设的可能性不大，但由于处于干旱区，水资源的空间分布不均匀，年际变化剧烈，河流和湖泊的生态系统非常脆弱，极易受到人类活动的影响。20 世纪 80 年代，巴尔喀什湖流域由于人类活动影响而导致的生态问题，已引起了国际世界的广泛关注。

近年来，哈萨克斯坦的 GDP 保持 9% 的高增长率，2005 年达到 10%，GDP 为 550.57 亿美元，人均 3616 美元。据哈方预测，到 2010 年，其人均 GDP 可达到 7000～8000 美元，相当于韩国目前的水平。经济的全面恢复使得哈萨克斯坦对水资源的需求同步增长，以咸海为中心的中西部地区的生态恶化及区域干旱化趋势越来越严重，搁置多年的"北水南调、引额济咸工程"也在酝酿之中，在这种情势下，如何充分利用相对富水的伊犁河的水来满足其国民经济和生态环境建设需要，已引起了哈萨克斯坦的高度关注。

哈萨克斯坦非常重视巴尔喀什湖的生态保护问题，近几年召开了两次关于保护巴尔喀什湖的国际会议，并准备就巴尔喀什湖的保护问题专门颁布"巴尔喀什湖法"。同时，对巴尔喀什-阿拉湖流域的用水计划进行了详细规划，为解决巴尔喀什湖的水文水资源及生态问题开展了大量研究。

2007 年，哈萨克斯坦在现状用水和经济发展规划需求的基础上，就流域的水体生态保护对巴尔喀什湖流域的用水提出了中长期规划。因为 1990 年流域上的各经济部门的水资源利用程度很大，被认为是用水的极限水平。因而哈萨克斯坦这个经济发展规划的目的就是，在经济增长的同时尽力控制用水量不增长或者不超过 1990 年的用水水平。根据不同阶段和不同发展水平下各部门对水资源的需求，按照 1990 年的需水指标比例（即大致为灌溉用水占 84%，工业用水占 8%，市政用水占 5%，其他用水占 3%）对巴尔喀什湖流域的未来需水和取水量进行了短期、中期和长期三个时段的规划，见表 4-51。第一阶段（短期 2～3 年），水资源的开发水平稳定或者增加幅度不超过现状的 5%～10%；第二阶段（中期 5～10 年），继续对水资源开发利用量进行一定的控制；第三阶段（长期），基本上恢复到 1990 年的用水水平。

表 4-51　　哈萨克斯坦巴尔喀什湖流域未来不同发展时期的需水量规划

单位：亿 m³

用水部门	短期水平		中期水平		长期水平	
	需水量	取水量	需水量	取水量	需水量	取水量
市政用水	1.99	2.59	2.89	3.38	3.73	4.18
工业用水	1.99	2.39	3.39	3.94	4.79	5.48
农业生活供水	0.17	0..33	0.67	0.75	1.09	1.17
农业灌溉用水	23.11	34.67	41.89	49.98	60.67	65.29
渔业用水	0.25	0.33	0.84	0.92	1.46	1.51
合计	27.47	40.30	49.74	59.05	71.91	77.79

第六节 阿拉湖流域畜牧业情况

乌尔贾尔县总产出的 70％ 来自农业，其中畜牧业占总农业产出的 46.1％。图 4－16 所示为 2008 年及 2009 年畜牧业的发展情况。与 2008 年相比，2009 年牛的总头数为 74021（增加了 6.7％），包括奶牛 29533 头（增加了 11.3％）；羊 252605 头（增加了 9.9％）；马 18324 匹（增加了 11.3％）；猪 6183 头（减少了 3％）；骆驼 112 匹（增加了 12％）；禽类 127300 只（增加了 0.2％）。

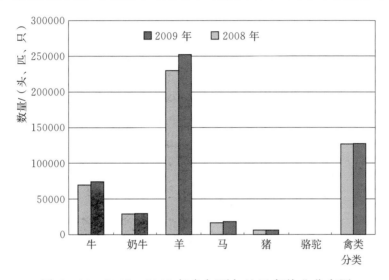

图 4－16 2008—2009 年乌尔贾尔地区畜牧业分布图

与 2008 年相比，2009 年该地区的畜牧业产量增加的量如图 4－17 所示。其中，肉类增加 3.7％，奶类增加 3.1％，蛋类增加 5.9％，羊毛增加 2％。

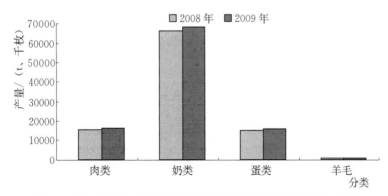

图 4－17 2008—2009 年乌尔贾尔地区畜牧业产量分布

〔注：摘自 Стратегический План отдела сельского хозяйства и ветеринарии Урджарского района ВКО на 2010—2014 г. （2010—2014 年乌尔贾尔地区农业及畜牧业的战略发展计划）。〕

第五章

人类活动对流域水文及生态状况的影响

第一节　人类活动对巴尔喀什湖流域的影响

一、卡普恰盖水库对巴尔喀什湖的影响

卡普恰盖水库是伊犁河上最大的控制工程，控制着巴尔喀什湖 78％ 的入湖水量。水库建成后，大大地改变了水库下游伊犁河干流、伊犁河三角洲和巴尔喀什湖的水文特征。卡普恰盖水库的建成和蓄水对伊犁河入湖水量造成了很大影响，是造成巴尔喀什湖水位 20 世纪 70 年代水位急剧下降的主要原因之一。

卡普恰盖水库从 1970 年 3 月开始蓄水，到 1971 年末水库水位升高了 25.00m。1972 年开始稳定，从 8 月开始蓄水，水位又抬高 1.90m，此时水库水面面积达到 865km²，蓄水量达 80.6 亿 m³。到 1973 年 12 月水位又抬高了 3.00m，是水库建成后第一个五年中的最高水位，其水位达 464.90m。到 1975 年 6 月 1 日，水库水位与第一次最高水位相比下降了 7.00m，下降到 457.90m，面积为 496.5km²，蓄量为 36.8 亿 m³，这种情况导致水库的水面面积大幅度减少，对水库的生态造成了负面影响。

1976 年后水库水位开始了新的抬升，一直到 1980 年水库水位达到了 478.50m。为了保证巴尔喀什湖的入湖水量，卡普恰盖水库持续了 10 年才达到 478.50m，但一直没有达到设计的正常蓄水位 485.00m。但 1970—1980 年的水库蓄水加上其他原因，造成了巴尔喀什湖水位在 10 年期间下降了 1.51m，巴尔喀什湖水量减少 265.2 亿 m³，卡普恰盖水库的蓄量加上蓄水造成的损失（蒸发损失、渗漏损失）所引起入湖水量的变化正好与巴尔喀什湖的水量减少相当。可以认为，在 1970—1980 年间巴尔喀什湖水位的下降的主要原因是卡普恰盖水库蓄水。

巴尔喀什湖水位下降对巴尔喀什湖及沿岸带的生活、经济、生态环境造成了剧烈的影响。为了改变这种情况，从 1980 年后，水库对伊犁河的拦蓄水量变小，以抑制巴尔喀什湖水位的下降趋势，但此时为时已晚。由于伊犁河流域

大部分地区降水量偏低,苏联在伊犁河左岸支流上修建了大量水利工程,最著名的有 1982 年开始建设的大阿拉木图运河和巴尔托盖水库。同时,苏联政府在此期间对中亚进行大规模了农业开发,该区域的灌溉面积发展速度非常快,使得该区域的径流利用系数从 0.4 急速增加到 0.8,使得承担 30% 入库水量的左岸众多河流的入库水量急剧减少;使得卡普恰盖水库几乎失去了对径流的调节作用,入湖水量持续偏低,巴尔喀什湖水位接近历史最低水位,水位为340.70m。1987 年后随着伊犁河降水量增加,伊犁河干流径流量超过多年均值,卡普恰盖水库和巴尔喀什湖的流入水量增加,巴尔喀什湖总的入湖水量从1970—1980 年的 118.6 亿 m^3 增加到 1988—1995 年的 140.9 亿 m^3,1989 年湖水位恢复到 341.00m。从 1989 年到现在,巴尔喀什湖水位一直在 341.00m 以上,其水位和蓄量进入了一个新的稳定期。卡普恰盖水库的水位也趋于稳定,水库的蓄量为 140 亿 m^3,面积达 1200km²,水库的效益有了很大提高。

图 5-1 所示为哈萨克斯坦水文专家根据卡普恰盖水库蓄水和流域用水情况模拟的 1970—1988 年不同条件下的巴尔喀什湖水位过程。其分析认为由于流域降水量减少引起巴尔喀什湖水位下降 0.50m,由于卡普恰盖水库蓄水和流域用水造成巴尔喀什湖水位下降 1.68m,其中卡普恰盖水库蓄水引起水位下降1.30m,流域用水引起水位下降 0.38m,降水减少、流域用水和卡普恰盖水库蓄水引起的总水位下降为 2.18m,这与 1970—1988 年巴尔喀什湖水位下降是相符的,因此这种分析是客观和科学的。这也说明中国境内伊犁河流域的用水对巴尔喀什湖水位的影响很小,哈萨克斯坦在伊犁河流域的用水量远超过中国,用水引起的巴尔喀什湖水位下降 0.38m 的主要原因是来源于哈萨克斯坦。

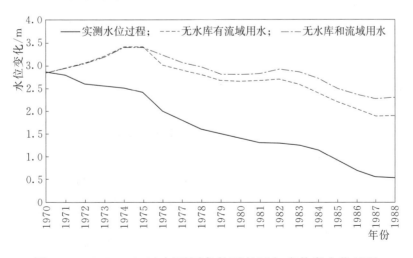

图 5-1 1970—1988 年不同条件下的巴尔喀什湖水位过程

卡普恰盖水库在 1970—1980 年间处于水库充水期,由于水库的库容达

281.4 亿 m³，水库充水过程对巴尔喀什湖的入湖水量和水位产生了较大的影响，导致巴尔喀什湖水位在 1970—1980 年间急剧下降，巴尔喀什湖水面面积萎缩。在 1975 年和 1976 年，连续两年水位下降了 1.00m。卡普恰盖水库蓄水导致入湖径流急剧减少，引起巴尔喀什湖水位持续下降，1987 年发生巴尔喀什湖出现最低水位 340.70m，引起了巴尔喀什湖严重的生态问题。另外由于卡普恰盖水库蓄水引起大量的蒸发和下渗损失，伊犁河水量减少幅度很大。鉴于此，哈萨克斯坦政府对卡普恰盖水库的调度管理规则做了重大调整，1992 年 5 月 12 日发文，决定卡普恰盖水库正常高水位改为 479.00m，比原来的 485.00m 降低了 6.00m。

　　表 5-1 是 1970—1980 年卡普恰盖水库充水期水位变化。表 5-2 为 1970—1980 年卡普恰盖水库充水期巴尔喀什湖水位变化。

表 5-1　　　　1970—1980 年卡普恰盖水库充水期水位变化　　　　单位：m

年份	1970	1971	1972	1973	1974	1975	1976	1977	1978	1979	1980
水位变化	1.3	1.5	1.6	1.7	1.8	2.2	2.8	2.5	2.7	2.6	2.8
同前一年相比的变化情况		0.2	0.1	0.1	0.1	0.4	0.6	−0.3	0.2	−0.1	0.2

表 5-2　　　1970—1980 年卡普恰盖水库充水期巴尔喀什湖水位变化　　　单位：m

年份	1970	1971	1972	1973	1974	1975	1976	1977	1978	1979	1980
水位	342.8	342.6	342.7	342.5	342.8	342.2	341.8	341.7	341.6	341.5	341.3
同前一年相比的变化情况		−0.2	0.1	−0.2	0.3	−0.6	−0.4	−0.1	−0.1	−0.1	−0.2

二、卡普恰盖水库对伊犁河水文特征的影响

（一）卡普恰盖水库对伊犁河下游流量过程的影响

　　卡普恰盖水库是多年调节水库，对伊犁河径流具有巨大的调节作用，水库建成后使伊犁河下游的水文条件发生了根本性变化，对河流的洪水过程、径流年内分配和多年径流过程都有很大的改变；使得天然状态下的洪水过程消失，丰水期河道径流量变小，枯水期径流量变大。

　　从径流总量来看，1970 年以前流入三角洲的总径流为 150.58 亿 m³，入湖水量为 118 亿 m³，1970 年以后流入的水量减少为 118 亿 m³，入湖水量为 98 亿 m³，三角洲耗水量减少，湖泊水位下降。卡普恰盖水库对伊犁河下游水

文条件的改变引起了伊犁河下游三角洲的一系列问题。

由于卡普恰盖水库规模很大，库容是伊犁河年径流总量的1.9倍。水库蓄水以后，下游河道径流的年内分配情况不再取决于天然来水，而完全取决于水库的放水情况，下泄流量由天然条件下的大变幅变得趋于均匀化。图5-2和图5-3所示分别反映的是卡普恰盖下站和乌斯热尔玛站在卡普恰盖水库蓄水前后日平均流量过程。

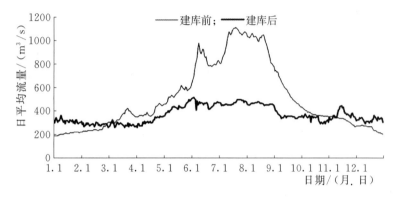

图5-2　卡普恰盖下站在卡普恰盖水库蓄水前后日平均流量过程

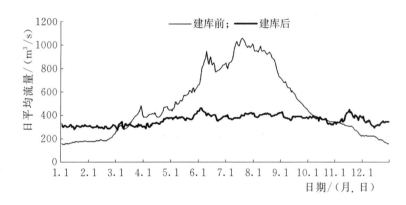

图5-3　乌斯热尔玛站在卡普恰盖水库蓄水前后日平均流量过程

图5-4和图5-5分别反映的是卡普恰盖下站、乌斯热尔玛站在卡普恰盖水库蓄水前后的月平均流量过程。

表5-3列出了在卡普恰盖水库蓄水前后卡普恰盖下站和乌斯热尔玛站各月径流量年内分配变化。可见，两站建库前后流量的变化非常明显，卡普恰盖水库蓄水前每年6—8月为汛期，蓄水后6—8月流量大幅减少，径流量的年内分配变得较均匀，天然洪水过程消失，丰水期水量减少，枯水期水量增加。显然，卡普恰盖水库运行后，在每年的4—5月开始拦蓄洪水，以保证下游的防洪安全及发电、灌溉需要，而在11—12月开始泄流以提高枯季流量。水库的这种蓄泄运行方式大大改变了天然河道的流量过程。

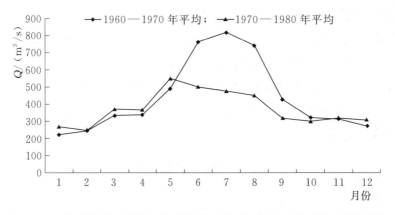

图 5 - 4 卡普恰盖下站在卡普恰盖水库蓄水前后月平均流量过程

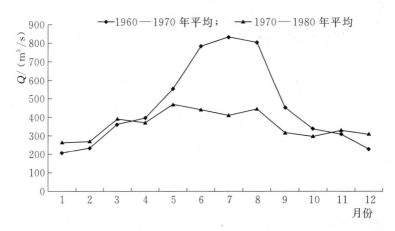

图 5 - 5 乌斯热尔玛站在卡普恰盖水库蓄水前后月平均流量过程

表 5 - 3 　　　　卡普恰盖水库蓄水前后卡普恰盖下站和乌斯热尔玛站
各月径流量年内分配变化 %

项目		1月	2月	3月	4月	5月	6月	7月	8月	9月	10月	11月	12月
卡普恰盖下站	蓄水前	3.52	3.66	5.87	6.36	9.20	13.31	16.80	16.25	9.25	6.30	5.26	4.22
	蓄水后	6.54	5.37	7.85	7.75	10.68	10.75	10.99	10.72	7.68	7.28	7.41	6.98
乌斯热尔玛站	蓄水前	3.07	3.09	6.00	7.10	9.59	13.77	16.54	15.61	9.80	6.63	5.14	3.66
	蓄水后	6.48	5.74	8.73	8.24	9.98	9.68	9.58	9.69	8.25	7.92	7.90	7.81

（二）蓄水前后不同流量级的频率变化

卡普恰盖水库蓄水以后，水库下游河流的流量大小发生变化，主要表现在不同流量级别出现频率的变化上。表 5 - 4 和表 5 - 5 对比了蓄水前后卡普恰盖下站及乌斯热尔玛站日平均流量分布情况。

水库蓄水后：①$Q \geqslant 800 m^3/s$ 的高流量消失；②$600 m^3/s \leqslant Q < 800 m^3/s$ 级别的流量平均发生天数减少；③$400 m^3/s \leqslant Q < 600 m^3/s$ 级别的流量平均发生

天数大幅增加；④$Q<400\text{m}^3/\text{s}$级别的流量平均发生天数也有所增加。说明卡普恰盖水库的蓄水导致下游高流量发生频率降低，取而代之以中流量，全年流量过程趋于坦化，天然状态下的洪水过程消失，丰水期河道径流量变小，枯水期径流量变大，如图5-6和图5-7所示。

表5-4　　　　　卡普恰盖下站日平均流量Q分布　　　　　单位：d

$Q/(\text{m}^3/\text{s})$	卡普恰盖水库蓄水前											
	1950年	1952年	1953年	1954年	1955年	1956年	1957年	1958年	1959年	1960年	1961年	日平均
$[800,\infty)$	70	79	36	75	50	83	11	86	121	103	24	67
$[600,800)$	39	41	58	33	69	30	30	29	29	31	29	38
$[400,600)$	34	42	65	62	52	56	60	96	107	76	83	67
$[0,400)$	221	204	206	195	194	197	258	154	108	156	229	193

$Q/(\text{m}^3/\text{s})$	卡普恰盖水库蓄水后									
	1978年	1979年	1981年	1982年	1983年	1984年	1985年	1986年	1987年	日平均
$[800,\infty)$	0	0	0	0	0	0	0	0	3	0
$[600,800)$	5	26	40	0	8	1	18	0	94	21
$[400,600)$	78	115	173	150	70	98	116	85	145	114
$[0,400)$	282	224	152	215	287	267	231	280	123	229

表5-5　　　　　乌斯热尔玛站日平均流量Q分布　　　　　单位：d

$Q/(\text{m}^3/\text{s})$	卡普恰盖水库蓄水前											
	1950年	1951年	1952年	1953年	1954年	1955年	1956年	1957年	1958年	1959年	1960年	1961年
$[800,\infty)$	42	6	50	74	96	98	94	28	83	99	80	35
$[600,800)$	38	42	53	41	18	28	32	54	40	43	51	36
$[400,600)$	51	56	59	38	75	122	80	39	58	83	61	116
$[0,400)$	234	261	204	212	176	117	160	244	184	140	174	178

$Q/(\text{m}^3/\text{s})$	卡普恰盖水库蓄水后								
	1978年	1979年	1981年	1982年	1983年	1984年	1985年	1986年	1987年
$[800,\infty)$	0	0	0	0	0	0	0	0	0
$[600,800)$	0	10	3	0	0	1	17	0	103
$[400,600)$	24	52	156	240	30	37	90	74	115
$[0,400)$	341	303	206	125	335	328	258	291	147

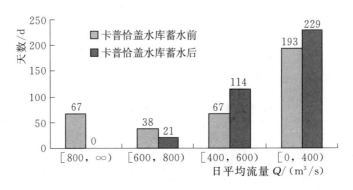

图 5-6 卡普恰盖水库前后卡普恰盖下站日平均流量 Q 分布对比

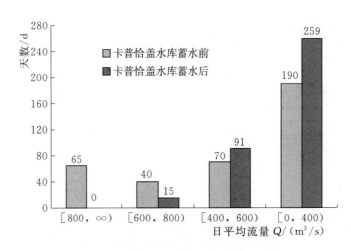

图 5-7 卡普恰盖水库前后乌斯热尔玛站日平均流量 Q 分布对比

图 5-8 对比了卡普恰盖水库蓄水前后卡普恰盖上站、下站日平均流量的分布情况：①卡普恰盖上站 $Q \geqslant 800 \mathrm{m^3/s}$ 的高流量平均有 65d/a，而卡普恰盖下站建库后该级别流量消失；②$600 \mathrm{m^3/s} \leqslant Q < 800 \mathrm{m^3/s}$ 级别流量平均发生天数卡普恰盖上站多于卡普恰盖下站；③$400 \mathrm{m^3/s} \leqslant Q < 600 \mathrm{m^3/s}$ 级别流量平均发生天数卡普恰盖上站少于卡普恰盖下站；④$Q < 400 \mathrm{m^3/s}$ 级别流量平均发生天数卡普恰盖上站和卡普恰盖下站相差不大。可见，水库上下游的水文条件存在显著差异，水坝拦蓄对水库下游流量的影响极大，导致下游高流量洪水消失，天然状态下的洪水过程消失。

（三）卡普恰盖水库蓄水前后特征流量的变化

卡普恰盖水库蓄水前后的特征流量主要用年最大、最小流量、年平均流量三个值来反映。卡普恰盖下站及乌斯热尔玛站的特征流量的分析结果见表 5-6。

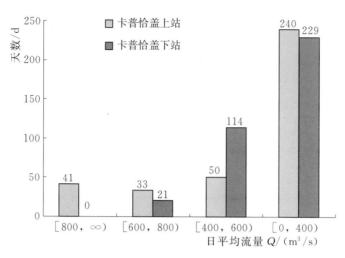

图 5-8 卡普恰盖水库蓄水后卡普恰盖上站、卡普恰盖下站日平均流量 Q 分布对比

表 5-6 卡普恰盖下站、乌斯热尔玛站在卡普恰盖水库蓄水前后特征流量变化

单位：m³/s

年份	卡普恰盖下站			乌斯热尔玛站		
	年最大流量	年最小流量	年平均流量	年最大流量	年最小流量	年平均流量
1950	1380	129	467	1070	89	400
1951				1050	102	348
1952	1200	85	479	1260	105	450
1953	1090	124	449	1110	176	500
1954	1630	125	543	1780	73	588
1955	1060	180	476	1280	158	549
1956	1460	127	531	1330	81	561
1957	1080	146	371	1070	132	402
1958	1610	154	583	1440	139	539
1959	1600	187	671	1350	112	543
1960	1770	223	628	1550	128	538
1961	1200	202	420	1410	131	456
蓄水前平均	1371	153	511	1308	119	489
1978	630	177	332	581	191	318
1979	766	104	364	672	215	360
1981	777	177	438	656	212	388
1982	542	258	394	576	223	410
1983	651	161	322	562	148	311

续表

年份	卡普恰盖下站			乌斯热尔玛站		
	年最大流量	年最小流量	年平均流量	年最大流量	年最小流量	年平均流量
1984	665	165	337	609	173	331
1985	645	161	345	655	188	367
1986	503	193	333	552	185	333
1987	888	88	472	785	201	459
蓄水后平均	674	165	371	628	193	364
蓄水前后变化率/%	−50.83	7.86	−27.38	−52.03	62.32	−25.60

由表 5-6 可知，两站在卡普恰盖水库蓄水以后：①年最大流量减小，分别减小了 50.83% 和 52.03%；②年最小流量增大，分别增加了 7.86% 和 62.32%；③年平均流量减小，分别减小了 27.38% 和 25.60%。由于水库泄水最大流量小于天然洪水的最大流量，再也看不到夏季洪水的泛滥。

（四）卡普恰盖水库蓄水前后水库下游洪水条件的变化

卡普恰盖水库的修建直接改变洪水下泄过程，从而改变水库下游河流的洪水特征。表 5-7 列出了卡普恰盖水库蓄水前后几个表征洪水特征变量的变化情况。

表 5-7　　　　　　　　　卡普恰盖水库蓄水前后洪水特征值变化

站名	年份	1 日最大洪量/亿 m³	3 日最大洪量/亿 m³	7 日最大洪量/亿 m³	30 日最大洪量/亿 m³	90 日最大洪量/亿 m³	年径流量/亿 m³	洪水脉冲/次	
								高流量脉冲	低流量脉冲
卡普恰盖下站	1950	1.19	3.52	7.89	29.59	74.25	147.13	12	3
	1952	1.04	3.09	7.09	28.67	73.44	151.39	11	6
	1953	0.94	2.76	6.23	23.91	60.45	141.54	9	4
	1954	1.41	4.21	9.69	38.98	92.21	171.10	10	3
	1955	0.92	2.72	6.19	24.32	63.88	149.99	13	3
	1956	1.26	3.77	8.74	35.26	84.10	167.81	12	3
	1957	0.93	2.77	6.20	21.14	49.80	117.06	5	9
	1958	1.39	4.13	9.43	36.46	89.90	183.84	11	5
	1959	1.38	4.06	9.25	37.07	97.36	211.47	16	4
	1960	1.53	4.57	10.58	40.25	94.83	198.73	12	5

续表

站名	年份	1日最大洪量/亿 m³	3日最大洪量/亿 m³	7日最大洪量/亿 m³	30日最大洪量/亿 m³	90日最大洪量/亿 m³	年径流量/亿 m³	洪水脉冲/次	
								高流量脉冲	低流量脉冲
卡普恰盖下站	1961	1.04	3.00	6.62	23.26	53.42	132.37	7	11
	蓄水前平均	1.18	3.51	7.99	30.81	75.79	161.13	10.73	5.09
	1978	0.54	1.61	3.69	12.97	34.42	104.61	0	26
	1979	0.66	1.96	4.49	16.88	41.06	114.77	2	26
	1981	0.67	1.93	4.37	16.95	45.24	138.04	3	32
	1982	0.47	1.38	3.15	13.07	37.71	124.31	0	23
	1983	0.56	1.68	3.84	13.59	35.09	101.52	0	17
	1984	0.57	1.48	3.13	12.39	34.83	106.62	0	23
	1985	0.56	1.64	3.79	15.59	38.82	108.84	0	20
	1986	0.43	1.29	3.01	12.75	36.49	105.01	0	23
	1987	0.77	2.29	4.87	19.14	52.97	148.89	2	24
	蓄水后平均	0.58	1.70	3.82	14.81	39.63	116.96	0.78	23.78
	蓄水前后变化率/%	−50.83	−51.68	−52.23	−51.92	−47.71	−27.41	−92.75	367.06
乌斯热尔玛站	1950	0.92	2.73	6.17	23.97	60.68	125.12	12	4
	1951	0.91	2.48	5.31	19.45	49.18	100.51	5	9
	1952	1.09	3.21	7.19	25.93	64.89	142.42	8	9
	1953	0.96	2.83	6.51	26.57	71.01	156.86	15	3
	1954	1.54	4.61	10.47	40.55	97.68	184.32	13	3
	1955	1.11	3.18	7.20	28.38	74.98	173.25	15	3
	1956	1.15	3.44	7.95	31.86	86.06	177.44	13	2
	1957	0.92	2.71	6.12	23.49	57.53	126.66	9	5
	1958	1.24	3.69	8.46	33.77	84.35	169.88	12	4
	1959	1.17	3.40	7.59	29.17	76.36	171.12	18	3
	1960	1.34	3.99	9.26	36.08	82.53	170.45	13	3
	1961	1.22	3.49	7.62	26.97	61.36	143.71	8	5
	蓄水前平均	1.13	3.31	7.49	28.85	72.22	153.48	11.75	4.42
	1978	0.50	1.49	3.37	11.98	31.33	100.37	0	33

站名	年份	1日最大洪量/亿 m³	3日最大洪量/亿 m³	7日最大洪量/亿 m³	30日最大洪量/亿 m³	90日最大洪量/亿 m³	年径流量/亿 m³	洪水脉冲/次	
								高流量脉冲	低流量脉冲
乌斯热尔玛站	1979	0.58	1.70	3.86	15.34	37.21	113.64	0	29
	1981	0.57	1.67	3.68	14.84	39.85	122.24	0	20
	1982	0.50	1.49	3.39	13.65	38.17	129.34	0	23
	1983	0.49	1.45	3.34	12.90	31.92	98.03	0	21
	1984	0.53	1.50	3.31	12.04	31.93	104.61	0	29
	1985	0.57	1.69	3.92	15.51	38.13	115.81	0	22
	1986	0.48	1.42	3.32	13.87	35.15	105.01	0	28
	1987	0.68	1.92	4.28	17.48	50.49	144.83	1	24
	蓄水后平均	0.54	1.59	3.61	14.18	37.13	114.88	0.11	25.44
	蓄水前后变化率/%	−52.03	−51.94	−51.81	−50.85	−48.58	−25.15	−99.05	476.10

在表 5-7 中，洪水脉冲次数包括高流量脉冲次数和低流量脉冲次数。高流量脉冲次数是指一年内日平均流量超过 25% 频率流量值的峰值个数，低流量脉冲次数是指一年内日平均流量在 75%～25% 频率流量值之间的峰值个数，用它们可以表征洪水出现的频率。确定高低流量脉冲的阈值方法如下：将卡普恰盖水库蓄水前的逐年日流量值由大到小排序，分别取频率为 25% 和 75% 流量值作为该年的高流量和低流量，再取多年平均分别得到高低流量脉冲的阈值。

由表 5-7 可以看出，卡普恰盖水库蓄水以后对卡普恰盖下站和乌斯热尔玛站洪量的影响十分显著，1 日最大洪量、3 日最大洪量、7 日最大洪量、30日最大洪量、90 日最大洪量均减小了 50% 左右，且两站平均年径流量分别减小了 27.41% 和 25.15%。显然，水坝拦截天然洪水流量导致下游大流量洪水的消失是导致下游年径流量显著减少的主要原因。

卡普恰盖水库蓄水对卡普恰盖下站和乌斯热尔玛站的洪水脉冲的影响也十分显著：①下游极少出现高流量的洪水脉冲，减少幅度分别达到 92.75% 和 99.05%；②低流量洪水脉冲次数有很大增加，分别增加了 367.06% 和 476.10%。可见，卡普恰盖水库蓄水后高流量洪水脉冲极少出现乃至消失，而低流量洪水脉冲则大幅增加，在这种水文条件下，下游河道洪水位显著降低，水流漫滩几率大大降低。由于洪水是维持河流生态系统横向连续性和河漫滩与河道物质、能量交换的重要通道，洪水位的降低对生态系统横向的连续性破坏不可避免。

三、巴尔喀什湖的生态环境问题

（一）巴尔喀什湖生态环境状况演变

在 20 世纪初期，巴尔喀什湖曾经被认为是哈萨克斯坦的"一粒珍珠"。而到 20 世纪末的时候，同咸海的生态问题一样，巴尔喀什湖流域的生态状况已经出现了明显恶化。对于处于干旱内陆地区的巴尔喀什湖流域，在全球气候变暖的大背景下，流域上的人类活动的加剧最终将影响伊犁河乃至巴尔喀什湖的水情态势。

20 世纪 70—80 年代，由于巴尔喀什湖流域经济生活用水大量增加，特别是卡普恰盖水库的修建，导致河流入湖水量的剧烈减少，以至于湖泊水位下降、水面缩小，湖泊含盐量增加，同时由于工业点源污染、农业面源污染和生活用水的污染等，流域水体水质亦急剧恶化。这些都对流域生态系统产生了严重的不利影响，导致了一系列的生态问题，其中包括沿岸绿色植被的减少，陆地动物和鸟类的数量减少甚至灭绝，人类患病率的升高等，当然受到水环境恶化影响程度最大的就是鱼类，经济鱼类产量降低，珍贵鱼类减少甚至灭绝，加上外地鱼种的入侵等，这些都给巴尔喀什湖流域的渔业资源带来了沉重的打击。

在 2000 年 11 月的"巴尔喀什 2000"国际论坛上，国内外学者们已经认识到，由于不合理的用水、山区生态系统的承载能力下降、森林被砍、冰川融化以及其他的灾害性因素等，导致了伊犁河-巴尔喀什湖流域生态状况的可持续性下降、生态系统非常脆弱、湖泊水位很不稳定。加上气候变化的负面影响以及中哈两国在伊犁河流域经济活动的加剧，这种状况可能仍将继续恶化。

但是，由表 4 - 39 可以看出，自 20 世纪 90 年代开始，伊犁河三角洲的耗水量开始增加，高出河道天然时期（1953—1969 年）的三角洲耗水量。特别是进入 21 世纪后，三角洲耗水量比天然时期三角洲耗水量高出 20.1 亿 m^3，说明伊犁河三角洲的生态环境状态正在不断得到改善。

（二）人类活动影响下的巴尔喀什湖流域生态环境变化

伊犁河三角洲和巴尔喀什湖地区，曾经以其在畜牧业、渔业、狩猎和工业方面的优越条件居于哈萨克斯坦的前列。但是，随着伊犁河上卡普恰盖水库的修建、伊犁河下游阿克达拉灌区的开发，以及阿拉木图大运河的开凿，奇利克河上的巴尔托盖水库和库尔特河上的库尔特水库等人工水库的建成，使得区域的经济有所发展。但同时，水利工程的修建改变了河流的水文状态和流域的水量平衡，使巴尔喀什湖流域每条河流（哈萨克斯坦境内）的河水受到严格控制，造成了巴尔喀什湖天然水文条件的破坏，使伊犁河下游和巴尔喀什湖地区的水文情势也发生相应变化。加上流域上农业、工业、畜牧业以及人民生活用水量的剧增，更是进一步导致了一系列经济、社会和环境问题。

随着注入巴尔喀什湖的水量日益减少，湖泊水位急剧下降，海岸线后退，湖泊水面面积减少几千平方千米，造成了严重的生态问题。湖泊的水面面积从1961年的2.14万 km^{2}下降到了1999年的1.707万 km^2。从西巴尔喀什湖流入东巴尔喀什湖的水量就从27亿 m^3/a减少到了21亿 m^3/a，这就使得巴尔喀什市附近的水体盐度从1.50g/L上升到2.30g/L。1960年巴尔喀什湖的湖水矿化度为2.14g/L（西巴尔喀什为1.02g/L，东巴尔喀什为3.27g/L），1988年西巴尔喀什湖升至1.67g/L，东巴尔喀什湖升至4.45g/L，东巴尔喀什湖的东部矿化度甚至达到了5.65g/L。

到1987年，湖泊水位达到了最低点340.70m时，湖周已经形成了几千平方千米盐滩，盐尘暴危害加剧。巴尔喀什湖的渔业养殖也受到了很大影响，1940年平均捕捞量将近1万 t，1968年近1.8万 t，而到了20世纪90年代渔业产量则急剧下降至0.5万 t。伊犁河下游的湖泊、三角洲面积急剧减少，入湖岔道断流，只有一条入湖岔道常年有水流入巴尔喀什湖。

巴尔喀什湖还遭受着来自流域上工业废水和农业排水的严重污染，而使出现水质的明显恶化。其中一个主要污染源就是巴尔喀什铜厂，将含有铜、铅、砷等的废水直接排入湖中。另外，在哈萨克斯坦境内伊犁河主要被用于灌溉，因而含有农药残留物和无机肥料的农田排水直接进入河流，最终必将加重巴尔喀什湖的水体污染程度。其每年接纳大约7.7亿 m^{3}的废水和大量无机肥料、农药、重金属等污染物。巴尔喀什湖污染最严重的水域是别尔迪斯湾，水体中铜的浓度达到最高限度的30～35倍，锌的浓度为最高限度的1.2～2.3倍，最高达7.3倍。

巴尔喀什市的工业就在巴尔喀什湖湖区附近（图5-9），从工矿企业中冒出来的浓浓白烟与平静的巴尔喀什湖湖水形成鲜明对比。如果巴尔喀什湖补给河流的水量不增加，巴尔喀什湖有可能会面临着同咸海一样的厄运。巴尔喀什-阿拉湖流域土地盐碱化变化动态见表5-8。

图 5-9 巴尔喀什湖岸边与巴尔喀什市的工业

表 5-8　　　　巴尔喀什-阿拉湖流域土地盐碱化变化动态　　　　单位：万 hm²

盐碱化程度	1990 年	1992 年	1994 年	1996 年	1998 年	1999 年	2000 年	2001 年	2002 年	2003 年
弱盐化	6.06	6.95	6.37	6.67	6.76	7.06	7.10	7.30	7.53	7.43
中等盐化	2.83	4.95	6.99	7.55	14.78	15.3	16.17	14.2	14.3	14.12
强盐化	1.73	2.16	2.60	3.66	5.22	5.50	5.50	3.48	3.53	2.97

表 5-9 是哈萨克斯坦境内巴尔喀什湖流域的水文要素动态特征。

（三）巴尔喀什湖流域由于农业灌溉引起的土地退化问题

由于哈萨克斯坦的农业完全依赖引水灌溉，其地表水含盐量较高，加上灌溉方式落后，灌溉定额高，导致大面积的土地盐碱化，土地退化非常严重。据灌溉土地的监测资料确定，在经济危机期间，土壤肥力衰退，腐殖质和营养物质的储备减少，土壤水分物理性质发生变化，水土流失、土壤碱度的发展进程很快。特别是 1990—1998 年期间盐碱化的速度加快。尤其是阿拉木图州的灌溉土地，都受到了不同程度的盐渍化，根据 2004 年底的资料，这个盐渍化面积达 23.75 万 hm²，其中弱盐化及未盐化土地为 43.38 万 hm²（弱盐化土地为 7.5 万 hm²），中等盐化土地为 13.43 万 hm²，强烈和非常强烈的盐化土地为 2.82 万 hm²，见表 5-10。

近几年，盐碱地区的盐化土地增长率下降，以 1.0%～1.5% 的速度递增。不同的灌溉系统、气候和水文地质条件，盐碱化的程度不一样。主要种植谷物、经济作物和蔬菜（Shengeldinsky、阿拉木图 Koksusky 区）的灌区盐碱地面积增加了 8%～12%。其中水稻栽培灌区（卡拉达尔、阿克达拉灌区），盐渍化过程发生更迅速。例如，1996—2002 年期间，阿克达拉灌区受盐碱化影响的土地数量几乎翻了一番，而卡拉达尔灌区盐碱地面积增加了 27%。盐分

表 5—9　哈萨克斯坦境内巴尔喀什湖流域的水文要素动态特征

年份	巴尔喀什湖流域径流/亿 m³	巴尔喀什湖 水位/m	地表水/亿 m³	地下水/亿 m³	总计/亿 m³	降水/亿 m³	蒸发/亿 m³	卡普恰盖水库 水位 年初/m	水位 年末/m	蓄量放水/亿 m³	蓄水/亿 m³	损失/亿 m³	泄水/亿 m³	取水/亿 m³	三角洲的水损失/亿 m³
1989	222.2	341.32	136.6	10.1	146.7	24.0	160.0	477.49	475.60	28.5		14.2	151.1	67.5	32.0
1990	237.7	341.30	135.3	10.2	145.6	30.0	178.8	475.60	474.40	13.2		14.2	136.6	65.1	28.9
1991	219.5	341.07	109.4	7.3	116.7	15.2	177.0	474.40	475.45		11.9	23.0	104.9	62.6	14.0
1992	200.0	340.94	105.0	7.5	112.5	21.5	152.3	475.45	475.38	0.8		12.7	101.2	38.9	14.0
1993	287.0	341.05	144.0	10.1	154.1	36.3	153.4	475.38	477.38		24.0	12.4	134.4	58.8	27.5
1994	279.0	341.24	149.3	9.9	159.2	25.7	167.1	477.38	477.30	0.5		10.0	159.1	55.9	30.5
1995	179.5	341.30	144.0	8.0	152	16.4	174.0	477.32	475.75	19.0		9.7	119.4	18.1	21.0
1996	227.8	341.11	131.9	8.4	140.3	18.0	151.0	475.75	476.92		13.7	9.7	120.7	51.7	21.6
1997	213.6	341.10	123.8	9.2	133.0	18.2	173.9	476.92	476.67	3.0		7.8	126.5	13.8	25.6
1998	301.2	341.24	156.8	13.6	170.4			476.67	478.37		21.2	27.7	167.1	37.9	33.3
1999	305.7	341.41	240.0	8.0	253.6	24.1	171.1	478.37	477.98	5.0		25.6	188.3	34.5	51.0
2000	231.1	341.54	185.1	8.0	193.1	27.1	161.3	477.98	477.28	9.0		22.9	163.0	37.8	42.2
2001	258.9	341.69	195.9	8.0	203.9	17.9	169.0	477.28	477.63		4.4	25.3	160.9	37.5	41.7
2002	309.5	341.90	254.7	8.1	262.7	25.3	172.9	477.63	477.42	2.6		20.6	212.0	33.0	60.5
2003	293.6	342.32	233.1	8.0	241.2	28.3	165.1	477.42	477.74		4.7	19.2	187.6	33.1	32.7
2004	261.3	342.58	208.7	8.0	216.7	24.2	178.4	477.74	477.18	5.6		17.0	173.3	35.5	47.0
2005	244.5	342.59	188.0	8.0	196.0	31.0	201.3	477.18	477.49		3.8	17.3	150.4	32.2	37.8
2006	242.6	342.53	197.9	8.0	205.9	40.7	198.1	477.49	477.57		1.0	20.7	159.8	34.8	37.4

的化学类型最常见的是氯化物、硫酸盐。盐的组成最复杂的灌区是阿拉湖、巴尔喀什和卡拉达尔灌区。

表 5-10　　　哈萨克斯坦伊犁-巴尔喀什湖流域灌区土地退化情况　　　单位：万 hm²

灌区	面积	按盐碱化程度分类			按土地质量分类		
		弱盐化及未盐化	中等盐化	严重盐化	良好	满意	差
Аксуский	3.87	2.56	1.10	0.21	1.68	1.90	0.29
Алакольский	3.57	2.42	0.90	0.25	1.77	1.40	0.40
Балхашский	3.89	2.82	0.94	0.13	1.73	1.87	0.29
Ескельдинский	2.60	2.14	0.45	0.01	1.09	0.92	0.59
Жамбылский	3.42	2.33	0.86	0.23	1.88	1.30	0.24
Илийский	2.77	1.74	0.80	0.23	1.27	1.27	0.23
Каратальский	2.44	1.65	0.71	0.08	1.23	1.15	0.06
Карасайский	2.80	2.33	0.44	0.03	1.69	1.05	0.06
Кербулакский	0.54	0.46	0.08	0.00	0.47	0.07	0.00
Коксуский	2.73	2.44	0.28	0.01	1.10	1.32	0.31
Панфиловский	5.67	4.10	1.25	0.32	4.06	1.19	0.42
Райымбекский	3.22	2.59	0.33	0.30	1.53	1.39	0.30
Саркандский	3.12	2.27	0.58	0.27	2.09	0.76	0.27
Талгарский	3.50	2.26	1.00	0.24	2.23	0.97	0.30
Уйгурский	3.76	2.52	0.93	0.31	1.70	1.60	0.46
Енбекшиказахский	9.54	6.86	2.53	0.15	4.50	4.60	0.44
АПЭВО	0.07	0.07	0.00	0.00	0.07	0.00	0.00
г. Талдыкорган	0.93	0.79	0.14	0.00	0.82	0.11	0.00
Земли г. Капшагая	1.19	1.03	0.11	0.05	1.01	0.12	0.06
Итого	59.63	43.38	13.43	2.82	31.92	22.95	4.76

一方面，灌溉引起的土地次生盐碱化是哈萨克斯坦土地退化的主要原因；另一方面，由于水资源的利用和大型水库及引水工程的建设导致受影响地区地下水位抬升引起的大面积土地的盐碱化问题造成了水资源的大量浪费和环境遭受严重的破坏。

四、伊犁河三角洲的生态环境变化

自从卡普恰盖水库建成以后，由于大量的取水以及水库水面蒸发、渗漏损失等，从该水库流入伊犁河三角洲的水量急剧减少，对河口三角洲的自然生态造成了严重影响。卡普恰盖水库对伊犁河下游水文条件的改变引起了伊犁河下游伊犁河三角洲的一系列生态环境问题。

（1）洪水过程消失，洪水期滩地得不到洪水泛滥时水源补给两岸湿地面积变小，生态条件恶化。流入伊犁河三角洲的水量从伊犁河未被控制时期（1970年以前）的150.58亿 m^3 减少到伊犁河水被控制以后时期（1970年以后）的118亿 m^3（减少了21.6%），到1985年进入三角洲的流量为115.0亿 m^3。每年汛期伊犁河三角洲上的洪水泛滥情况不再出现，伊犁河水带来的泥沙在卡普恰盖水库淤积，受卡普恰盖水库出库流量的影响，不得不进行人工清除泥沙。伊犁河三角洲淤积的泥沙超过了以前的5～10倍，三角洲上主要的河道和流向巴尔喀什湖的进水口都堆满了淤泥，四周的灌木丛和芦苇出现干枯，发展渔业的水域面积正在缩减，三角洲上的15个湖泊体系中，现在可利用的仅剩下4～5个，三角洲上保留下来的湖泊水体的矿化度升高，水体中的农药、重金属元素成分增加。

（2）由于洪水过程消失，伊犁河三角洲的河道发生了很大的变化，原有几十条入湖分汊河道消失，只剩三条主要河道，且有两条河道经常断流，只有吉德里河常年有水，三角洲地带水面面积和沼泽面积急剧减少，湿地生态受到很大的破坏。

（3）河流两岸及三角洲植被得不到洪水的水源补给，林地面积减少，引起三角洲的地带土地大面积荒漠化。

（4）由于卡普恰盖水库对水量和热量具有巨大的调节作用，改变了下游河道的水热状态及河流与湖泊热量交换，夏季河道水温降低，冬季河道水温升高，造成长距离河道不能封冻，改变了水生生物的生存条件，对下游河道生态有较大的影响。

（5）水库的建立改变了伊犁河水生植物和水生动物的生存条件，鱼类的产卵、育肥、回游条件受到了很大的影响，导致伊犁河鱼的种类减少，传统经济鱼类产量下降。

伊犁河三角洲干旱区面积的扩大，水域面积的缩小，半浸没区植被的面积的减小（表5-11）等，使得麝鼠养殖场和渔场几乎绝迹，鱼苗场和候鸟栖息地面积缩小，曾经最富饶的农田也开始逐渐变成沙漠和草原。伊犁河三角洲地区养殖水老鼠和鱼的地域缩小，水老鼠和鱼的产量也急剧减少。例如，在20世纪50年代伊犁河三角洲每年的捕鱼产量超过1.7万t（居全哈萨克斯坦之首），1956年的捕鱼产量减为1.6万t，到1988年则减少到只有0.87万t，一些鱼种开始绝迹。1967年以前的水老鼠产量为77.8万只，现在减少到仅有30万只。

表 5 - 11   **伊犁河三角洲的地理景观变化情况**   单位：km²

时间	水域面积	漫滩面积	沼泽面积	半荒漠面积	干旱区面积
1968 年 6 月	920	1128	893	4806	258
1973 年 5 月	568	761	1392	4821	458
1981 年 7—8 月	386	733	1592	4793	507
1984 年 7 月	350	714	945	4967	1024

  在不同年代，伊犁河三角洲水面、沼泽及植被面积变化动态见表 5 - 12。伊犁河三角洲地貌变化见表 5 - 13。

表 5 - 12   **伊犁河三角洲水面、沼泽及植被面积变化动态**   单位：km²

三角洲地表类型		1960—1964 年	1965—1969 年	1970—1974 年	1975—1979 年	1980—1984 年	1985—1989 年	2006—2007 年
水面面积		1355	1313	1256	654	364	492	619
芦苇面积	总面积	2064	2164	2273	2789	2725	2660	2595
	半淹没	1187	1170	1137	863	738	914	1090
	沼泽化	553	598	667	1311	1275	990	705
	旱地	324	396	469	615	712	756	800
树木灌丛		9	18	27	58	242	263.5	285
三角洲合计		3428	3495	3556	3501	3331	3415.5	3499

表 5 - 13   **伊犁河三角洲地貌变化**   单位：km²

年份	水面面积	植被总面积	沼泽化区域	旱地	荒漠化土地
1958	911	1142	830	266	5001
1974	1209	1120	749	498	4625
1978	575	800	1401	447	5023
1981	379	961	1603	395	5076
1984	354	1012	820	1192	5132
1990	153	1057	202	401	6260
2000	174	1263	314.2	384.8	5920
2005	153	1050	318.2	330.6	6174
2010	200	1441.6	339.2	265.4	5855

  注 表中数据为哈萨克斯坦相关报告中通过卫星遥感获得的资料。

伊犁河三角洲绝大多数地区的地下水位也都下降了 $1.00\sim2.00m$，并出现了自然土质退化的状况。从哈萨克斯坦科学院土壤研究所的资料（表 5－14）来看，在伊犁河三角洲的中部，沼泽土的面积锐减，盐碱土的面积陡增。由于三角洲的干旱化与冲积草甸土和吐加依森林土紧密相关，林木干枯和退化后，红柳、老鹳草和其他杂草、灌木丛取而代之。三角洲的大面积干旱化，造成土壤表层盐类聚集，荒漠化的冲积草甸土分布区域在干旱化的过程中变成龟裂土，这种情况在伊犁河下游地区亦很常见。

表 5－14　　　　　　　伊犁河三角洲中部的土壤分布状况　　　　　　单位：hm^2

水系	年份	冲积物草甸地	沼泽草甸地	沼泽土	盐碱土	沙地	湖泊面积	干枯及变干湖泊	合计
伊犁–托帕尔	1968	34.4	7.1	14.2	4.7	55.5	24.5	—	140.4
	1987	32.7	8.0	0.3	17.3	55.6	6.3	20.2	140.4
伊犁–吉德利	1968	46.8	5.8	39.6	2.3	35.9	33.4	—	162.8
	1987	50.1	13.7	18.6	8.8	39.5	26.2	5.9	162.8
总　共	1968	81.2	12.9	52.8	7.0	91.9	57.9	—	303.2
	1987	82.8	21.7	18.9	26.1	95.1	32.5	26.1	303.2

注　摘自哈萨克斯坦科学院土壤研究所的资料。

五、伊犁河鱼类资源的变化

伊犁河中鱼类的总体变化特征是种群结构有变化，品种减少，特别是土著原有鱼类减少。哈萨克斯坦卡普恰盖水库的建设，加上哈在伊犁河上的电网捕鱼，导致了下游鱼类游上不来。

中亚区的鱼类区系较为简单，整个伊犁河-巴尔喀什湖水系，土著鱼类只有 13 种，具有经济价值的鱼类仅 5 种，能形成产量的鱼类，下游（哈萨克斯坦境内）为银色弓鱼和伊犁河鲈鱼，在我国境内为银色弓鱼和伊犁弓鱼。该水系早期鱼类组成简单，水体中的饵料生物得不到充分利用，渔产潜力无法提高，反映在开发利用后的鱼产量低。而且，某些鱼类喜栖息于山谷低水温的河流，生长慢、性成熟年龄晚，也制约着鱼产量的提高。强化捕捞后，资源易衰退，恢复困难，容易造成一蹶不振。如伊犁河-巴尔喀什湖水系在历史上占主导地位的银色弓鱼，据苏联和哈萨克斯坦资料，在 1930—1958 年的年平均产量为 1480t，最高年产量达 3200t。自 1958 年后，银色弓鱼的产量直线下降，至 1976 年仅产 0.2t。现在银色弓鱼处于濒危状态。

哈萨克斯坦境内伊犁河-巴尔喀什湖的赤梢鱼、裸腹鲟鱼的历年产量见表

5-15 和表 5-16。

表 5-15　　　　哈萨克斯坦境内伊犁河-巴尔喀什湖赤梢鱼的历年产量　　　　单位：t

年份	1977	1978	1979	1980	1981	1982	1983	1984
巴尔喀什湖及伊犁河三角洲	332.0	273.0	258.0	227.0	134.0	148.9	207.0	170.0
卡普恰盖水库	44.5	18.7	27.0	26.1	51.2	38.4	12.6	29.2

注　1974 年前的产量为 5～300t。1969 年为 5t，1974 年为 300t。

表 5-16　　　　哈萨克斯坦境内伊犁河-巴尔喀什湖裸腹鲟鱼的历年产量　　　　单位：t

年份	1955	1962	1963	1976	1977	1978	1980	1981	1982
产量	20.5	1.3	0.1	8.7	32.0	23.1	31.5	15.4	5.6

第二节　人类活动对阿拉湖流域的影响

　　阿拉湖湖群的面积的变化除了受气候因素影响，还受到人类活动的影响。阿拉湖流域灌区主要包括东哈州乌尔贾尔县的乌尔贾尔灌区及阿拉木图州阿拉湖县的乌切阿拉尔灌区。乌尔贾尔灌区主要依赖于乌尔贾尔河和哈滕苏河水量进行供水，属于阿拉湖流域，乌切阿拉尔灌区主要依赖于滕特克河河水进行灌溉，属于萨瑟科尔湖流域。1990 年，阿拉湖流域灌区实际灌溉面积为 1.631万 hm²，萨瑟科尔湖流域灌区面积为 4.187 万 hm²，1991 年苏联解体后，由于所有制的变化和经济衰退，灌溉农业遭到重大打击，灌区设备老化，灌溉系统年久失修，灌溉面积急剧减少，到 2006 年，阿拉湖流域灌区面积仅为 0.465万 hm²，萨瑟科尔湖流域灌区减至 2.248 万 hm²。

　　阿拉湖流域各部门 1990 年用水量总计为 3.525 亿 m³，到 2000 年减少至0.847 亿 m³。1990 年人类活动对湖群面积变化的影响大于 1990 年之后。可见，1990 年湖群面积减少除了受到气候要素的影响，还受到了人类活动的影响。当人类活动对流域开发的影响相对较强时，人类活动减弱了暖湿气候背景下湖群面积变化的扩张程度，加速了湖泊的萎缩，特别是 20 世纪 90 年代初人类活动对湖群面积影响剧烈。21 世纪以来，人类活动对流域开发较弱，对湖群面积变化影响也相应较小，此时暖湿气候对湖群面积影响占主导地位。人类活动对流域开发具体达到什么程度才能改变气候因素对湖群面积的影响，尚需要今后继续深入探讨。

参 考 文 献

[1] 加帕尔·买合皮尔. 人类活动对亚洲中部水资源和环境的影响及天山积雪资源评价 [M]. 乌鲁木齐：新疆科技卫生出版社，1997.

[2] 龙爱华，邓铭江，李湘权，等. 哈萨克斯坦水资源及其开发利用 [J]. 地球科学进展，2010，25（12）：1357 - 1366.

[3] 加帕尔·买合皮尔，图尔苏诺夫 A A. 亚洲中部湖泊水生态学概论 [M]. 乌鲁木齐：新疆科技卫生出版社，1996.

[4] 魏鸿钧，哈文光，鹿恩轩，等. 新疆巩乃斯草原发生拟步甲 [J]. 植物保护，1981（6）：25.

[5] MANN H B. Non - parametric Test of Randomness against Trend [J]. Econometrica，1945，13：245 - 259.

[6] 飞思科技产品研发中心. 小波分析理论与 MATLAB7 实现 [M]. 北京：电子工业出版社，2005.

[7] 王红瑞，刘昌明. 水文过程周期分析方法及其应用 [M]. 北京：中国水利水电出版社，2010.

[8] 王文圣，丁晶，李跃清. 水文小波分析 [M]. 北京：化学工业出版社，2005.

[9] 邹悦，张勃，戴声佩，等. 黑河流域莺落峡站水文过程变异点的识别与分析 [J]. 资源科学，2011，33（7）：1264 - 1271.

[10] 王文圣，丁晶，金菊良. 随机水文学 [M]. 北京：中国水利水电出版社，2008.

[11] 李均力，方晖，包安明，等. 近期亚洲中部高山地区湖泊水位变化的时空特征 [J]. 资源科学，2011，33（10）：1839 - 1846.

[12] 苏宏超，魏文寿，韩萍. 新疆近 50a 来的气温和蒸发变化 [J]. 冰川冻土，2003，25（2）：174 - 178.

[13] 刘波，马柱国，冯锦明，等. 1960 年以来新疆地区蒸发皿蒸发与实际蒸发之间的关系 [J]. 地理学报，2008，63（11）：1131 - 1139.

[14] SEVERSKIY I V，KOKAREV A L，SEVERSKIY S L，et al. Contemporary and prognostic changes of glaciation in Balkhash Lake Basin [M]. Almaty：VAC Publishing House，2006.

[15] 张军民. 伊犁河流域地表水资源优势及开发利用潜力研究 [J]. 干旱区资源与环境，2005，19（7）：142 - 146.

[16] 李丽娟，郑红星. 海滦河流域河流系统生态环境需水量计算 [J]. 地理学报，2007，55（4）：495 - 500.